农业高等职业教育本科系列教材

农业气象

陈　丹　主编

中国农业大学出版社
·北京·

内 容 简 介

农业气象课程是种植业、园林业、畜牧业等农类专业的传统专业基础课。课程的教学目标是让学生了解农业气象要素分布规律及对作物生长影响的基本理论，掌握农业气象环境调控的基本知识和技能，为进一步学习专业课程奠定基础。

全书共分 7 个项目。主要介绍光、温、水、风等农业气象要素的形成与变化规律、对农业生产的影响及农业气象环境调控措施；气候的形成、中国气候的特点及农业气候资源的合理利用；农业小气候的特点及调控措施；我国主要的农业气象灾害的危害及防御；农业小气候观测及农业气候资料的统计分析等内容。每个项目均设置有“知识目标”“技能目标”“思政目标”“实践案例”“知识拓展”“思政案例”，并以二维码形式嵌入视频、PPT 等数字资源，以辅助学生直观与深化学习。

本书是职业本科或成人教育农林类、农业生态和农业生物环境工程类专业教材，可供相关专业生产和管理人员参考，也可作为农业类科普读物。

图书在版编目(CIP)数据

农业气象 / 陈丹主编 . --北京：中国农业大学出版社，2022.6
ISBN 978-7-5655-2801-9

Ⅰ.①农… Ⅱ.①陈… Ⅲ.①农业气象－高等学校－教材 Ⅳ.①S16

中国版本图书馆 CIP 数据核字(2022)第 098268 号

书　　名　农业气象
作　　者　陈　丹　主编

策划编辑　韩元凤　司建新　　**责任编辑**　韩元凤
封面设计　郑　川
出版发行　中国农业大学出版社
社　　址　北京市海淀区圆明园西路 2 号　　**邮政编码**　100193
电　　话　发行部 010-62733489，1190　　读者服务部 010-62732336
　　　　　　编辑部 010-62732617，2618　　出　版　部 010-62733440
网　　址　http://www.caupress.cn　　**E-mail**　cbsszs@cau.edu.cn
经　　销　新华书店
印　　刷　北京溢漾印刷有限公司
版　　次　2023 年 1 月第 1 版　　2023 年 1 月第 1 次印刷
规　　格　185 mm×260 mm　16 开本　14.75 印张　365 千字
定　　价　45.00 元

编审人员

主　　编　陈　丹　广西农业职业技术大学

副 主 编　刘　云　广西农业职业技术大学

　　　　　范万新　广西壮族自治区气候中心

参　　编　周晓欢　广西农业职业技术大学

　　　　　齐秀玲　广西农业职业技术大学

　　　　　肖　杰　新胜利工业集团有限公司

　　　　　韦思智　广西金穗农业集团有限公司

审　　稿　安文芝　甘肃农业职业技术学院

前　言

“十四五”时期，我国教育进入高质量发展的新阶段，稳步发展职业本科教育是其中的重要组成部分。职业本科高校的建设，既是高等教育与社会经济耦合发展的根本要求，也是完善现代职业教育体系的必然选择。根据国务院《关于推动现代职业教育高质量发展的意见》(2021 年)，以及 2019 年教育部先后印发《关于组织开展“十三五”职业教育国家规划教材建设工作的通知》《国家职业教育改革实施方案》的精神，本教材依据职业教育国家教学标准体系，落实立德树人根本任务，对接职业标准和岗位(群)能力要求，坚持职业本科培养区域经济社会发展需要高层次技术技能型的人才定位，注重“面向生产第一线”和“适应区域经济发展需要”培养人才。

农业气象学是一门应用学科，是种植业、园林业、畜牧业等农类专业的传统专业基础课，是重要的农业基础学科之一。本教材充分体现专业链与产业链对接、课程内容与职业标准对接、教学过程与生产过程对接，展现行业新业态、新水平、新技术，培养学生综合职业素养，实现“企业岗位技能需求”与“学校课程教学设计”的有效对接与融合。教材以“企业岗位(群)任职要求、职业标准、工作过程或产品”作为教材主体内容，针对农业生产中的农业气象问题，挖掘工作任务，按照课程对岗位、课程任务对项目、项目对工作任务的要求，编写教材内容，为学生进一步学习专业知识奠定坚实的专业基础。本教材特色主要体现在如下几方面：

1. 有机融入思政元素

为贯彻落实党的教育方针中“三全育人”及“课程思政”精神，每个项目均列出“思政目标”及“思政案例”，深入挖掘教材内容中所蕴含的思政元素、素材与典型案例，切实将课程思政内化于教材编写中。通过案例呈现、任务讨论等方式有机融入热爱祖国、中华优秀传统文化、社会主义核心价值观，培养相互尊重、以德服人、以诚待人等优良品格，培养全局观念和责任意识，引导学生树立正确的世界观、人生观和价值观，努力成为德、智、体、美、劳全面发展的社会主义建设者和接班人。

2. 贴合职业本科构建教材

职业本科教育既要培养学生掌握行业所需的基本技能，也要培养科研和技术技能开发能力。因此，相应的教材既要继承本科教材的系统性、丰富性，又要结合职业教材的技能性、实践性优点。本教材采用校企“双元”共同合作开发的形式组织编写。编写团队深入农业生产第一线，细致且科学地进行实地调研，了解种植岗位群职业技能标准和要求，明确种植岗位群对农业气象知识所需的理论知识、操作技能和新技术，进而制定农业气象课程的课程标准，最后研发本教材，力图为学生学习专业知识奠定好农业气象学科知识基础。本教材与同类教材相比，主要增加与强化了以下内容：

(1)增加各种农业气象指标，这些定量性指标为农业生产提供了更具操作性的指导。

(2)增加各种农业气象要素对农业生产影响的内容，进一步体现气象与农业的密切联系。

(3)强化光、温、水、气等农业气象要素调控措施，为农业气象趋利避害提供切实的操作方案。

(4)农业气象学是综合性很强的学科，为了让学生或读者更广、更深地了解该门学科的相关知识，书中在每个项目附有“知识拓展”二维码网页链接；书本附录部分的“作物与气象”，兼顾到不同地区读者所在地主产作物不同而进行选编，主要介绍水稻、小麦、苹果、龙眼、番茄等作物的气象条件及主要的气象灾害知识，让学生或读者更深一步了解农作物对气象条件的指标性要求，为学习专业课奠定扎实的农业气象基础，本内容也可作为教师授课选讲内容。

3. 创新教材贴合教学

教材基于行为导向教学理念，采用项目模块编写体例，项目下设子任务，结合学生学习、工作、生活实际创设沟通情景，注意有针对性地挖掘实践任务，注重启发与演练，充分体现了重视实践、强化能力、关注过程、评价成果的教材改革理念。项目内容编排科学合理，具有典型性和实践性特点。每个项目均设置了“知识目标”“技能目标”“思政目标”“实践案例”“知识拓展”“思政案例”等模块内容。同时，本教材同步适配了网络教学资源，以纸质教材为载体，嵌入视频、PPT 等二维码，融入信息技术新形态。本教材内容既适于教师运用项目教学法、案例教学法和情景模拟教学法等行动导向教学理念开展教学，又有利于学生预习、自学及拓展知识，最终实现教师翻转课堂的教学效果。

本教材编写分工如下：陈丹编写项目二、项目三、项目五、项目七；范万新编写项目

一、项目六及作物与气象中火龙果、茶、甘蔗气象；刘云编写项目一、项目四及作物与气象中梨、苹果、小麦气象；齐秀玲编写各项目思政案例及作物与气象中烟草、大白菜、番茄、黄瓜气象；周晓欢编写各项目实践案例及作物与气象中水稻、玉米、棉花气象；韦思智编写作物与气象中龙眼、香蕉气象；肖杰编写作物与气象中桃、西瓜气象。全书由安文芝审稿。

我国地域辽阔，各地天气、气候条件及农业生产情况不同，不同专业对教学要求的内容和侧重点也不尽相同，因此，在使用本教材时，可以根据本地区特点、专业要求及课时安排做适当调整。

由于编者学识水平有限，教材中难免有谬误及疏漏之处，在此敬请广大读者批评指正，以便今后修改完善。

编　者

2022 年 3 月

目　录

项目一
农业气象认知

【知识目标】

(1)理解气象学与农业气象学概念。
(2)认知农业气象学的研究对象、任务、研究方法及农业气象学的发展。
(3)认知大气的组成、大气成分对气象变化和植物的影响。
(4)认知大气的垂直结构、对流层的特征。

【技能目标】

(1)掌握农业气象学科的学习方法。
(2)培养学习与研究学科知识的方法能力。

【思政目标】

(1)培养爱国与报国情怀。
(2)培养气候资源保护与农业生态环境保护意识。

子任务 1　气象与农业气象

一、气象学基本概念

地球表面包围着一层深厚的空气，叫作地球大气，简称大气。大气和其他物质一样，时刻不停地在运动、变化和发展着。在大气运动变化过程中，经常进行着各种物理过程，如大气的增热与冷却、水分的蒸发与凝结等；伴随着这些物理过程出现的阴、晴、冷、暖、干、湿、风、云、雨、雪、光、声、雷、电等各种物理现象称为气象。气象学就是研究大气中所发生的各种物理过程和物理现象的本质及其变化规律的科学。

气象学上常用太阳辐射、温度、湿度、气压、降水量等可用仪器定量测定的物理量，以及云、雾、霜、能见度等许多目测定性的天气现象来说明大气物理现象，这些用来定性地和定量地描述大气物理过程和物理现象的特征量称为气象要素。其中与农业关系最密切的气象要素称之为农业气象要素，如太阳辐射、土壤温度、空气温度、土壤湿度、风、蒸发和降水等。各个气象要素之间相互联系、相互制约，在不同地方和不同时间内错综复杂地结合在一起，就表现为不同的天气和气候。

天气是指一个地区在短时间内各项气象要素的综合表现。它是短时间的、不稳定的、瞬息多变的现象。研究天气过程的发生发展规律，并运用这些规律预报未来天气的学科，称为天气学。

气候是指一个地区多年的大气平均统计状态，是各种天气的综合表现，一般用气候要素来表示。气象要素的多年平均值、累积值、极值、变率和保证率等两个或多个气象要素组合的综合值称为气候要素。世界气象组织规定统计气候状态特征量的基本时段为30年。不同时段之间气象要素的统计量是有差异的，这种差异即气候变化。长时间的气候变化称为气候变迁。气候具有一定的区域性和相对的稳定性。研究气候的形成、分布、变化规律及其与人类活动相互关系的学科称为气候学。

气象学研究范围很广，广义的气象学包括天气学和气候学。气象学与人民生活、经济建设、国防事业等多方面均有密切关系。由此形成和发展了各种应用气象学科，如农业气象学、林业气象学、海洋气象学、航空气象学、医疗气象学等，在应用气象学科中涉及面最广的是农业气象学。

二、农业气象学

（一）农业气象学的概念

农业气象学是研究环境气象条件与农业生产相互影响及其规律的学科，由农业科学与大气科学交叉、渗透形成。它既是气象科学中应用气象学的重要分支领域，又是农业科学中重要的基础学科之一。农业是对环境气象条件最为敏感和依赖性最强的产业之一。农业生产既决定于生物本身的特性，也决定于气象、土壤等环境因素，而气象条件又是影响农业生产的诸多环境因素中最活跃的因素。它不仅为生物提供基本的物质和能量，构成生物发育和产量形成的外界条件；而且光、热、水、气等气象条件的不同组合又强烈地影响着土壤、水的物理特性和状况，不同程度地影响着农业生产。农业气象学利用气象科学技术为农业生产服务，不断地揭示和解决农业生产中存在的气象问题和农业生产问题，使农业生产能够充分利用有利的天气和气候条件，达成农业气象灾害的防灾减灾，促使农业生产达到高产、稳产、优质、低耗，谋求农业可持续发展。

（二）农业气象学研究对象和内容

1. 研究对象

农业气象学的研究对象一方面是研究与农业有密切关系的农业气象条件，如空气温度、空气湿度、日照、太阳辐射、风、降水、二氧化碳、土壤温度、土壤湿度、土壤蒸发、农田蒸散等；另一方面是研究受气象条件影响和制约下的有关农业生产问题及其解决途径。

2. 研究内容

农业气象研究，按农业生产对象，可分为作物气象、畜牧气象、森林气象、渔业气象、蚕业气象、养蜂气象等；按农业气象学原理和应用的研究重点，还可分为农业气象学基本原理、农业气候、农业气象预报、农业小气候、农业气象观测试验等。农业气象学研究的目的在于围绕农业的发展与现代化，不断认识和解决生产中的气象问题，提出促进农业生产的最优气象条件和措施。

在具体实践中，农业气象研究工作大致有下列几方面：

(1)进行农业气象监测是农业气象的基础工作。地面站网监测主要是利用地面气象观测站的实时地面要素资料以及土壤湿度资料进行气象干旱监测，并且通过气候模式以及天气模式建立干旱的监测模型。遥感灾害技术在我国农业气象灾害的监测当中运用得比较成熟，同时其运用的方面也比较多，例如寒害、冻害、洪涝以及干旱等。除此之外，还有通过接收雷达波束的回波信号，对土壤的水分进行监测等。对农业气象灾害的时空分布进行综合的反映，这对于决策者以及生产者而言是具有十分重要的意义的。

(2)鉴定农业生产的对象和过程对气象条件的要求和反应，以及它们对气象条件的反馈作用，确定农业气象指标，提出农业生产中的气象问题及其对策。

(3)研究、制订农业气候资源区划。农业气候区划能够揭示不同地域之间农业气候的差异规律，明确不同农业气候区的气候特征、制约因素和发展潜力，为合理配置农业生产、改进耕作制度以及引入和推广农作物新品种提供依据，降低气象灾害对农业生产带来的风险。

(4)进行农业气象灾害规律及其防御措施的研究。主要是观测受害症状和受害时期，确定受害指标，探讨受害机制，分析灾害规律，发布灾害预报，研究防御措施的气象效应等。

(5)农业气象预报和农业气象情报。包括农用天气预报、产量预报、农田土壤水分预报等。其中，在应用遥感技术和电子计算机网络的基础上，与观测资料传输相结合，进行数值模拟并逐步建立农业气象服务自动化体系，已成为农业气象为农业服务的主要形式之一。

(6)农业小气候的研究。直接影响农业生产的实际上是生产对象所处的小气候环境，大气候的变化通过小气候环境才能影响农业生产对象的生长发育及其产量，农业小气候的利用、调节和改造，是农业气象研究工作中的一项长期的重要任务。

农业气象情报

(7)进行农业气象观测仪器与试验研究方法的研究，以不断提高农业气象服务工作的质量和试验研究的水平。

(三)农业气象学的研究方法

农业气象的研究方法即研究农业生产对象及其生产过程与气象条件相互关系的方法。农业气象学研究方法应遵循平行观测的基本原则，即在进行各种气象要素观测的同时，还必须在同一地点、同一时间对作物生长发育状况进行观测。农业气象学研究需综合借助气象学、生物学、栽培学、数学、物理学和地理学等学科的理论和技术。一般要经历资料获取、整理和分析3个过程。

1. 资料获取

目前取得资料数据常用的研究方法大致有人工环境模拟、自然环境试验、野外考察、遥感信息分析和数值模拟5类。

(1)人工环境模拟　利用人工气候箱(箱群)或人工气候室综合控制，调节光照、湿度等农业气象要素，进行各类植物-大气或土壤-植物-大气条件的综合模拟全环境控制试验。或者利用防雨棚、暗室、淋雨器、土壤温度控制箱(钵)、风洞等设备，模拟一个或多个环境因子变化的部分环境控制试验。

(2)自然环境试验 主要包括:①分期播种法。同一作物在每隔一个时段后播种一次,找出同一气象条件对不同生育期的影响以及同一生育期对不同气象条件的反应。②地理播种法。同种作物在不同地点的同一时间进行播种,在较短时间进行平行观测,研究同种作物在不同气象条件下的生长发育情况。③地理移置。根据不同目的,将在同一地点和时间、统一栽培管理的相同盆栽试验材料,于试验阶段分别移送至山区不同高度(或不同地形)的各试验点,进行某类农业气象问题的试验研究。

(3)野外考察 主要包括:①实地调查。根据生产实践提出的农业气象问题,利用仪器在事先拟定的考察路线上进行定点观测或流动观测或访问调查等方法取得资料数据。按调查目的不同分农业气候普查、调查和农业小气候调查等类型。②指示植物。利用指示植物的地理分布,推断地区的农业气候特点。③自然物候观测分析。自然物候现象是气候条件的综合反映,累积自然物候资料,结合相应年份的气象资料进行整理分析,找出相互关系。

(4)遥感信息分析 利用光电传感器接收并记录被测对象所发射或反射的不同电磁波并拍摄成图像,然后进行处理,判读所获得的资料。按运载工具的高度,可分为地面遥感(如雷达探测)、低空遥感(如飞机探测)和高空遥感(如卫星探测)。

(5)作物气象模拟 指运用数学方法建立可描述作物生长发育、光合生产、器官形成、产量形成等生理生态过程与气象环境之间关系的数学模型,形成可模拟作物生产全过程的软件系统,最终得出最佳的参数及其组合。

2. 资料整理和分析

农业气象资料的整理包括资料的审查、订正以及各种特征数的统计等,具体内容视研究目的和分析要求确定。农业气象资料分析技术主要有:

(1)统计分析方法 包括数理统计学方法、模糊数学分析法等。

①数理统计学方法,即将生物的生长、发育和产量变化和气象条件之间的关系,看作是随机变量,利用相关和回归等分析方法建立统计模式。一元或多元回归方程式、积分回归方程式、两个或多个函数的阶乘函数式是常见的统计模式。

②模糊数学分析法,即应用近代数学的模糊集概念,用综合隶属函数拟合、模糊类型识别、相似分析、聚类分析、综合评判等方法来研究农业气象中诸如资源评价、作物气候适应区、产量年景展望等模糊性问题。

(2)数学物理方法 以生物学过程的物质输送和能量转化与平衡为基础,根据实测或计算数据用数学物理方程式来模拟生物的生长、发育、产量形成过程。这类模拟理论或动力学模式通常比统计学模式更能揭示生物和气象条件间的内在机制。

(3)对比分析方法 对较为简单的农业气象问题,直接根据获得的平行观测数据或相应图表,分析气象条件对生物有机体生长发育、产量变化以及某些农业技术措施的利弊关系,从而得出有关的定量指标。方法简单,结果也较直观可靠。

三、农业气象学的发展

农业气象学的发展可追溯到远古时代。古代文明积累了农业生产与气象相互关系的知识和经验。我国是一个历史悠久的农业大国,就农业气象知识的历史而言,属我国最早。远在3 000多年前,人们就认识到春夏秋冬的季节变化对农业的意义。我国几千年前的《礼记》《诗经》等书籍中载述了月令、物候,许多史书与地方志等记录了气象灾情,《吕氏春秋》谈到农时对作物产量和品质的影响，从春秋战国至西汉已形成完整的二十四节气，成为长期指导中国农业生产的主要依据。公元前1世纪的《氾胜之书》记载了区田法和耕作保墒技术，《齐民要术》详述了防霜之法，《农政全书》倡导引种驯化……在其他文明古国，类似的有关农业与气象关系的记述也不少。

对气象变化的认识是通过系统而科学的观测获得的。早在1424年，中国明朝已开始下令各地向朝廷报告雨量，1750年瑞典建立了18个点的物候站网，1885年俄国建立了世界上第一个有12个点的农业气象站网。随着气象观测网的建立，逐步开展了气候与农业关系的研究。

1593年温度表发明并用于气象学和生物学研究之后，开始了植物生长发育与气象条件定量关系的观察研究。1753年法国的德列奥米尔提出了积温的概念；1754年俄国出版了《农业气象学》一书；1901年俄国出版了农业气象期刊；1920年美国的加纳尔与阿拉德发现了光周期现象；1926年法国的德马东提出了干燥系数的指标；1927年德国的盖格尔出版了《近地面层气候》一书；1930年苏联谢良尼诺夫提出了水热系数，并于1937年出版了《世界农业气候手册》；1939年意大利的阿齐进行了小麦自然地理区划；1945年日本大后美保出版了《日本作物气象的研究》；1948年美国桑斯韦特以水分平衡为基础，用热量效应和降水的有效性为指标，进行了气候分类。

第二次世界大战之后，由于人口增长对粮食需求的压力，加之气候异常引起粮食生产的巨大波动使各国政府对粮食生产极为关切，农业气象学在世界范围内受到重视并得到迅速发展。1950年3月世界气象组织（WMO）成立，下设农业气象委员会协调与指导各国的农业气象工作，并确定3月23日为世界气象日。2017年5月召开的世界气象组织（WMO）执行理事会第69次届会上，中国气象局被正式认定为世界气象中心（WMC）。这标志着我国气象业务服务的整体水平迈入世界先进行列。

与世界农业气象发展的进程相比，在新中国成立前我国显然是脱节的，直到20世纪初，才开始涉及该领域的研究。1912年，由当时政府设办的气象站和农业测候所开始在各地建立。1922年竺可桢发表《气象与农业之关系》，积极倡导气象为农业服务；1935年陈遵妫的《农业气象学》出版；1945年涂长望发表《农业气象之内容及其研究途径述要》，指出了农业气象研究的方向和方法，这都对推动中国现代农业气象学的发展起到了积极作用。但总的说来，有关的研究工作和实际工作却进展缓慢，有组织的农业气象工作基本属于空白。自20世纪50年代以来，农业气象学在世界范围得到迅速发展。中国气象科学研究院王春乙等论述，我国现代农业气象研究划分为3个阶段：20世纪50～60年代初起步阶段、70～80年代恢复发展阶段及90年代以后的快速发展阶段。

我国的农业气象业务经过70多年的发展，农业气象科技水平得到迅速提高，成为当今世界上农业气象事业较为发达的国家之一。形成了较为完备的国家、省、市、县4级农业气象业务体系，并逐步建立了农业气象监测站网；形成了以国家农业气象观测站、土壤水分站、农业小气候观测站、作物长势观测站、设施农业气象观测站为基础的农业气象观测体系，以国家、省、市、县农业气象业务及服务人员为主力军，针对农作物生长状况、农田土壤水分、农业气象灾害、畜牧、农业小气候、自然物候及生态环境等开展观测和服务。展望21世纪，农业气象学将在农业布局优化、农业绿色发展、农业气象灾害与风险管理、工厂化设施农业与智慧农业等推动农业可持续发展的新兴领域发挥越来越重要的作用。

[任务思考与练习]

农业气象概述

1. 气象、天气和气候的概念有何区别?
2. 什么是气象要素?农业气象要素主要包括哪些?
3. 什么是农业气象学?它的主要任务是什么?
4. 在实际工作中,农业气象学常采用的研究方法有哪些?

子任务 2　大气

一、大气的组成概况

自然状态下的大气是多种气体的混合物,主要由氮、氧、氩、二氧化碳、水汽及一些微量惰性气体组成(表 1-1)。但是随着人类活动的日益增强和工业化的发展,大气中的有毒、有害物质和悬浮颗粒也明显增多。大气的成分还可分为干洁空气、水分和杂质,其中干洁空气是指大气成分中除水分和杂质外所有气体的总称。

表 1-1　大气的气体组成

气体	容积/%	气体	容积/%
氮	78.09	氦	5.24×10^{-4}
氧	20.94	氪	1.14×10^{-4}
氩	0.93	氢	5.0×10^{-5}
二氧化碳	0.033	臭氧	$<5.0\times10^{-6}$
氖	1.82×10^{-3}	氙	1.0×10^{-5}

二、大气成分对气象变化的影响

大气成分中对气象变化影响最大的是二氧化碳、臭氧、水汽和杂质。

(一)二氧化碳(CO_2)

大气中的 CO_2 是各种有机化合物氧化而产生的,它主要来源于矿物如石油、煤的燃烧,有机物的燃烧和腐化以及动植物的呼吸。因而,在人烟稠密的工业地区,CO_2 的含量较多,可占空气容积的 0.05%以上,在农村含量则很少,平均含量约为 0.03%。在白天、晴天、夏季时,植物同化 CO_2 的作用比较强,CO_2 浓度比夜晚、阴天、冬季小。从水平方向上看,冰川、雪域、荒漠等植被稀少的地区,CO_2 浓度变化小,而陆生植物生长旺盛的地区 CO_2 浓度变化大。

CO_2 具有较强的吸收和放射长波辐射的能力,所以它的含量的增减能影响地面和空气温度的变化,含量增多时温度会增高,含量减少时温度会降低,故称 CO_2 为温室气体。近年来,由于大气中的二氧化碳含量逐渐增多,对全球气候变迁产生了一定影响。

(二)臭氧(O_3)

低层大气中,O_3 往往由雷雨闪电或有机物氧化而形成,但这些作用并不经常,所以低层大气中 O_3 含量很少,且不稳定。高层大气中的 O_3 是氧分子在太阳紫外辐射的作用下分解成氧原子,然后又和氧分子化合而成的。因此,O_3 主要集中在离地面 10～50 km 的大气层里,以 20～25 km 附近含量最多,形成臭氧层,至 55 km 逐渐消失。臭氧层能强烈吸收太阳紫外线,基本过滤了阳光中对生物有害的波长＜0.29 μm 的紫外线。这一事实具有双重意义:一是使 40～50 km 高度上的气温显著增高;二是对地面生物起保护作用。

(三)水汽

地球表面江、河、湖、海等的水面蒸发、土壤蒸发和植物蒸腾是大气中水汽的主要来源。因此随高度的增加,大气中的水汽逐渐减小,而且大气中的水汽主要集中在 2～3 km 以下的大气层中。大气中的水汽含量虽然不多,但变化却很大,按容积百分比计算,其变化范围在 1%～4% 之间。水汽在天气变化中扮演着极为重要的角色,大气中出现的云、雾、雨、雪等现象都是由于水汽凝结或凝华而形成的;水汽与 CO_2 一样,能较强地吸收和发射长波辐射,影响地面和空气温度的变化;水汽含量的增多能增强大气逆辐射,减弱地面有效辐射,对地面起保温作用;大气中的水汽在气态的水汽、液态的水滴和固态的冰晶间不断地互相转换,转换过程中伴随着潜热的吸收和释放,引起空气湿度的变化和热量的转移。

(四)杂质

大气中所含的杂质可分为有机杂质和无机杂质两类。有机杂质的数量较少,大多为植物花粉、微生物和细菌等。无机杂质的数量较多,主要来源于岩石或土壤风化后的尘粒、地面燃烧的烟灰、海洋中随浪花飞溅的盐粒、流星燃烧后的灰烬、火山爆发时的火山灰等。大气中的杂质主要集中在 3 km 以下的低层大气中,随高度的增加而减少,杂质的含量因地区、昼夜、季节、天气的变化而有差异。1 m^3 的空气中可含有几百粒到几十万粒杂质,一般城市多于农村,陆地多于海洋。杂质既能削弱太阳辐射,使到达地面的太阳辐射量有所减弱;又能阻挡地面辐射放热,减缓地面冷却的程度。具有吸湿性的杂质可成为水汽凝结(凝华)的核心,对成云致雨起着重要作用。

三、大气成分对植物的影响

大气成分中对植物生长影响较大的是氮气(N_2)、氧气(O_2)、二氧化碳(CO_2)、水汽、臭氧(O_3)、甲烷(CH_4)及氮的氧化物(N_xO)等。

(一)氮气(N_2)

N_2 是大气中含量最多的气体成分,大气中共含 N_2 3.85×10^{18} kg,大气中氮素含量虽大,但 N_2 是一种惰性气体,不能直接为绝大多数植物所利用,必须依靠生物(如豆科植物的根瘤菌、蓝绿藻等)固氮、工业固氮以及闪电固氮等形式才能为植物所利用。估计每年从大气层中固定的氮约为 1 g/m^2,而从肥沃土壤中固定的氮,则高达 20 g/m^2。绿色植物对氮的吸收形态主要是无机态的 NO_3^- 和 NH_4^+。N_2 是合成氨的基本原料,大气中的氮通过豆科植物的根瘤菌作用,被固定在土壤中,成为植物所需要的氮化合物。空中闪电路径上造成的高温,能使氮和氧结合成为氮氧化合物,经雨滴吸收后变成极稀的硝酸,进入土壤后再与其他物质化合成植物所需的硝态氮。

植物最重要的氮来源是 NO_3^- 和 NH_4^+，它们通常存在于通气良好的土壤里和植物的根系，这些地方 NO_3^- 含量要比 NH_4^+ 多得多。植物对 NO_3^- 和 NH_4^+ 的吸收也需要能量，在寒冷或土壤通气不良的生长环境中，植物常会受到缺氮的威胁。

(二)氧气(O_2)

O_2 为一切需氧生物生长所必需。氧气不但是生物呼吸不可缺少的气体，并且还决定着有机物质的燃烧、腐败和分解等过程。大气中氧的含量很高(约 21%)，也很稳定，所以植物的地上部分通常无缺氧之虑。

土壤中，植物根部的呼吸及细菌和真菌的活动都要消耗 O_2，但是 O_2 的补充过程十分缓慢，O_2 的含量常常不足。土壤空气中 O_2 的含量在 10%以上时，一般不会对植物根系造成伤害。通常排水良好的土层中，O_2 的含量都在 10%以上，而且越接近土表，O_2 的含量越高。所以陆生植物的根系常集中在上层通气较好的土层中。当土壤空气中 O_2 的含量低于 10%时，缺氧将影响微生物活动及有机物质的分解，根系的生长发育也将受到损伤。土壤在过分板结或含水过多时，常因空气中 O_2 不能向根系扩散，而使根部生长不良，甚至坏死。当土壤空气中 O_2 的含量下降到 2%时，根系就只能维持不死而已。

很多种子的萌发需要 O_2，缺氧使其休眠期延长。当植物种子埋在过深土层中时，往往因缺氧使其萌发受阻。可见，O_2 在植物分解代谢、根系发育、种子萌发等生理过程中，都是不可缺少的因素。

中耕松土有利于 O_2 进入土壤；水田通常采用浅水勤灌等措施调节 O_2 供应。养鱼池也必须更新水层，以满足鱼类对 O_2 的需要。

(三)二氧化碳(CO_2)

CO_2 是植物进行光合作用，制造有机物质不可缺少的碳素来源。据计算，地球上陆生植物(主要是森林)每年大约能从空气中固定 200 亿～300 亿 t 的碳，是以 CO_2 的形式转化为木材的。作物对空气中 CO_2 含量的反应类似于光补偿点和光饱和点一样有二氧化碳补偿点和饱和点。植物光合作用的 CO_2 最适浓度约为 0.1%，目前大气中的含量距此尚远。

由于人类活动的影响，大气 CO_2 浓度不断升高，一方面带来大气温室效应问题，可能引起气候变异和作物种植界限的变更，从而引起农业地带的重新布局和种植制度的改革等；另一方面 CO_2 浓度升高为光合作用提供了较多的原料，从而提高了光合作用效率，这将对陆地净第一生产力和全球的碳循环产生重大的影响。另外，CO_2 浓度增加，水分利用效率也提高，可使作物某些器官产生和形成的物候期提前。

地球说话了

大气中的 CO_2 含量很低，常成为光合作用的限制因子，田间空气的流通以及人为提高空气中 CO_2 浓度，常能促进植物生长，如温棚内增施 CO_2 气肥可促进蔬菜早熟多产。

(四)水汽

空气中水汽含量对植物生长发育有很重要的作用，它影响植物蒸腾、土壤蒸发，并间接制约着植物对二氧化碳的吸收、病菌的萌发和发展等。水汽的凝结物更是作物所必需的。

大气中水汽含量变动很大，会通过影响植物蒸腾作用而改变植株的水分状况，从而影响植物生长。植物的生长对水分供应最为敏感。原生质的代谢活动，细胞的分裂、伸长与分化等都必须在细胞水分接近饱和的情况下才能顺利进行。由于细胞的扩大伸长较细胞分裂更易受细胞含水量的影响，且在相对含水量稍低于饱和时就不能进行，因此，供水不足，植株的体积增长会提早停止。水分亏缺还会影响呼吸作用、光合作用等。

（五）臭氧（O_3）

大气层中的臭氧基本过滤了对生物有害的波长<0.29 μm 的紫外线，对地面生物起着保护作用。近100年来，由于人类活动造成臭氧层的破坏，有些区域甚至出现“臭氧空洞”，过多透过的紫外线对生物细胞产生破坏作用，阻碍生物的生长发育。在 O_3 长期作用下，可使天然森林生态系统发生变化，森林覆盖率下降，物种的丰富度减少；真菌、地衣群落减少，树木中一部分敏感的种群将衰亡和淘汰，一部分种群生长削弱，促使少数抗氧化剂的种群生长起来。

O_3 是氧化剂，它对植物的影响即使未出现可见伤害症状，也会阻碍生长。O_3 对植物光合作用的影响表现为：在低 O_3 浓度中，光合速率随蒸腾速度下降而降低，消除影响后，光合速率一般不能恢复，所以 O_3 的伤害是不可逆的。随着 O_3 污染浓度增加，光合速率呈直线下降。研究指出，O_3 可促使气孔关闭，降低叶绿素含量，阻碍光合电子传递系统等，因此抑制光合作用。农作物叶片可见伤害时的 O_3 剂量为0.20～0.41 mg/L 作用0.5 h 或0.10～0.25 mg/L 作用1 h。

O_3 破坏植物正常的代谢，损害植物的生理活动，除降低植物总的生长和产量外，也影响同化产物在植物体内的分配，尤其是运输到根部和繁殖器官的同化产物量减少。有的大豆、小麦品种在生长季中，若处于每天7 h 0.04～0.05 mg/L O_3 暴露下，产量可下降10%。

大量的研究表明：空气中的 O_3 浓度要远低于0.10 mg/L，才能保护大多数植物不受影响。

（六）甲烷（CH_4）

甲烷是重要的温室气体，它对红外线的吸收能力是 CO_2 的15～30倍。甲烷主要是由于化石燃料以及水田、森林和海洋中的有机物发酵而产生的。根据美国国家海洋和大气管理局监测，2021年大气 CH_4 含量平均为1.895 7 mg/L，比工业化时代前平均高约162%，对全球气候变化有着重要的影响。

有资料表明，在缺氧条件下，土壤中有机质分解可产生 CH_4，水稻田被广泛认为是甲烷散发的源泉。近年来，估计每年的甲烷散发量在20～100 t 之间。据有关研究表明，在水稻生长的淹水期，稻田大量排放甲烷，稻田使用有机肥能明显地增加甲烷排放。在水稻的生育期中，占总量75%的甲烷是在水稻的生殖生长期内排放的。因此，控制和减少甲烷排放量的关键时期是在水稻的生殖生长期。

（七）氮的氧化物

大气中除含有分子氮之外，还含有大量氮的氧化物，这些氮的氧化物本身对作物没有什么危害。大气中氮的氧化物以一氧化氮（NO）、二氧化氮（NO_2）和氧化亚氮（N_2O）等形式存在。它们主要来源于含氮有机化合物的燃烧、化工厂的废气、土壤中氮素的挥发与逸散等。

NO 是大气中生成 O_3 和酸雨成分 HNO_3 的前体物质，又作为烃类、CO 等大气污染成分的氧化剂而参与复杂的大气化学反应过程，从而直接或间接地破坏生态环境。

大气中的 NO_2 溶于水中可以成为硝态氮进入土壤，供植物利用。但是 NO_2 强烈地吸收紫外线，并激发光学反应而产生对生物有害的烟雾。

大气中的 N_2O 是相对不活泼的气体，大气中氮氧化合物含量最多，有研究指出，N_2O 是重要的温室气体之一，它的增温效应是 CO_2 的150～200倍。

此外，SO_2 一直被作为植物毒性气体研究：一方面 SO_2 气体明显地危害植物；另一方面

SO_2 在大气中发生氧化作用形成酸雨返回地面，对生态系统产生很大的影响。SO_2 污染所形成的酸雨，使土壤酸化，影响作物生育和产量，危及水体中生物的生存。空气污染严重时甚至使家畜中毒死亡。

四、大气的铅直结构

自地球表面向上，大气层延伸得很高，可到几千千米的高空。根据人造卫星探测资料的推算，在 2 000～3 000 km 的高空，地球大气密度便和星际空间的密度非常相近，这样 2 000～3 000 km 的高空可以大致看作是地球大气的上界。但在气象学的研究领域，常以天气现象中出现高度最高的极光所出现的高度，即 1 000～1 200 km 作为大气的上界。

整个地球大气层像是一座高大而又独特的“楼房”，按其成分、温度、密度等物理性质在垂直方向上的变化，世界气象组织把这座“楼”分为五层，自下而上依次是：对流层、平流层、中间层、热层和散逸层(图 1-1)。

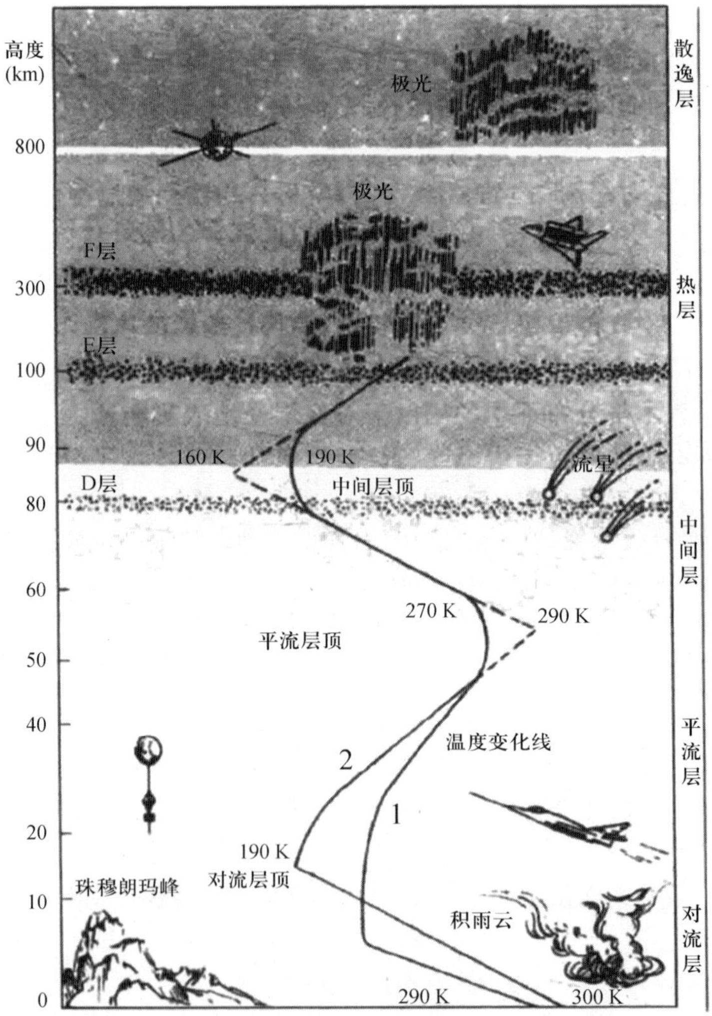

图 1-1　大气的铅直分层

1. 高纬情况　2. 低纬情况

(姜会飞，2018)

(一)对流层

对流层是大气圈最下面的一层,它的厚度随纬度而异,低纬度 17～18 km,中纬度 11～13 km,高纬度 8～9 km,而且厚度随季节变化,夏季较大,冬季较小。同大气圈总厚度相比,对流层是很薄的,但是由于地球引力的作用,对流层却集中了 70%～75%的大气质量,90%以上的水汽以及全部的微尘杂质,大气圈中对流层的天气变化最复杂,主要的天气现象如云、雾、雨、雪、雹、雷、电等都发生在这一层。它是气象学研究的重点层,也是气象观测的主要对象,特别对天气分析和预报更有重要意义。对流层的主要特征是:

1. 气温随高度增加而降低

高山上常年积雪,就是因为高空气温低的缘故。对流层空气的增热主要依靠吸收来自地面的长波辐射,因此距地面愈近,获得的热量愈多,温度也愈高,相反,距地面愈远,则温度愈低。对流层中气温随高度增加而降低的快慢,在不同地区、不同季节、不同高度是不一样的。平均每上升 100 m,温度约降低 0.65 ℃。按照这样递减下去,在对流层的上界处,气温一般都下降到−50 ℃以下,热带地区可下降到−80 ℃以下,极地地区可下降到−55 ℃左右。

2. 空气具有强烈的对流运动

由于地面的不均匀加热而导致对流层空气具有强烈的对流运动。通过空气对流运动,使高低层空气进行交换,近地面的热量、水汽和杂质向高空输送,对成云致雨有着重要作用,并发生一系列天气现象,如风、云、雨、雪、雷、电等。

3. 气象要素水平分布不均匀

对流层受地面影响最大,不同特征的地面(下垫面)对空气层的水热特性有不同影响,如北方比南方冷,海上比内陆潮湿。这种地表性质的差异性,使对流层中温度、湿度等气象要素水平分布不均匀,常形成大规模空气的水平运动,从而引起各地天气的变化。

在对流层内,按气流和天气现象的特点,自下而上又可分为下层、中层、上层和对流层顶四个层次,其中下层(常称大气边界层,摩擦层)又分为贴地层和近地面层。对流层的中层和上层由于受地面摩擦影响很小,这两层的大气称为自由大气,相对地,称摩擦层大气为非自由大气。各层次所在位置及特点见表 1-2。

表 1-2　对流层中各气层位置、气流及天气现象特点

分层名称	气层位置	气流及天气现象
对流下层(常称大气边界层,摩擦层)	1～2 km 高度以下	受地面摩擦力作用很大,有强烈湍流交换作用;各种雾和低云,气象要素日变化明显
贴地层	2 m 以下	气象要素在水平和铅直方面上梯度变化大,是小气候研究对象
近地面层	距地面 30～50 m	温度、湿度、风速等气象要素的垂直变化梯度特别大
对流中层	2～6 km	较高低云、中云和直展云,形成降水的重要气层
对流上层	6 km 至对流层顶	水汽很少,有高云、浓积云和积雨云的顶部
对流层顶	向平流层的过渡层,厚度由几百米至 1～2 km	温度随高度变化很小;对铅直气流有很强阻挡作用,上升气流携带的水汽及尘埃多聚集于此,能见度变坏

（二）平流层

平流层是从对流层顶向上伸展到 55 km 左右高空的大气层。其质量约占大气圈总质量的 20％。平流层的最显著特点是气流以水平方向运动为主，没有强烈的对流运动，不存在对流层中的各种天气现象。在该层的上部 30～55 km 存在多层的含臭氧层，它能吸收来自太阳的 99％以上对生命有害的紫外线，所以称它是地球生物的保护伞。平流层的温度，最初随高度的增加保持不变或略有上升，但升至 30 km 以上时，由于臭氧吸收了大量紫外线，温度升得很快，到平流层顶时的气温升至－3～17 ℃。

平流层里，空气稀薄，水汽和微尘含量极少，气流平稳，天气晴好，适宜飞机飞行。

（三）中间层

自平流层顶至 85 km 左右高空的大气，为中间层。这一层的显著特点是气温随高度增大而迅速下降，至中间层顶界气温降到－83～－113 ℃。由于下热上冷，再次出现空气的垂直运动。该层的顶部已出现弱的电离现象。

（四）热层

热层又称为暖层或电离层，是指从中间层顶到 800 km 高空的大气层。该层的空气已很稀薄，质量只占大气总质量的 0.5％。该层的空气质点在太阳辐射和宇宙高能粒子作用下，温度迅速升高，再次出现随高度上升气温增高的现象。据人造卫星观测，到 500 km 处温度高达 1 201 ℃，500 km 以上温度变化不大。同时，因紫外线及宇宙射线的作用，氧、氮被分解为原子，并处于电离状态，按电离程度可分为几个电离层，各层能反射不同波长的无线电波，故在远距离短波无线电通信方面具有重要意义。

（五）散逸层

散逸层也称外层，位于 800 km 以上至 2 000～3 000 km 高空。该层温度很高，空气极为稀薄。因离地面太远，地球引力很小，一些高速运动的大气质点能够挣脱地球引力的束缚向星际空间逃逸。

[任务思考与练习]

1. 影响气象变化的主要大气成分有哪些？这些成分如何影响气象变化？
2. 低层大气的哪些主要成分对植物有影响？如何影响？
3. 整个大气在垂直方向上按其物理性质不同可分为哪几层？对流层有哪些重要特征？
4. 摩擦层、近地面层和贴地层有何特征？

大气对气象变化的影响

[综合技能]

查阅文献，概述大气中主要温室气体对农业生产的影响。

【实践案例】

发展富碳农业　促进农业碳中和

二氧化碳是造成“温室效应”、导致全球气候变暖的“元凶”，但它也是作物生长必不可少的基本原料。将化工企业排放的二氧化碳收集，在农业上利用，推广二氧化碳施肥技术，发展富碳农业，实施农业碳中和，可以有效减少碳排放，推动更好更快全面实现碳达峰、碳中和。

富碳农业是指将人类活动特别是工业生产中产生的二氧化碳捕集后，以高于大气中二氧化碳含量几倍的浓度，释放在密闭的人造气候小区域中，利用相关科技创造一个高效的光合作用环境，从而极大提高农作物产量。富碳农业符合自然界中碳循环原理，将使用化石能源所产生的碳排放通过植物转化为有用的食品和其他用品，是缓解工业化引起的生态失衡问题的重要思路和有效举措，对系统解决我国经济、社会与环境发展面临的若干综合性问题具有重要意义。首先，保护生态。富碳农业是在保护自然生态环境条件下，根据植物生长规律，并遵循自然科学、生态环境学等基本原理，运用系统工程和现代科技成果，将工业生产活动产生的二氧化碳收集后，用于农业生产。其次，促进农业增产增效。高纯度的碳加入植物光合作用的循环之中，转化为碳水化合物，促进农业单产提高，同时富碳农业生产出的农产品利用人工光源和营养液进行栽培，不用化肥和农药即可有效抑制害虫和病原微生物侵入，实现无污染生产。最后，有效保护土壤。富碳农业不施化肥，可以有效缓解土壤过度使用、土壤板结、化肥农药残留等问题，恢复土壤微生物群的良性循环。

【知识拓展】

我国气象事业主要成就　　中国气象发展 70 年　　气象“十四五”规划与生产生活

【思政案例】

我国气象科学基础研究

气象工作是科技型基础性工作。强大的气象基础科学研究是建设世界气象科技强国的基石。

经过多年发展，我国气象基础科学研究取得长足进步，国际影响力日益提升，支撑引领气象事业发展的作用不断增强。基本建成了由“气象科研部门、业务单位、高等院校、军队系统和产业部门”相互结合的科技创新体系，建设了一批具有国际影响力的研发机构、国家重点实验室、部门重点实验室、野外科学试验基地，形成了“开放、流动、竞争、协作”的新型气象科研组织体制和运行机制，取得了一大批重要的科研成果。

1. 青藏高原大气科学试验研究

该研究是为构建高原观测系统，检验新型设备适应性，构建观测试验设计理念；发展地面、高空、卫星遥感综合观测资料融合及分析技术；提升复杂地形下数值模式水平（边界层、云物理、平流层）；揭示高原天气、气候影响机理在天气气候预报中的应用；培养具有国际水平、研究青藏高原气象学的中青年队伍。

2. 登陆台风科学试验研究

20 世纪 70 年代起，气象部门开始开展台风观测和数值预报研究。2009 年起，中国气象局上海台风研究所、中国气象科学研究院先后主持“973 计划”项目，开展了登陆台风的海-陆-气一体化协同观测试验，多项关键技术填补了我国台风监测预报的空白，相关成果获 2018 年国家科技进步奖二等奖。

3. 暴雨科学试验研究

自 20 世纪 90 年代起，中国气象科学研究院先后承担了 3 个“973 计划”项目，开展了一系列暴雨科学试验研究。建立了华南、华中、江淮与长三角四个野外观测试验基地，解释了高原天气系统群发、频发和东移对我国持续性强降水的影响，对深入认识暴雨的结构、形成和发展，提高预报准确率起到重要作用。

4. 季风科学试验研究

1983—1989 年，中国气象科学研究院陈隆勋研究员主持开展东亚季风系统的变异及我国重大气候灾害发生的机理研究。相关成果获得 1995 年国家自然科学奖二等奖。1997 年开始，中国气象局组织开展南海季风科学试验（SCSMEX），改进了对东亚季风机理与演变规律的认识，提高了季风预报能力。

5. 淮河流域能量与水分循环试验研究

1997—2001 年，由国家气候中心丁一汇院士主持，在东亚副热带半湿润半干旱季风气候区开展气象、水文科学试验。进一步了解了东亚季风区（主要是梅雨区）中尺度降水系统的能量和水循环过程，建立了区域气候-水文数值模式及资料同化系统，提高了气候模拟和预测能力。

6. 超大城市综合气象观测试验

该试验通过在北、上、广等超大城市建设以新型地基遥感设备为主的综合大气廓线站，开展观测预报协同试验和雾霾垂直探测试验，重点解决城市短临预报和环境气象服务中的关键技术问题，并建立观测-预报互动机制。

7. 人工影响天气科学试验研究

自 20 世纪 80 年代起，中国气象科学研究院主持多项人工影响天气国家科技计划项目，针对综合探测与作业、数值模式、催化播撒、检验与评估、综合集成等人工影响天气关键技术，组织了一系列外场观测试验和科技攻关，相关成果获 2000 年国家科技进步奖二等奖。

8. 大气成分观测与研究

自 20 世纪 90 年代起，中国气象科学研究院周秀骥院士先后主持国家自然基金重大项目“中国地区大气臭氧变化及其对气候环境的影响”（1994—1997 年）和“长江三角洲地区低层大气物理化学过程及其生态系统的相互作用”（1998—2004 年），徐祥德院士主持 973 计划项目

“北京及周边地区大气、水、土污染机理及调控原理”(1999—2005 年),开展了一系列科学试验和研究,取得重要成果。

9. 极地大气观测与研究

南、北极所处的特殊地理位置及其特有的生态环境,决定了极地在全球气候变化研究中的重要作用和地位。自 1981 年以来,气象工作者多次参加了南、北极大气科学考察。

10. 京津冀灾害性天气监测与超短期预报研究

周秀骥院士主持“七五”国家重点科技攻关项目“中期数值预报及灾害性天气研究”,同时在京津冀地区建立了一个具有国际先进水平的中小尺度天气探测与短时预报系统投入准业务运行。该系统为推动大气遥感技术进入业务化应用阶段做出了重要贡献。

11. 短期气候预测系统研究

1996—2000 年,国家气象中心丁一汇院士支持“九五”重中之重攻关项目“我国短期气候预测系统的研究”,发展并建立了我国第一代短期气候监测、预测、评价和服务业务系统。相关成果获得 2004 年国家科学技术进步奖一等奖。2001 年至 2006 年,由中国气象科学研究院张人禾院士主持的“Argo 大洋观测与资料同化及其对我国短期气候预测的改进”项目,显著提高了我国气候预测、海洋监测分析和预报能力。相关成果获得 2012 年国家科学技术进步奖二等奖。

12. 全国农业气候资源和农业气候区划研究

1979—1987 年,由中国气象科学研究院等 11 个单位组成的科研协作课题组,研究并出版了一套全国性农业气候科研成果。研究成果在制定综合农业区划、国土规划、调整农业布局方面得到广泛应用。相关成果获得 1988 年国家科学技术进步奖一等奖。

13. 我国北方干旱致灾过程及机理研究

2015 年起,中国气象局组织实施了“干旱气象科学研究——我国北方干旱致灾过程及机理”研究项目,提出了北方极端干旱事件的可预报性新思路,揭示了气候变化人为因素加剧骤发干旱的新特征。

14. 多尺度数值模式大气动力框架研发

2018 年,中国气象科学研究院组织实施多尺度气象数值预报系统研发,以满足 0～90 d 无缝隙天气-气候预报预测的需求。目前,已经在球面准均匀网格上建立了并行化正压框架,标准测试结果显示出良好的计算精度和守恒性。

15. 气象业务技术培训

自 1954 年起,从北京气象学校到北京气象专科学校,再到中国气象局气象干部培训学校,一直肩负着气象业务技术培训的职责。如今,面向生态文明、“一带一路”、军民融合,还开展了各类专项培训。如气象灾害防御专项培训、“一带一路”沿线国家观测装备保障培训等。

摘自:中国气象网 http://www.cma.gov.cn/2011xzt/2019zt/20190513/2019051307/201905/t20190515_524768.html

项目二
作物生长的光环境及调控

【知识目标】

(1)理解昼夜、季节和二十四节气。

(2)理解辐射的基本概念和定律。

(3)理解太阳、地面及大气辐射的特点及三者的辐射交换。

(4)掌握太阳辐射的时空分布特点及太阳辐射对农业生产的影响。

【技能目标】

会测评作物生长的光照环境,采取有效的光照环境调控技术,提高作物光能利用率。

【思政目标】

(1)培养学生热爱祖国热爱党,强化坚定党的正确领导的政治理念。

(2)养成热爱科学、实事求是、敢于创新的学风和严谨的科学态度。

子任务1　昼夜、季节和二十四节气

昼夜和季节都是地球相对于太阳运动而发生的现象。地球在宇宙间时刻不断地做着两种主要的运动,即公转和自转。地球自转一周的时间大约是 24 h,即为一昼夜。公转的轨道是一条椭圆形的曲线称黄道,地球绕黄道公转一周为一年。地球公转时,地轴始终与黄道面成 66°33′的倾斜角,而且方向总是指向北极星。由于地球的自转和公转,就导致了昼夜和季节的变化。春分日与秋分日全球各地昼夜等长;从春分到秋分的夏半年,北半球各地昼长夜短,而且纬度越高昼越长,夜越短,夏至日昼最长,夜最短,北极圈及其以北出现永昼现象;从秋分至春分的冬半年,北半球各地昼短夜长,而且纬度越高昼越短,夜越长,冬至日昼最短,夜最长,北极圈及其以北出现永夜现象;南半球情况与北半球相反;赤道上全年昼夜等长。

一、昼夜

(一)昼夜的形成

地球在自转的过程中,面向太阳的半球称为昼半球,背对太阳的半球称为夜半球。昼半球和夜半球的分界线,称为晨昏线(图 2-1)。当地球自西向东自转时,昼半球东边的区域逐渐进入黑夜,夜半球东边的区域逐渐进入白天,地球如此不停地自转,就形成了昼夜交替的现象。由于昼夜交替的周期不长,就使得地面白昼增温不至于过分炎热,黑夜冷却不至于过分寒冷,从而保证了地球上生命有机体的生存和发展。

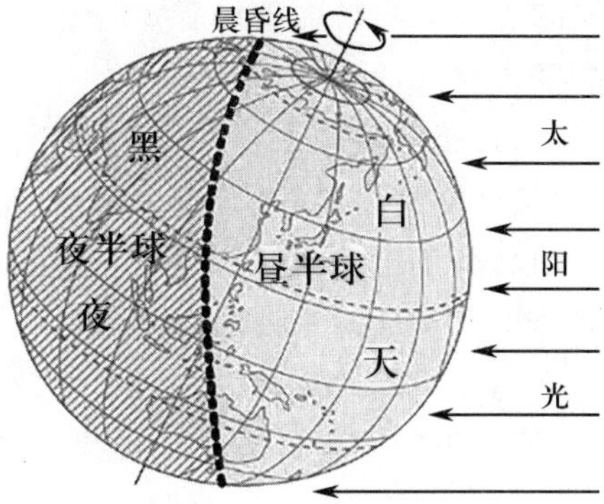

图 2-1 昼夜的形成

(二)太阳视运动

地球上的观测者所看到的太阳对于地球的相对运动,称为太阳视运动。太阳视运动是随时随地都在发生变化的。地球各地的太阳辐射状况是由太阳在天空的位置决定的。太阳的位置,可以用太阳高度角与方位角综合定位。

1. 太阳高度角

太阳高度角是指太阳光线与地平面的交角,又称太阳高度,以符号 h 表示,其值在 0～90°之间变化。太阳高度角愈大,等量的太阳辐射能光束所散布的面积越小,地表单位面积上所获得的太阳辐射能愈多,故一天中正午太阳高度角最大,地表面获得的太阳辐射能最多。

太阳视运动

影响太阳高度角的因素主要是时间和地点。太阳高度角(h)计算公式:

$$\sin h = \sin\phi \sin\delta + \cos\phi \cos\delta \cos\omega \tag{2-1}$$

式中:ϕ 为观测点纬度。

δ 为太阳赤纬(也称太阳倾角),也就是太阳光线垂直照射地球的位置,即直射点的纬度,δ 可从天文年历查出,也可用近似公式计算。

$$\delta = 23.5\sin N \tag{2-2}$$

式中 N 为距春分日和秋分日最近的总天数。春分日至秋分日取正值,否则,取负值。

ω 为时角,即用角度表示的时间。正午为 0,上午为负,下午为正,每小时为 15°。$\omega = \frac{2\pi}{2}(t-12)$,其中 t 为地方时。按 24 h 计算,如下午 14 时 30 分,t 为 14.5。为方便应用,中国统一使用北京时间,求算中国各地太阳高度角时可统一使用下面的公式(式中 T 为北京时间):

$$\sin h = \sin\phi \sin\delta + \cos\phi \cos\delta \cos(15°T + \lambda - 300°) \tag{2-3}$$

【例】求算广西南宁市($\phi = 22.8°$,$\lambda = 108.3°$)夏至日($\delta = 23.4°$)下午 14:30 的太阳高度角。

【解】$h = \arcsin[\sin 22.8° \sin 23.4° + \cos 22.8° \cos 23.4° \cos(15° \times 14.5 + 108.3° - 300°)] = 66.3°$

正午时刻的太阳高度角是一天中太阳高度的最大值,它是反映太阳辐射状况的特征量。正午时 $\omega = 0$,由公式 2-1 可得正午时刻太阳高度角(h)的表达式:

$$h = 90° - \phi + \delta \tag{2-4}$$

在公式(2-1)中 ϕ 永远取正值，δ 在当地的夏半年取正值，冬半年取负值。该公式表明，某地的正午太阳高度角等于 90°减去该地与太阳直射点所在地的纬度差，该差值越小，正午太阳高度角越大，反之则越小。

(1)正午时刻太阳高度角的变化规律　正午时太阳高度角是一天中太阳高度角的最大值(除极地部分地区外)。春、秋分日正午时刻太阳高度角自赤道向两极递减；北半球夏至日正午太阳高度角自北回归线向南北递减；冬至日自南回归线向南北递减。北回归线及其以北地区，北半球夏至日正午太阳高度角达一年中最大值，冬至日达一年中最小值。南回归线及其以南地区与北回归线及其以北地区情况正好相反。

(2)太阳直射点的变化规律　太阳高度角为 90°时的太阳光线在地平面上的入射点称太阳直射点，其他各点的太阳高度角均小于 90°，称为斜射。由于地球有规律地公转，太阳直射点始终变动于南北回归线之间，而且太阳直射点在南北回归线之间来回变动一次为一年，所以，全年太阳直射地球的机会在南北回归线之间的地区有 2 次；在南北回归线上有 1 次；南回归线以南地区与北回归线以北地区有 0 次，即太阳高度角均小于 90°，太阳永远不会升至天顶，太阳总是斜射地面的。

我国广大地区位于北回归线以北，北回归线以南的最南端的曾母暗沙(北纬 3°58′，东经 112°17′)也处在赤道以北。由太阳直射点的变化规律可见，我国北回归线以北地区全年无太阳直射机会，且太阳直射点均位于这些地区的南侧；北回归线至曾母暗沙之间的我国少部分地区全年太阳直射点位于南侧的机会多于北侧。太阳直射点在我国的这种分布规律，决定了阳光的入射方向，决定了各个方向的山坡或不同朝向建筑物的采光状况，如南坡为阳坡，北坡为阴坡；果树南侧获得太阳辐射量大，果大、色泽好，且甜；我国冬季北方地区应用的阳畦、冷床、日光温室其塑料薄膜向南倾斜利于获热。

2. 太阳方位角

太阳方位角(A)是指太阳光线在地平面上的投影与当地子午线的夹角，可近似地看作是竖立在地面上的直线在阳光下的阴影与正南方的夹角。方位角以正南方向为 0°，以西为正(正西方为+90°)；以东为负(正东方为−90°)；正北方为±180°。太阳方位角(A)随纬度(ϕ)和赤纬(δ)而变。公式：

$$\cos A = (\sin h \sin\phi - \sin\delta) / \cos h \cos\phi \tag{2-5}$$

日出和日没时的太阳方位角为：

$$\cos A = -\sin\delta / \cos\phi \tag{2-6}$$

式(2-6)表明：在北半球除北极外，一年之中只有春分和秋分两天，太阳从正东方升起，在正西方没入地平线；从春分到秋分的夏半年内，在北半球太阳是从东偏北的方向升起，在西偏北的方向没入地平线，而且愈临近夏至，日出、日没的地区愈加偏北；从秋分到第二年春分的冬半年内，在北半球太阳则是从东偏南的方向升起，在西偏南的方向没入地平线，并且愈临近冬至，日出、日没的地区愈加偏南。

(三)昼夜长短的变化规律

春分日与秋分日全球各地昼夜等长；从春分到秋分的夏半年，北半球各地昼长夜短，而且纬度越高昼越长，夜越短，夏至日昼最长，夜最短，北极圈及其以北出现永昼现象；从秋分至春分的冬半年，北半球各地昼短夜长，而且纬度越高昼越短，夜越长，冬至日昼最短，夜最长，北极圈及其以北出现永夜现象，见图 2-2；南半球情况与北半球相反；赤道上全年昼夜等长。

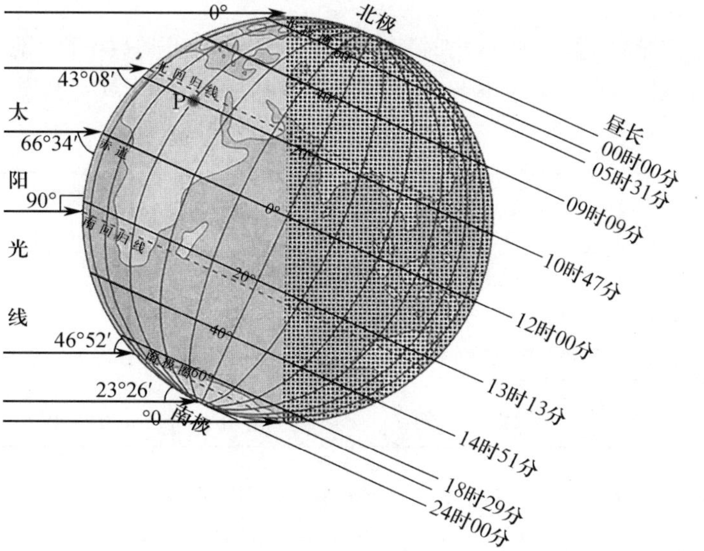

图 2-2　冬至日全球的昼长和正午太阳高度角

(四)日照时间

1. 可照时间与日照时间

太阳照射的时间，以小时(h)为单位。它分为可照时间和日照时间。可照时间(天文可照时数)，是指在无任何遮蔽条件下，太阳中心从某地东方地平线升起到落入西方地平线所经历的时间。可照时间与纬度和日期有关，可从气象常用表或天文年历表中查得。在气象学上，还要考虑云雾等天气现象及地形等对日照时间的影响，太阳直接照射某地的实际时数会短于可照时数。将一日中太阳直接照射地面的实际时数称为实照时数，通常称为日照时间。

2. 日照百分率

衡量一个地方日照条件的好坏，常用日照百分率表示：

$$M = T_s / T \times 100\%$$

式中：M 为日照百分率；T_s 为实照时间；T 为可照时间。

3. 曙暮光时间与光照时间

在日出之前或日落之后，虽然没有太阳的直射光投射到地面上，但隐藏在地平线以下的太阳光，却可以通过分子的散射而照亮地面，把日出之前的散射光称为曙光，日落之后的散射光称为暮光。农业上所指的曙暮光的界限是指太阳高度在地平线以下 0～6 ℃的这段时间。当太阳高度降至地平线以下 6 ℃时，晴天条件下的光照度约为 3.5 lx。曙暮光持续时间长短因季节和纬度而异，全年以夏季最长，冬季最短，高纬地区长于低纬地区。例如：赤道上曙暮光持续时间变化为 24～46 min；纬度 30°地区冬夏曙暮光持续时间变化为 52～56 min；纬度 50°地区冬夏曙暮光的时间变化为 76～90 min；纬度 60°地区夏季曙暮光持续时间长达 3.5 h，冬季也有 1.5 h。

曙暮光的照度多在光合作用的补偿点以上，故这部分光仍能被植物吸收利用。因此，在农业生产中，把可照时间与曙暮光时间之和称为光照时间。

二、季节

由于地球绕太阳公转时，一地不同时期太阳高度角及日照时数不同，地球表面获得太阳辐射能量不同，从而形成寒来暑往的季节。季节的划分标准，不同学科差别较大（表 2-1）。

表 2-1　四季的划分

四季	古代（节气）	民间习惯（农历月份）	天文学（节气）	气象学（公历月份）	气候学 候平均气温/℃
春季	立春至谷雨	1—3	春分到夏至	3—5	10.0～22.0
夏季	立夏至大暑	4—6	夏至到秋分	6—8	＞22.0
秋季	立秋至霜降	7—9	秋分到冬至	9—11	10.0～22.0
冬季	立冬至大寒	10—12	冬至到春分	12—2	＜10.0

表 2-1 中所列前四种方法虽然简单方便，但有一个共同的缺点，就是全国各地都在同一天进入同一个季节，这与我国各地区的实际情况有很大的差别。例如，按照上述划分方法，3 月份已属春季，这时的长江以南地区的确是桃红柳绿，春意正浓；而黑龙江的北部却是寒风凛冽，冰天雪地，毫无春意；海南岛的人们则已穿单衣过夏天了。为使四季划分能与各地的自然景象和人们生活节奏相吻合，我国气候学上采取了 20 世纪 30 年代张宝坤提出的以候平均气温为指标划分四季，又称温度四季。把候平均气温（5 d 平均气温）高于 22 ℃的时期定为夏季，低于 10 ℃的时期定为冬季，介于 10～22 ℃的时期定为春、秋季。这样划分使各地春、夏、秋、冬各有共同温度标准，反映出同样的热量条件，因而出现同样的生物现象。按此指标划分，我国各地四季长短很不相同。福建福州至广西柳城一线以南无冬季，哈尔滨以北无夏季，青藏高原因海拔高度关系也无夏季，云南四季如春（秋）。此外，其他各地四季都比较明显，尤以长江中下游四季为甚。

三、二十四节气

（一）二十四节气的概念

二十四节气起源于两千多年前的黄河流域，是根据地球在公转轨道上的位置，把地球公转的轨道等分为 24 等份，每一等份根据当时的天文、气候特征和物候反映给以命名，就是二十四节气（图 2-3）。二十四节气作为世界上最早的一部自然历，将气候条件与农业生产条件有机地联系起来，包含着朴素的农业气候分析和农业气象预报的知识，是我国古代最早的朴素的农业气象学，是我国古代劳动人民伟大的文化遗产。在国际气象界，二十四节气被誉为“中国的第五大发明”。2016 年 11 月 30 日，二十四节气被正式列入联合国教科文组织人类非物质文化遗产代表作名录。

（二）二十四节气的名称及农业意义

二十四节气起源于两千多年前的黄河流域，其名称和含义基本上反映了当时这些地区的气候特点和农事活动（表 2-2）。其中反映季节变化的有立春、立夏、立秋、立冬、春分、夏至、秋

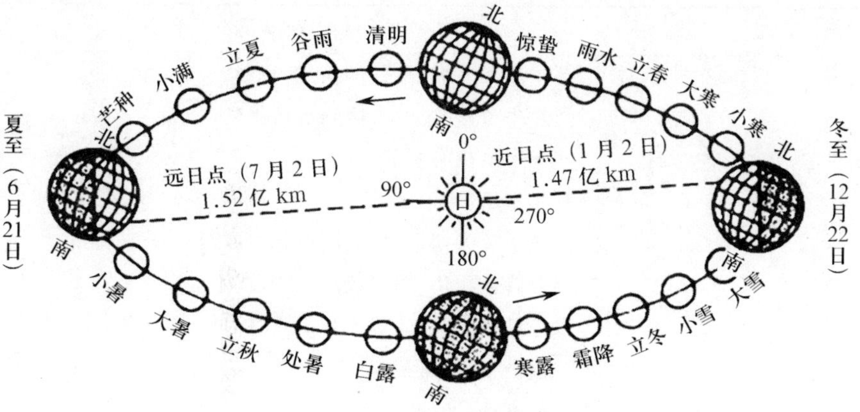

图 2-3　地球公转与二十四节气的划分

分和冬至共八个节气；反映温度变化的有小暑、大暑、处暑、小寒和大寒共五个节气；反应大气降水和凝结现象的有雨水、谷雨、白露、寒露、霜降、小雪和大雪共七个节气；反映作物生长和物候现象的有惊蛰、清明、小满、芒种共四个节气。把二十四节气联系起来看，就能清楚地看出一年中冷暖、雨雪情况以及四季和气候的变化特征，特别是能看出它们与农业生产紧密结合起来的特点。

为便于记忆，人们把二十四节气编成歌谣，世代流传：

春雨惊春清谷天，夏满芒夏暑相连，
秋处露秋寒霜降，冬雪雪冬小大寒。
每月两节日期定，至多相差一两天，
上半年在六廿一，下半年在八廿三。

前四句是二十四节气的顺序，后四句是二十四节气的日期，按公历计算，每月有两个节气，上半年一般在 6 日和 21 日，下半年一般在 8 日和 23 日，年年如此，最多相差不过 1～2 天。

表 2-2　二十四节气的气候及农业意义

（阎凌云，2019）

节气	月份	日期	气候及农业意义
立春	2	4 或 5	春季开始
雨水	2	19 或 20	降雨开始，或雨量开始渐增
惊蛰	3	6 或 5	开始打雷，土壤解冻，温度逐渐升高。冬眠动物开始活动，春耕开始
春分	3	21 或 20,22	平分春季的节气，昼夜长短相等
清明	4	4,5 或 6	气候温和晴朗，草木开始繁茂生长，春播开始
谷雨	4	20 或 21,22	降雨量增加，适宜谷物生长的需要
立夏	5	6 或 5,7	夏季开始
小满	5	21 或 22,20	夏熟作物籽粒已丰满，但还未成熟
芒种	6	5,6 或 7	小麦、大麦等有芒谷物成熟，黍稷等有芒谷物忙于播种，进入夏收夏种大忙季节

续表2-2

节气	月份	日期	气候及农业意义
夏至	6	22 或 21	夏季热天来临，白昼最长，夜间最短
小暑	7	7 或 8	炎热季节开始，尚未达到最热程度
大暑	7	23 或 24	一年中最热的季节
立秋	8	8 或 7	秋季开始
处暑	8	23 或 24	炎热的暑天即将过去，渐渐转向凉爽
白露	9	7,8 或 9	气温降低较快，夜间很凉，清晨草木上出现露珠
秋分	9	23 或 24	平分秋季的节气，昼夜长短相等
寒露	10	7,8 或 9	气温已很低，露很凉
霜降	10	24 或 23	气候渐冷，开始降霜
立冬	11	8 或 7	冬季开始
小雪	11	23 或 22	开始降雪，但降雪量不大，雪花不大
大雪	12	7 或 8	降雪较多，地面可以积雪
冬至	12	22 或 23	寒冷的冬季来临，白昼最短，夜晚最长
小寒	1	6 或 5	较寒冷的季节，但还未达到最冷程度
大寒	1	20 或 21	一年中最寒冷的节气

我国幅员辽阔，在同一节气里，南北各地的气候有差异，农事活动也不同，同样道理，同一种农事活动，开展的节气时间也不同。例如同是霜降节气，当时的黄河流域是 10 月 23 日，在其以北松辽平原提前在 9 月下旬 10 月初出现，以南的江南丘陵推迟到 1 月，华南相当多地方则无霜；冬小麦的播种期，河北省平原地区有“白露早，寒露迟，秋分种麦正当时”；而河南中部有“骑寒露种麦，十种九得”；湖北省则为“霜降到立冬，种麦莫放松”；华南是“立冬麦，小雪菜(油菜)”。因此，使用二十四节气时要注意因地制宜地进行地区间的气候修正，赋以适于当地的内容，才能使其真正起到指导农业生产的作用。

[任务思考与练习]

1. 简述正午太阳高度角的变化规律。

2. 一年中，地球表面分别获得 0、1、2 次太阳直射机会的位置分别是哪里？你所在地区一年获得几次太阳直射机会？

3. 用太阳高度角的变化规律解释为何北半球南坡获得太阳辐射能多于北坡？

4. 农业生产上光照时间由几部分组成？

5. 二十四节气是怎样形成的？名称含意是什么？

昼夜、季节与二十四节气

子任务 2　作物生长的光环境

太阳是整个太阳系的核心，是一个炽热的天体，它每时每刻都在不停地向宇宙空间放射能量，是地球上各种生物的能量源泉。

一、辐射的基本知识

（一）辐射的概念

宇宙中任何物体只要它的温度高于绝对零度，都不停地以电磁波的形式向外传递能量，这种能量传递的方式称为辐射。以辐射的方式所传递的能量称为辐射能。辐射传播的速度与电磁波的速度（即光速）相等，即 3×10^8 m/s。辐射的波长范围很广，从波长数千米的无线电波直到波长 10^{-10} μm 下的宇宙射线。气象学上所讨论的是来自太阳、地球和大气中的辐射，其波长范围在 0.15～120 μm 之间，尤以 0.15～30 μm 之间的射线最为重要。

当物体向外辐射能量时，内能减小，使物体的温度下降。当物体吸收了外来的辐射能量时，内能增加，使物体的温度升高。空间物体之间就是通过这种辐射方式进行热量交换的。

（二）辐射的度量和单位

各种波长的辐射都具有热效应。可见光不但具有热效应，还具有光效应。对于这两种不同的效应，须采用不同单位度量。

（1）辐射通量和通量密度　辐射通量是指单位时间通过任意面积的辐射能量，单位为 W；辐射通量密度是指单位面积上的辐射通量，单位为 W/m^2。辐射通量密度没有限定方向，对于放出辐射的表面又可简称辐射度；对于接受辐射的表面又可简称辐照度。

（2）光通量和光通量密度　太阳辐射除热效应外，还有光效应。表示光效应的物理量为光通量及光通量密度。

光通量：表征辐射通量中能产生光感觉的能量，即光源在单位时间内向四周空间辐射并引起视觉的能量称光通量。单位为 lm（流明）。

光通量密度：单位面积上通过的光通量，称为光通量密度。单位为 lm/m^2。而单位面积上接受的光通量称为光照度，简称照度。其单位为 lx（勒克斯）。1 lx 等于 1 lm 的光通量均匀分布在 1 m^2 面积上的照度。光照度表示物体被可见光照射的明亮程度，其值大小决定于可见光的强弱，主要取决于正常人眼对 0.4～0.76 μm 范围内可见光的平均感觉。到达地面上的太阳总辐照度与光照度之间有一定的相关，但不成比例。这主要是因为太阳辐射中 0.4～0.76 μm 光谱成分所占的比例，并不是固定的。

（三）物体对辐射的吸收、反射和透射

当辐射能投射到某物体表面时，其中一部分被该物体吸收，一部分被反射，其余部分则透过该物体。如果吸收率为 a、反射率为 r、透射率为 t，则：

$$a+r+t=1 \tag{2-7}$$

a、r、t 值的大小，随物体的性质和辐射的波长而定。例如，干洁空气能透过红外线，而水汽却能强烈地吸收它，雪面对太阳短波辐射的反射率很大，但对地面和大气长波辐射则几乎能全部吸收。陆地的透射率很小，而水体的透射率很大。因此，在同样的太阳辐射下，由于地表性质不同，它们所获得的辐射能就有差异。

当物体是不透明的，即 $t=0$，则 $a+r=1$，物体的反射率可以直接测得，而吸收率则用 $a=1-r$ 计算出来。在一般性的研究中，可粗略地把地球看成是不透明物体。

如果某一物体对于各种波长的辐射能全部吸收，即 $a=1$，则该物体称为绝对黑体，简称黑体。如果物体的吸收率为小于 1 的常数，则该物体称为灰体。黑体和灰体都是理想的辐射体，在自然界中并不存在。为了研究的方便，可以把某些物体近似地看成黑体或灰体。如把太阳看成黑体，把地球看成灰体。

(四)辐射的基本定律

(1)斯蒂芬-波尔兹曼定律　黑体辐射能力 E 与其表面绝对温度 T 的四次方成正比。即：

$$E=\delta T^4 \tag{2-8}$$

式中：$\delta=5.67\times10^{-8}$，称斯蒂芬-波尔兹曼常数；T 为绝对温度，$T(\mathrm{K})=273.15+t(℃)$。

式(2-8)表明，黑体辐射能力随温度增高而急剧增大。例如，太阳表面温度约为 6 000 K，地球表面温度约为 300 K，太阳表面温度只是地球表面温度的 20 倍，而太阳辐射能力却是地球辐射能力的 16 万倍。

(2)维恩位移定律　黑体辐射中能量最强的波长(λ_{max})与发射体的绝对温度(T)成反比。即

$$\lambda_{max}=c/T \tag{2-9}$$

式中：$c=2\ 898\ \mu\mathrm{m}\cdot\mathrm{K}$。式(2-9)表明，物体温度愈高，辐射中能量最强的波长愈短；反之亦然。太阳表面温度约 6 000 K，其辐射能量最强的波长为 0.48 μm(可见光中蓝光部分)；而地球表面平均温度约 300 K，辐射能量最强的波长为 9.66 μm 左右(红外线部分)；地球大气平均温度约为 250 K，其能量最强的波长则更大，约为 11.59 μm(红外线部分)。因此，相对而言，把太阳辐射称为短波辐射，而把地面和大气辐射称为长波辐射。

二、太阳辐射

太阳是整个太阳系的核心，是一个炽热的天体，它每时每刻都在不停地向宇宙空间放射能量，是地球上各种生物的能量源泉，其体积是地球的 130 万倍，太阳表面的温度为 6 000 K，中心温度为 20×10^6 K，在这样的高温下，太阳以电磁波的形式向四周空间放射出的巨大能量称为太阳辐射。地球每秒钟可以从太阳获得 1.8×10^{17} J 的能量，它所接受到的太阳辐射能量仅为太阳向宇宙空间放射总辐射能量的 20 亿分之一。但是，这已足够维持地球上的一切自然过程。地球表面也有来自其他星体和地球内部的能量，但与太阳能相比，仅占太阳能的 2 万分之一。可见，太阳辐射是地球上最主要的能量源泉。

(一)太阳辐射光谱

太阳辐射能随波长的分布，称为太阳辐射光谱。太阳放射着不同波长的光线，按其波长分为三个光谱区：紫外线区、可见光区和红外线区。大气上界太阳辐射光谱(图 2-4)的绝大部分集中在波长 0.15～4.0 μm 之间。其中 50%的太阳辐射能量在可见光区(波长 0.40～0.76 μm)，7%在紫外线区(波长<0.40 μm)，43%在红外线区(波长>0.76 μm)。

当太阳辐射穿过大气层后，辐射能受到很大的削弱，因而其光谱成分也发生相应的变化，据实际测得，在地球表面的太阳辐射光谱主要集中在 0.29～5.3 μm 之间。同时，随着太阳高度角的降低，红橙光的比例增加，而蓝紫光的比例减少(表 2-3)。

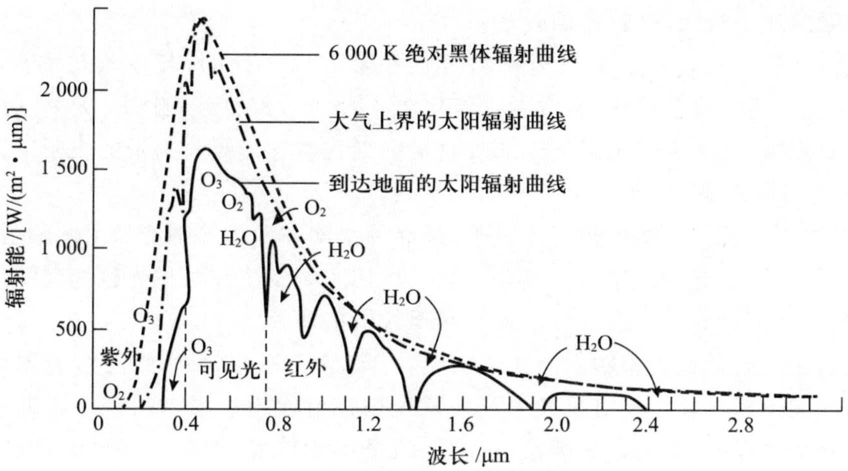

图 2-4　大气上界的太阳辐射光谱

表 2-3　不同太阳高度角时辐射光谱中各部分的相对强度(总辐射量＝100%)

太阳辐射光谱/μm	太阳高度角/(°)						
	0.5	5	10	20	30	50	90
紫外线(0.295～0.39)	0	0.4	1.0	2.0	2.7	3.2	4.7
可见光(0.4～0.76)	31.2	38.6	41.0	42.7	43.7	43.9	45.3
紫光	0	0.6	0.8	2.6	3.8	4.5	5.4
蓝紫光	0	2.1	4.6	7.1	7.8	8.2	9.0
绿光	1.7	2.7	5.9	8.3	8.8	9.2	9.2
黄光	4.1	8.0	10.0	10.2	9.8	9.7	10.1
红橙光	25.4	25.2	19.7	14.5	13.5	12.2	11.5
红外线(＞0.76)	68.8	61.0	58.0	55.3	53.5	52.9	50.0

(二)太阳辐照度

1. 太阳辐照度

太阳辐照度是表示太阳辐射强弱程度的物理量。它是指单位面积上的太阳辐射通量，单位为 W/m^2。如果不考虑大气的影响，到达地面的太阳辐照度取决于太阳高度角。随太阳高度角增大而增强，当太阳高度角为 90°时，太阳辐照度最大。在一天中，正午太阳辐照度最大；北半球，一年中夏至正午太阳辐照度最大，冬至最小。

2. 太阳常数

当地球位于日地平均距离时，在地球大气上界，垂直于阳光的平面上单位时间、单位面积上所接受的太阳总辐射通量，称为太阳常数。太阳常数值随太阳黑子数目的变化和测定方法的不同有波动，其值为(1 367±7) W/m^2，该条件下所产生的光照度为 13.5 万 lx。

(三)太阳辐射在大气中的减弱作用

1. 太阳辐射在大气中的减弱方式

太阳辐射透过大气层后，大气对太阳辐射的减弱，包括吸收、散射及反射作用三种方式，其中散射和反射的作用较大,吸收作用较小。

(1)吸收作用　大气对于太阳辐射的吸收是具有选择性的,其吸收量约占大气上界的6%。氧和臭氧主要吸收紫外线;水汽和二氧化碳主要吸收红外线;此外,灰尘、烟粒和盐粒能吸收一部分太阳辐射能;大气对可见光的吸收量极微;云、雾能吸收大量的太阳辐射,吸收量约占大气上界的14%。

(2)散射作用　大气中的各种气体分子、悬浮的水滴和尘埃等都能把太阳辐射中的一部分能量向四面八方投射,这种现象称为散射。散射作用主要发生在可见光区,其特点是只改变辐射方向,不改变辐射性质。散射有分子散射和粗粒散射两种。

分子散射是指直径比太阳辐射波长小的质粒(如空气分子)所产生的散射现象,其散射能力与波长的四次方成反比。在可见光中,蓝、紫光被散射能力最强,红、橙光最弱。晴天时,天空散射主要是分子散射,故天空呈蔚蓝色;晴天的早晨和傍晚,太阳光穿过大气层到达地面的路径较长,太阳辐射中的蓝、紫光被大量散射而消失,故太阳光盘呈现为一轮红日;晴天的正午,太阳光穿过大气层到达地面的路径较短,太阳辐射中的蓝、紫光被散射得较少,则太阳光盘偏向于原色——白色。

粗粒散射是指直径比太阳辐射波长大的质粒(如烟粒、尘埃、云滴和雾滴)等产生的散射现象。这些质粒对各种波长几乎具有同等的散射能力。空气混浊或阴天,有雾和风沙时天空呈乳白色,就是粗粒散射的结果。

(3)反射作用　主要是大气中云层和较大的尘埃能将太阳辐射中的一部分能量反射到宇宙空间,从而削弱到达地面的太阳辐射。其中以云层的反射最为重要,云层愈厚,云量愈多,反射作用愈强。据观测,云层对太阳辐射的平均反射率为50%~55%,有时可达80%,全年平均统计,反射作用大约使太阳辐射削弱了27%。

太阳辐射穿过大气层到达地面的辐照度大小除了被大气层中各种成分削弱外,还与穿过大气层路径的长度和大气透明状况有关。

2. 影响太阳辐射在大气中减弱的因子

影响太阳辐射在大气中减弱的因子主要包括太阳高度角和大气透明度。

(1)太阳高度角　太阳高度角越小,太阳辐射穿越大气层的厚度越厚,太阳辐射被减弱的程度越大,反之亦然。如高纬度地区地面获得太阳辐射要远远少于低纬度地区,就是太阳高度角差异的结果。

(2)大气透明度　大气透明度随大气的密度、水汽的含量及杂质的多少而变。海拔越高,空气越稀薄,水汽和杂质含量很少,大气透明度大,到达地面的太阳辐射就强。如高原或高山地区太阳辐射显著强于平原地区。

(四)太阳总辐射

1. 太阳总辐射的概念

经过大气削弱之后到达地面的太阳直接辐射和散射辐射之和称为太阳总辐射。直接辐射是指以平行光线的形式直接投射到地面的太阳辐射,直接辐射照度用 S 表示;散射辐射是指经散射后,由天空投射到地面的太阳辐射,散射辐射照度用 D 表示。就全球平均而言,太阳总辐射不足大气上界太阳辐射的一半。总辐射量随纬度升高而减小,随高度升高而增大。

晴天时,太阳总辐射由直接辐射和散射辐射两部分组成;阴天时,太阳总辐射等于散射辐射。太阳直接辐射照度与散射辐射照度之和称为太阳总辐照度(Q)。

$$Q=S+D$$

到达地面的太阳总辐照度中，虽然直接辐照度比散射辐照度大，可是直接辐射中的生理辐射(也称光合辐射，即可见光)量仅占37%，散射辐射中的生理辐射量占50%～60%，所以散射辐射容易被植物吸收和利用。

2. 太阳总辐射的变化

(1)日变化　一日中，太阳总辐射在夜间为零，天亮后逐渐增大，正午达到最大值，午后又逐渐减小。云的影响可使这种规律受到破坏。例如，中午空气对流增强，云量突然增多，总辐射的最大值可以提前或推后。值得注意的是，由于散射作用，只有当太阳中心达到地平线以下约7°时，总辐射值才能为零。

(2)年变化　一年中，太阳总辐射的最大值，中纬度地区出现在夏季，最小值出现在冬季。赤道地区，一年中有两个最大值，分别出现在春分和秋分。总辐射在空间上的分布，一般来说，纬度越低，其值越大，反之越小。

同理，与太阳总辐射日变化一样，太阳总辐射的变化也与天气状况有关。

(五)地面对太阳辐射的反射辐射

到达地面的太阳总辐射中，有一部分被地面反射返回大气，称为地面反射辐射。另一部分被地面吸收转变为热能。地面对太阳辐射的反射能力用反射率(r)表示，它是地面反射辐射占到达地面的太阳总辐射能量的百分比，反射率的大小主要和地面性质有关(表2-4)。由于太阳辐射不能穿透地球，所以地面吸收率为$1-r$。所以，地面吸收的太阳总辐射能Q为：

$$Q=(S+D)(1-r)$$

从表2-4看出，不同性质的地面具有不同的反射率。一般说来，深色、潮湿、粗糙的地表比浅色、干燥、平滑的地表反射率小。平均说来，陆面的反射率为10%～30%，水面的反射率比陆面稍小一些，雪的反射率最大，约为60%。因此，即使到达地面的太阳总辐射一样，不同性质的地面真正得到的太阳辐射，仍然有很大的差异，这也是地面温度分布不均匀的一个重要原因。

表2-4　各种表面的反射率

表面特征	反射率/%	表面特征	反射率/%
新雪面	84～95	绿草地	25
旧雪面	42～70	松树林地	10～18
沙土	29～35	冬小麦	16～23
黏土	20	水稻田	12
干土	20～45	棉花	20～22
湿土	14	黄熟作物	25～28

三、地面和大气辐射

(一)地面辐射

地球表面在吸收太阳辐射的同时，又将其中的大部分能量以辐射的方式传送给大气。地表面以其本身的热量日夜不停地向外放射辐射的方式，称为地面辐射。地面的辐射能力，主要决定于地面本身的温度。由于辐射能力随辐射体温度的增高而增强，所以，白天，地面温度较高，地面辐射较强；夜间，地面温度较低，地面辐射较弱。

地面辐射所损失的热量，除部分透过大气返还宇宙空间外，大部分被大气中的水汽、二氧化碳和臭氧等所吸收，尤以水汽的吸收作用为最大。据统计，平均只有7%的地面辐射能量透过大气层散失在宇宙空间，其余93%的地面辐射能量都被大气所吸收，而大气对太阳辐射的吸收仅为大气上界的6%，可见大气能量主要来自地面，而不是太阳，所以说地面辐射是低层大气的主要热源。

(二)大气辐射

1. 大气辐射和逆辐射

大气吸收地面长波辐射的同时，又以辐射的方式向外发射能量。大气向外发射能量的方式，称为大气辐射。大气辐射的方向是朝向四面八方的，其中投向地面的那一部分大气辐射，因与地面辐射的方向相反称为大气逆辐射。

2. 大气的温室效应

大气能透射太阳短波辐射到地面，又能强烈地吸收地面的长波辐射，同时还因大气逆辐射使得地面以辐射形式所损耗的热量得到一定的补偿，使太阳辐射的大部分热量截留在大气层，即大气对地面起了保温作用，这种作用与玻璃温室的作用相类似，称为大气的温室效应或热效应。据估计，如果没有大气，地面的平均温度应降到−23 ℃左右，而实际地表的平均温度是15 ℃。可见大气的温室效应对于人类和动植物生活具有重要意义。月球则因为没有像地球这样的大气，因而，致使它表面的温度昼夜变化剧烈，白天表面温度可达127 ℃，夜间可降至−183 ℃。

(三)地面有效辐射

地面有效辐射就是地面辐射与地面所吸收的大气逆辐射之间的差值，表示地面与大气辐射交换时地面净损失的辐射能。通常，地面温度高于大气温度，所以地面辐射要比大气逆辐射强，地面有效辐射多为正值。因此，地面有效辐射的结果使地面损失热量。夜间地面有效辐射的大小决定了地温的高低和降温的快慢。有效辐射强，地面温度降低得剧烈，容易出现露、霜或形成雾，在早春和晚秋，便可导致霜冻危害作物。因此，研究地面有效辐射对预报霜冻有重要意义。

地面有效辐射的强弱随地面温度、空气温度、空气湿度、风、云况而变化。一般地，天空云层越厚、空气湿度越大、大气温度越高时，大气逆辐射越大，地面有效辐射越小，地面损失的能量越小；天气晴朗无云、空气湿度越小、地面温度越高时，地面有效辐射越大，地面损失的能量就越大。在冬季或夜间，地面收入的辐射能小于支出的辐射能，使地面降温，严重时对植物造成冷害甚至冻害。作物生产中的地面覆盖、温室大棚等设施，都可以减少地面有效辐射，使地面及其一定空间内的空气温度保持相对稳定，有利于植物的正常生长或安全越冬。

[任务思考与练习]

1. 影响到达地面的太阳辐射因素主要有哪些？如何影响？
2. 为什么晴天的夜间比阴天的夜间冷些？
3. 什么是地面有效辐射？影响地面有效辐射因素主要有哪些？如何影响？

子任务 3　光环境对作物生长的影响

太阳辐射在地球上的分布是不均匀的，光环境的光谱组成、光照度以及光照时间长短，直接影响植物的生长、形态、新陈代谢、光合作用甚至基因表达，是植物生长、发育、产量和地理分布的决定性因素之一，研究光环境对作物生长影响的规律对农业生产具有重要意义。

一、光谱成分与植物生长发育

太阳辐射按其波长所分的三个光谱区，对植物生长发育所起的作用是各不相同的。

(一)紫外线光谱区对植物生长发育的影响

不同波段的紫外线对植物影响是不同的。

波长<0.29 μm 的紫外线，对植物有机体有致伤作用，大多数高等植物或真菌在紫外线的照射下几乎立即死亡。

波长为 0.29～0.315 μm 的较短部分紫外线，对大多数植物有害，但这部分紫外线杀菌力很强，能杀死病菌孢子，可使土壤和空气消毒，减少植物病害。

波长为 0.315～0.4 μm 的较长部分紫外线，对植物无害，可起成形作用，使植物敦实矮小，叶片变厚；对植物生长有刺激作用，可促进种子的发芽和果实的成熟，使果品色泽红润，并能提高蛋白质和维生素的含量。如高山上由于紫外线含量多，形成高山植物的特殊形态：基部矮小，叶面缩小，毛茸发达，积蓄物增多，叶绿素增加，茎叶有利于花青素的形成，颜色特别艳丽。在播前晒种或用紫外线照射，可以提高种子发芽率。向阳的果子比较香甜而且产量高，就是受到较多的紫外线照射的缘故。

有些植物要求较少紫外线的照射，如茶叶、纤维作物、生姜、芹菜、韭菜等作物，适当减少紫外线的照射，可以提高这些作物的品质。

(二)可见光光谱区对植物生长发育的影响

可见光具有光效应，它是绿色植物进行光合作用，制造有机物质的主要光源，故可见光也称为光合辐射，又称生理辐射。绿色植物进行光合作用时，被叶绿素吸收并参与光化反应的太阳辐射光谱成分称为光合有效辐射。光合有效辐射的波谱为 0.40～0.76 μm，与可见光区基本重合。植物光合有效辐射对各种波长的吸收和利用是不同的，可见光中被绿色植物吸收最多的是红橙光(波长 0.60～0.70 μm)，其次是蓝紫光(波长 0.40～0.50 μm)，而对黄绿光吸收得最少。红橙光有利于糖类的积累，有利于叶绿素的形成，促进种子萌发，加速长日植物的发育；蓝紫光促进蛋白质与非糖类的积累。蓝紫光能被类胡萝卜素所吸收，红橙光和黄绿光则能被藻胆色素吸收，而绿光则为生理无效光。

不同的作物，因其长期生长的环境条件不同，对光谱的要求和反应也不一样。例如水稻、小麦、玉米等谷类作物，在红、橙光的照射下，能迅速生长发育，而且早熟。黄瓜在红、橙、黄光的长期照射下，植株营养体小，产量低，在蓝、紫光的照射下，则能形成大量的干物质，产量高。

不同纬度，不同季节与一天内不同时间，太阳辐射光谱成分均有所不同，其对植物的影响也不同。早晨和傍晚，太阳高度低，阳光斜射大地，含红、橙光的比例大，对农作物的生长发育有利。同时谷类作物的叶片多与地面垂直，吸收侧面来的光比正面来得多。因此，充分利用这两段时间的光照，对提高谷类作物的产量有积极的意义。北方的玉米、高粱等比南方的粗壮高产，其中一个原因，就是北方纬度高，受太阳斜射的时间较长，获得红、橙光照射的机会较多。蓝紫光能促进秧苗生长粗壮。据研究，用浅蓝色乙烯塑料薄膜覆盖的水稻秧苗，比用无色薄膜覆盖的健壮，就是因为浅蓝色的塑料薄膜能通过蓝、紫光的缘故。

可见光中蓝紫光能抑制茎节间伸长，促进侧枝多发和芽的分化，并且引起植物的向光敏感性，对植物（如向日葵）的向光性运动起着重要作用。当植物向光部分遇到这段光谱时，生长就受到抑制，比背光部位长得慢，导致植物向光性弯曲。可见，蓝、紫光具有防止茎叶徒长的作用。树木、花卉等向光部分长得慢，背光部分长得快，时间一长，植物会向光弯曲。

可见光还可用于诱杀害虫，因为昆虫的视觉波长范围为 0.25～0.70 μm，偏于短波，而且多数昆虫具有趋光性，这样，就可以在夜间利用荧光灯发出的较短光谱诱杀害虫，判断虫情，发布虫情预报。

(三)红外线光谱区对植物生长发育的影响

红外线具有热效应，虽然不能直接被植物的叶绿素所吸收，参与植物有机质制造过程，但对植物的萌芽和生长有促进作用。果实在红外线的照射下，可使成熟度趋于一致。红外线能使植物、土壤、水和空气等增热，为植物生长发育提供必需的热量条件。

二、光照强度与植物生长发育

绿色植物的光合作用是在有光照的条件下进行的。植物对光照度的反应非常敏感，光照过强能使植物灼伤、干枯，甚至死亡；光照不足时，植物体内有机物质的形成就会延缓，甚至停止。

(一)影响光合作用

光照强度与农作物的生长发育和产量有密切关系，主要表现在光合作用强度（简称光合强度）直接受光照强度影响这一点上。

植物在光合作用过程中，叶绿体利用光能，将空气里的二氧化碳和根部吸收来的水合成碳水化合物，这个过程，只有在有光照的条件下才能进行。光合作用的强弱，在很大程度上取决于光照强度，在一定的温度和一定的光强范围内，光合强度随光强的增加而增强，制造的有机物质也随之增多。相反，光照减弱，光合强度也随着减弱。

各种植物对光照强度的要求是不同的。根据植物的需光特点，可分为喜光和耐阴两大类。在较强的光照条件下才能正常生长发育的植物，称为喜光植物，它们的光补偿点为 0.5～4 klx，光饱和点为 25～60 klx 或更高些，绝大部分农作物属于这一类，如玉米、小麦、棉花、花生、大豆、向日葵等。相反，在较弱的光照条件下才能正常生长发育的植物，例如云杉、茶叶、生姜和韭菜等，称为耐阴植物，它们的光补偿点均小于 0.5 klx，光饱和点为 5～10 klx。耐阴植物即使处在弱光条件下，也能正常生长发育。几种主要作物的单叶光饱和点和光补偿点见表2-5。

表2-5 几种主要作物的单叶光饱和点和光补偿点 klx

作物	光饱和点	光补偿点	作物	光饱和点	光补偿点
小麦	24～30	0.2～0.4	梨	54	1.1
棉花	50～80	0.75	黄瓜	50	2
水稻	40～50	0.6～0.7	西瓜	80	4
苹果	35～50	0.7～1	辣椒	30	1.5
草莓	20～30	0.5～1	茄子	40	2

同一种作物，单株与群体的需光量也有较大的差别。一般来说，群体的需光量比单株的高得多。原因很明显，因为在光照强的时候，作物群体的上层叶片(单叶)虽已达到饱和点，但下层叶片的光合作用仍随光强而增加；另外，在同一自然光照条件下，上层叶中不同叶片因方位与角度不同，也不是一律达到光的饱和点。对于群体补偿点来说，上层叶片光合作用的产物与下层叶片的呼吸消耗相抵消时的光照强度，数值自然要比单叶的指标数值为高。例如，单株小麦的光饱和点为24～30 klx，而群体的光饱和点则高于100 klx。

同一作物不同发育期的需光量也不一样。一般来说，苗期、衰老期光饱和点较低，生长盛期则较高；单片叶片光饱和点较低，整株植物光饱和点较高，而群体植物光饱和点更高。

(二)影响作物的发育进程

一般强光有利于作物生殖器官的发育，如黄瓜雌花数的增加，小麦分化更多的小花等等。相对的弱光有利于营养生长。但当光照不足时，植株将黄化，茎秆柔软而缺乏韧性，容易倒伏，对于棉花来说，蕾铃易脱落。

(三)影响作物的品质

喜光作物在光照不足时，营养物质含量将减少。如禾本科和豆科作物籽粒中的蛋白质含量将减少；糖用甜菜的含糖量将减少；马铃薯块茎中淀粉含量将减少；牧草的营养成分、品质将降低。相反，光照太强，对烟草、茶叶等喜阴作物来说，品质将降低。

三、光照时间与植物生长发育

(一)植物的光周期现象

在自然条件下，各种植物对光照持续时间或昼夜长短的反应是不同的。昼夜的长短影响着植物的开花、结实、休眠期等一系列发育过程。昼夜交替、光暗变换及其时间长短对植物进入发育阶段(开花结果)的影响，称为植物的光周期现象。根据植物的光周期现象把植物分为长日照、短日照和中间性植物三种类型。

(1)长日照植物　在较长白昼条件下(长于12～14 h)，才能正常开花结实的植物为长日照植物，如大麦、小麦、黑麦、燕麦、油菜、甜菜、豌豆、扁豆、葱蒜、胡萝卜、菠菜、亚麻等。长日照植物多是耐寒植物，原产于高纬度寒带或温带地区，抽穗开花期在夏季。延长日照时间，可使其提前开花；缩短日照时间则会延迟开花，甚至不能开花，只生长茎叶。

(2)短日照植物　在较短白昼条件下(短于12～14 h)，才能正常开花结实的植物，如原产于热带和亚热带地区的水稻、玉米、棉花、高粱、甘薯、大豆、向日葵、烟草、芝麻等。缩短日照时间，可提前开花；延长日照时间，则延迟开花期，甚至不能开花结实，只能进行营养生长。

(3)中间性植物　对日照长短反应不敏感，在长短不同的日照条件下都能正常开花结实的植物为中间性植物，如早稻、荞麦、番茄、四季豆、茄子、黄瓜等。这类植物，由于对昼夜长短的适应性较强，只要其他条件适宜，在各地均可种植。

还有极少数一类植物如甘蔗只能在一定时间(约 13 h 的日长)开花，较长较短的日长都不能开花的，叫作特殊性植物。

植物能够通过光周期而开花的最长或最短光照长度的临界值，称为临界光照长度。一般以每日 12～14 h 为临界光照长度。实际上，不是任何植物都如此。有的短日性植物如苍耳，临界光长可达 16 h，而有的长日性植物如天仙子，临界光长仅 12 h。不过当光照时间延长或缩短时，二者的发育有的加快，有的却延缓，它们质的差别就显示出来了。

日照时间对农作物的病虫害也有影响。一般情况下，如日照时数减少，既有利于害虫和病菌的繁殖，又使农作物软弱徒长，易受虫和病的伤害，因此往往造成病虫害的大发生。例如稻瘟病的发生与日照时数之间具有密切的关系。

不同光周期反应类型在一定条件下可相互转化。例如，豌豆、黑麦、苜蓿在较低的夜温下，失去对日照长度的敏感性，成为中间性植物；甜菜在较低温度(10～18 ℃)下，也失去对日长的要求，可在短日(8 h)下开花。短日植物烟草、牵牛花和一品红，在高温下为短日照植物，低温下成为中间性植物；草莓在 15 ℃以下为长日照植物，在较高温度下却成为短日照植物。

光周期对植物的生长和形态形成及变化也有明显影响，如有的晚熟马铃薯品种在长日照条件下不能形成块茎；长日照可促进洋葱鳞茎形成，短日照则能抑制它；大豆在短日照条件下形成层活动明显减退。短日照还有促进乔木落叶和进入休眠的作用。

(二)光照时间与作物引种

作物对日照长短反应不同的这种特性，在栽培引种上具有重要的实践意义。在推广良种或引种时，除考虑当地温度、水分应满足其要求外，还必须考虑该作物或品种的日照时间条件是否符合要求。

(1)纬度相近地区间引种　纬度相近地区之间，因光照时间相近，引种成功的可能性较大。

(2)短日照植物引种　短日照植物南方品种北引，因北方生长季内日照时间较长，将使作物生育期延迟，严重的甚至不能抽穗和开花结实，宜选择原产地较早熟品种。反之，北方品种南引，因南方生长季内日照时间较短，促进作物的发育，生育期缩短，温度升高，影响作物营养体生长，产量下降。为了减轻或避免这种原因引起的不良影响，引种时宜选择原产地较晚熟的品种，或调整播种期，以便在季节上利用南方夏季相对较短的日照。20 世纪 50 年代湖北省从东北引进“青森 5 号”水稻(短日性品种)，该品种在湖北分蘖少，30～40 cm 高度很快就抽穗，籽粒少，而且粒小，秕粒多，在东北单产达 7 500 kg/hm^2，而在湖北不少地方只有 1 500～2 250 kg/hm^2，造成很大损失。短日照植物引种时，温度和光照长度的效应是相互叠加的，对发育期提早或推迟的影响较为突出，南北距离较远时，引种不易成功。但在热量条件较差地区，从高纬度引种短日照植物，往往有利于避霜早熟。

(3)长日照植物引种　长日照植物北方品种南引，由于日照时间缩短，将延迟发育与成熟，宜选择原产地较早熟的品种；相反，南方品种北引，宜选择原产地较晚熟的品种。长日照植物南北引种，一般较易成功。因为，我国北方一般比南方温度低，长日照作物南种北引，温度低将延迟发育，日照长使之加速发育，光温对发育的影响有相互补偿的作用。北种南引类似。

(4)以收获营养体为目的的引种　对收获营养体为主的作物(如麻类、烟草、叶菜等蔬菜)引种，则要防止过早向生殖生长转化。生育期缩得太短，过多地影响了营养体的生长，将降低作物产量。如长日照植物北种南引，当它们从原产地高纬度寒带或温带地区引种到热带、亚热带种植时，要推迟播种，利用秋季的短日照条件，促进其营养生长，以获得高产。

[任务思考与练习]

1. 光谱成分对植物生长发育有什么影响？
2. 光照强度对植物生长发育有什么影响？
3. 植物的光周期现象与作物引种有何关系？
4. 为何长日照植物比短日照植物更容易引种成功？

太阳辐射与植物生长发育

子任务4　作物生长的光环境调控

不同作物或同一作物不同生长期对光照条件的要求不一样，而作物生长的光环境由于受到诸多因素影响，往往不能很好地满足作物对光的需求，生产中需针对作物生长需要，在光质、光照强度及光照时间方面进行作物生长的光环境调控。下面主要阐述非农业设施环境的光调控。

一、提高光能利用率

光能利用率是衡量一定面积农作物利用光能程度和生产水平的指标。单位土地面积上一定时间内植物光合作用积累的有机物所含能量与同期照射到该地面上的太阳辐射量的比率，称为光能利用率。植物光能利用率一般很低，光能利用率的理论计算值可达8%～10%，实际生产中仅有0.5%～1.0%。现在农作物的实际光能利用率与理论的光能利用率差距较大，有很大的潜力可挖。以水稻为例，中国长江流域22 500 kg/hm^{2}以上的试验田中，光能利用率达5%，北京郊区15 000 kg/hm^{2}的地块光能利用率为4%。根据南京大学龙斯玉的计算，我国广东高产栽培试验中一年的光能利用率已达5.1%，如全国达到这一水平，则全国粮食平均产量将增加到18 750 kg/hm^{2}以上。

(一)限制光能利用率的自然因素

如前所述，作物光能利用率很低，究其原因，限制光能利用率的自然因素主要有：

(1)作物生长初期覆盖度小，没有足够的绿色叶片来吸收光能，引起光的漏射、反射和透射损失；

(2)温度过低或过高影响酶的活性，光能转化率低；

(3)作物群体内光分布不合理；

(4)中高纬度地区农业受冬季低温的限制；

(5)不良的水分供应与大气条件使气孔关闭，影响二氧化碳的有效性与植物的其他功能；

(6)光合作用受空气中二氧化碳含量的限制；

(7)作物营养的缺乏，肥料不足或施用不当，影响光合作用进行或使叶片早衰等；

(8)自然灾害(气象与病虫等)的影响。

(二)提高光能利用率的途径

1. 培育高光效农作物品种

培育有高光合能力,低呼吸消耗,株型、长相有利于田间群体最大限度地利用光能,经济系数高的高光效农作物品种。近年来,通过育种手段,培育出理想株型,即株型紧凑、矮秆、叶小叶厚并直立、分蘖密集等。这种株型既能提高密植程度,又适当扩大光合面积,减少漏光损失,提高群体的光能利用,延长光合时间。

2. 采取合理的种植制度

在温度许可的限度内,使一年中尽可能多的时间在耕地上生长作物,充分利用生长季节。如采取间套复种、轮作改制,合理安排茬口,育苗移栽,选用早发品种,创造适宜的农田群体结构,巧妙地搭配各种作物。在寒冷季节,使用温室和保护地栽培,充分利用自然生长季节不能利用的大量太阳辐射能。

3. 选择适宜的种植地段

喜光作物宜选择地形开阔阳光充足的地段,坡地栽培作物宜选南坡。

4. 改进农田管理措施

(1)增加光合面积。光合面积即植物的绿色面积,常以叶面积系数加以衡量。叶面积系数过小,不能充分利用太阳辐射能;叶面积系数过大,叶片相互遮阴,通风透光差。生产实践表明:小麦、玉米、水稻、棉花和大豆的最适叶面积系数应在4～5之间,即能最大限度地利用光能。为此,在生产上可采取合理密植,以肥水调节植物的叶面积系数。

(2)提高光合效率。如利用物理和化学方法抑制光呼吸作用;增施 CO_2 肥料;利用人工光源补充光照以及通过人工调节光照时间,控制作物开花和衰老等都可以提高光合作用效率。

(3)延长生育期。大田作物可根据当地气象条件选用生育期较长的中晚熟品种、适时早播、采用地膜覆盖栽培等。蔬菜或瓜类作物可采用温室育苗、适时早栽或者利用塑料大棚。在田间管理过程中,尤其要防止生长后期叶片早衰,最大限度地延长生育期。

(4)增强光合效率,减少呼吸消耗。通过水(灌溉)肥(主要是氮肥)调控作物的长势,尽早达到适宜的叶面积系数;通过向大棚或温室施放 CO_2 气肥、田间增施有机肥提高田间 CO_2 浓度;利用2,3-环氧丙酸及其他盐类、$NaHSO_3$ 等降低作物的光呼吸作用。

5. 调节农田小气候

改善植物生长的环境条件,使田间保持一定的湍流强度和土壤水分,以保证 CO_2 和水分的充分供应,以及调节田间的温湿度。如中耕、镇压、使用化学药剂、精量播种、机械间苗等。

二、人工补光

在冬春季节,自然光照时间较短,光线较弱,针对不同植物的光周期特性,需要人为促进植物开花,可采用植物生长发育需要的某段光波,对长日照植物作补光延长光照时间处理,相反,对短日照植物,可作遮光缩短光照时间处理。此外,设施生产中由于农膜或玻璃的覆盖,使棚内透光率受到影响,这些光照不足问题直接影响作物的光合作用、光周期反应和器官形态的建成,影响作物产量,更不利于作物反季节生产。此外,精准智能化光环境调控是人工光植物组培、植物工厂、食用菌工厂、畜禽养殖等领域优质高产、降低能耗与提高生产效率的决定因素。因此,人工补光就成了现代农业生产必不可少的技术手段。人工补光一则可抑制或促进花芽分化，调节花期；二则可以促进作物光合作用，维持作物正常的生长发育。

(一)补光灯的选择

农业生产上常见的补光灯主要有白炽灯、荧光灯、高压钠灯、金属卤素灯、LED 灯以及新型的激光植物生长灯。其中 LED 灯即发光二极管，是一种能够将电能转化为光能的固态半导体器件，是继白炽灯、荧光灯和高压钠灯之后的第四代新型光源。LED 灯由于具有诸多优点，如节能性、光谱可调性、良好的点光源性、冷光性以及良好的防潮性等，使其可以对植物近距离照射和对空间的不同位置进行不同波长的逐点照射，可以实现对密集种植作物的低矮位置和对分层种植作物的按需补光，还可以实现对同一种作物的不同部位的不同种类光的补光。基于以上特性与优点，LED 灯是目前农业生产中补光选择最普遍的光源。不同植物对光强和光谱的需求存在差异，这影响到补光灯功率的选择和光谱定制。人造光源的光谱是根据植物生长的需求进行精心设计的，专业的植物补光灯可根据不同作物不同生长阶段的需求进行光谱订制。

采用特定波长光源来照射作物，可提高植物的光合作用效率，使其光形态建成加快，从而促进植物的生长发育。植物光合作用主要是利用红橙光(610～720 nm)和蓝紫光(400～510 nm)。利用 LED 技术，能够辐射出符合叶绿素最强吸收区波段的单色光(如波峰为 660 nm 的红光、波峰为 450 nm 的蓝光等)。红蓝光 LED 组合后可形成与作物光合作用和形态建成基本吻合的光谱吸收峰值，光能利用率可达 80%～90%，节能效果显著。设施园艺中配备 LED 补光灯可达到非常显著的增产效果。有研究表明，全生育期 LED 灯补光[红蓝光质比为 3∶2，光强为 300 $\mu mol/(m^2 \cdot s)$]处理可显著增加节瓜和茄子的单果质量和单位面积产量，节瓜提高了 5.3%、15.6%，茄子提高了 7.6%、7.8%。通过全生育期 LED 光质及其强度、时长的时空调配，能够缩短植物生长周期，提高农产品商品性产量、营养品质及形态价值。理论上植物生长所需最佳为 400～500 nm 的蓝光和 600～700 nm 的红光比例为(5～10)∶1。如广西火龙果补光宜选用 LED 灯的补光灯参数：功率为 12～15 W，峰值波长范围为 630～660 nm，主波长范围为 520～580 nm。

(二)补光方式

1. 补充光照度

根据作物光照度与光合速率之间关系，在一定范围内，随着外界光照度的增加，植物的光合速率不断增加，在光饱和点时净光合速率达到最大，在光补偿点时净光合速率为 0，所以，在光照度小于光补偿点时，需要进行人工补光。由于不同作物光补偿点和光饱和点不同，在选择光源时选择相应作物最适应的光照度范围进行补光，如黄瓜结果期需要补充的光照度为 9～40 klx，辣椒为 12～35 klx，番茄为 10～70 klx，对相应的蔬菜补充此范围内的光照度，光合作用旺盛，可以提高作物的产量和品质，如果光照不足，则作物生长发育不良，植株细弱、徒长。

在智能温室，一段时间内通过传感器获得温室内光照度变化，取其平均值、最高值、延时测定值作为调控依据。当温室内光照度低于已设定光照度的下限后，进行人工补光；当温室内光照度高于已设定光照度的上限后，应调节光源的光照度，降低成本。

2. 补充光照时间

光周期类型不同的作物成花对光照的要求也不同，尤其是原产于高纬度、高海拔地区或大陆性气候的长日照植物，对光周期十分敏感，它们需要严格的光照条件，一般要求连续暗期小于7 h,在生产中,可以通过日照延长、暗期中断、间歇照明、黎明前后补光等措施来补充光照。

延长日照是在天黑后开始对长日照植物进行人工补光,满足长日照植物对日照时数的需要,促进其开花。相反地,给予短日照植物超过临界日长时数的补光,可抑制其花芽分化。

暗期中断是在夜晚开灯2～4 h,将暗期分为两段,可以促使长日照植物开花或抑制短日照植物开花。

间歇照明多应用在大规模温室生产中,可以利用定时装置,采取光照与熄灯轮流进行的方式调节植物开花,一般时间为光照15 min、熄灯45 min。

黎明前补光是在黎明到清晨这段时间,给予短日照植物超过临界日长的光照,可使短日照植物营养器官更好地发育。

三、减弱光照

1. 遮阳防晒

采用覆盖遮光物如遮阳网、稻草、秸秆、竹帘等进行适时遮光;对易受日灼的果实套袋或贴纸遮光。对柑橘植株,涂白是通用防日灼的方法。涂白部位在易发生日灼病的树冠中上部。日灼病较严重的果园,可以用1%～2%的石灰水喷洒果实和冠面,反射强光,但是要注意石灰水的浓度,以免产生药害。在易发生日灼病的果实向阳面或已经发生轻微日灼病的果实部位上粘贴一张白纸,或涂抹一层石灰浆,可预防柑橘日灼病的发生或减轻日灼病的症状。

2. 补水降温

在高温来临时,及时对植株灌水和喷雾,补充植株水分,避免植株因为蒸腾过大,引起缺水的症状,加重日灼;降低果实、叶片、枝干表面的温度,提高土壤的含水量和空气湿度,改善农业小气候,可有效预防作物日灼病。

3. 合理密植与修剪

栽植密度不能过于稀疏,避免植株生长到高温季节仍不能"封垄",使果实暴露在强烈的阳光之下。通过合理密植,使叶片互相遮阴避免果实暴露在外,避免阳光直射果实。对果树合理修剪,增加枝叶量,阳面修剪不宜过重,果实附近适当保留叶片遮盖,防止烈日暴晒。

4. 合理间套作

对不耐日晒的作物,尤其是矮秆作物,可采用高矮秆作物间套作方式减少强光对矮秆作物的伤害。经研究发现,小辣椒与玉米间种和隔行在垄沟种植玉米的试验,小辣椒与玉米间种的辣椒日灼病发病率为45%,隔行在垄沟种玉米的发病率为60%,单种小辣椒的发病为85%。

5. 提高作物抗晒能力

合理施肥整地,改善土壤结构,提高土壤的保水保肥能力,多施有机肥,增补钙、钾和微量元素,使根系长得更好、更旺,提高作物抗逆性。

[任务思考与练习]

1. 目前提高光能利用率的途径是什么?你所在地区采用哪些措施提高光能利用率?
2. 简述为作物人工补光的基本措施。
3. 简述减弱作物光照的基本措施。

[综合技能]

查阅文献资料并结合实地调研,综述1种当地常见农作物生长对光照条件的要求,提出提高作物光能利用率途径以及作物生长光环境调控的基本措施。

子任务 5　光照度的观测

[目的要求]

了解照度计的构造原理，掌握光照度的观测与记录方法。

[仪器设备]

照度计(图 2-5)。

图 2-5　数字式照度计

[构造原理与使用方法]

1. 构造原理

照度计根据光电效应的原理制成。感光元件通常采用硅(或硒)光电池。当光线投射到光电池上时，光电池将光能转化为电能，所产生的电流强度与光照强度成正比。

照度计有指针式和数字式两种，均由光电池、电流表和量程开关组成。照度计量程开关一般有四档或六档，范围 0～20 万 lx。照度计直接显示出光照度读数，单位为 lx(勒克斯)。

2. 观测方法(以数字式照度计为例)

(1)打开电源。

(2)选择适合的测量档位。

(3)打开光检测罩，并将光检测器正面对准欲测光源。

(4)读数器中显示的数字与量程值的乘积即是光照度值，单位 lx。读取测量值时，如果最高位数显示“1”即表示过载，应立刻选择较高档位测量，如果光照度较弱，则量程开关从高档依次往低档调，直至能最大准确度读出在测照度值为止。

(5)连续观测 3 次，记录数据。

(6)测量工作完成后，请将光检测器罩好，关闭仪表电源。

(7)计算:某测定点的光照度值为连续三次观测数据的平均值。

3. 仪器维护

使用照度计时应注意防止光电池的老化,不要让光电池长时间暴露在光线(尤其是强光)下,不测量时应盖上遮光罩;要注意保持感应面的干洁。

[实训]

1. 选择大田作物、蔬菜、果树、遮阳网大棚、塑料大棚、玻璃温室等不同地块,测定各地块光照度。

2. 对某一种植区进行光照度观测,结合作物生长情况,分析光照度和作物生长之间的关系,并提出管理建议。

【实践案例】

火龙果补光技术

火龙果属于长日照植物,良好的光照有利于火龙果的生长和果实品质的提高。高温(25~35 ℃)、长日照可促进其花芽分化,低温(≤20 ℃)、短日照则抑制花芽分化。在广西桂南地区,4 月光照充足、气温回升,火龙果开始花芽分化,10 月以后由于光照不足,花芽分化基本结束。为了春提早秋延后花芽分化,可以通过人工补光、延长日照来促进花芽分化。人工补光时间春季一般在 3 月上旬开始补光,4 月中、下旬停止补光;秋季在 9 月下旬开始,连续补光 30~60 d。可采用延长日照法(18—24 时),每天 18 时开灯补光,连续补光 4~6 h,或者每天 18—22 时连续补光 4 次,每次补光 40~50 min,关闭 10~20 min,再补光。如果补光时段气温较高,补光时间可适当缩短;相反,补光时间可适当延长。低温直接影响人工补光的效果,影响花芽分化的质量、开花批数、开花数量和花朵的大小。在试验中发现,补光时段气温≤18 ℃时补光效果不好,因此,在生产中,如果连续 3~5 d 补光时段气温≤16 ℃时暂停补光,连续 10~15 d 补光时段气温≤16 ℃时停止补光,补光结束。试验结果表明,采用补光技术,火龙果开花批数比对照增加 2~3 批,采果期延长 1~3 个月,产量提高 10%~15%,经济效益提高 15%~20%。

【知识拓展】

采取光照处理调控花期

柑橘修剪对光照的影响

【思政案例】

中国天眼

“中国天眼”——500 m 口径球面射电望远镜(Five-hundred-meter Aperture Spherical radio Telescope),简称 FAST(图 2-6),位于贵州省黔南布依族苗族自治州平塘县克度镇大窝凼的喀斯特洼坑中,工程为国家重大科技基础设施。“天眼”工程由主动反射面系统、馈源支撑系统、测量与控制系统、接收机与终端及观测基地等几大部分构成。500 m 口径球面射电望远镜被誉为“中国天眼”,由我国天文学家南仁东先生于 1994 年提出构想,历时 22 年建成,于 2016 年 9 月 25 日落成启用。“中国天眼”是由中国科学院国家天文台主导建设,具有我国自主知识产权、世界最大单口径、最灵敏的射电望远镜,如果把总面积拿来分隔的话可以分隔出 30 个标准的足球场,其综合性能是著名的射电望远镜阿雷西博的 10 倍。作为世界最大的单口径望远镜,FAST 将在未来 20～30 年保持世界一流设备的地位。

图 2-6　中国天眼

FAST 的设计技术方案除了在观测中性氢线及其他厘米波段谱线、开展从宇宙起源到星际物质结构的探讨、对暗弱脉冲星及其他暗弱射电源的搜索、高效率开展对地外理性生命的搜索等 6 个方面实现科学和技术的重大突破外,还将作为一个多学科基础研究平台,有能力将中性氢观测延伸至宇宙边缘,观测暗物质和暗能量,寻找第一代天体。

FAST 工程的科学目标包括:巡视宇宙中的中性氢,研究宇宙大尺度物理学,以探索宇宙起源和演化;观测脉冲星,研究极端状态下的物质结构与物理规律;主导国际低频甚长基线干涉测量网,获得天体超精细结构;探测星际分子;搜索可能的星际通信信号。

最大、最具威力的单口射电观测镜在中国建成,体现了我国的高科技能力。这个工程的建成使用将给我国各个领域带来难以想象的作用,对我国实现繁荣富强、推进西部战略产生巨大的推动作用。中国天眼的建成让中国成为世界上探测距离最远、精确度最高的国家,这无疑是一个具有重大意义的项目和工程。中国天眼的建成象征着中国在射电方面的成就是巨大的,标志中国在射电方面的成就已经达到超标准化。同时,中国天眼的建成使用直接促进中国重工业的迅速发展，因为这样的工程需要大型建材，而承担这些建材制造的企业的技术也得到很大的提升，还有一些精密的大型仪器都是对技术的考验，这也促进我国独立开发能力的提升。中国天眼的制造和使用向全世界宣示我国的独立建造能力，中国天眼的建成，意味着我国独立自主研发的能力达到世界领先的地位。

摘自：百度百科词条“中国天眼”及北京日报客户端(https://baijiahao.baidu.com/s?id=1719390174768623803&wfr=spider&for=pc)

项目三
作物生长的温度环境及调控

【知识目标】

(1)掌握土壤温度的时空变化规律;
(2)掌握空气温度的时空变化规律;
(3)掌握土壤温度与空气温度对农业生产的影响。

【技能目标】

(1)会查阅植物生长各生育期三基点温度;
(2)会积温的计算及其在农业生产上的应用;
(3)能测评作物生长的温度环境;
(4)会采取有效的温度环境调控技术,改善作物生长温度条件。

【思政目标】

(1)培养社会主义核心价值观;
(2)形成热爱科学、实事求是、敢于创新和理论联系实际的学风;
(3)树立科学严谨的工作态度及良好的职业道德;
(4)树立气候资源利用与保护意识。

子任务1　作物生长的温度环境

一、土壤温度

(一)影响土壤温度变化的因素

地表面热状况和温度变化,主要决定于地面热量平衡和土壤热学特性。

1. 地面热量平衡(热量差额)

土壤温度的升降,决定于土壤表面的热量收入与支出的差额——地面热量平衡(或称热量差额）。显然，当地面热量差额为正时，热量收入大于支出，土壤就会增热升温；反之，则降温。地面热量平衡主要由 4 个因素决定：一是以辐射方式进行的热量交换，即辐射差额（R）；二是地面与下层土壤之间的热量交换（B）；三是地面与近地气层之间的热量交换（P）；四是通过水分蒸发与凝结进行的热量交换（LE）。在构成地面热量平衡的因素中，这四者是最主要的，其他如大气的湍流摩擦使地面得到热量，植物生长消耗的热量以及地面不同的降水使地面得到热量或损失热量等等，数值都很小，可以忽略不计。

白天，地面吸收的太阳辐射能大于地面有效辐射，R 为正值，地面获得热量，地表面温度高于邻近气层温度。这时地面热量消耗于三个方面：通过湍流交换上传给空气（P）；下传给下层土壤（B）；用于水分蒸发耗热（LE）[图 3-1(1)]。

夜间，R 为负值，地面失去热量，地表面温度低于邻近气层温度。这时地面热量由三个方面补偿：通过湍流交换空气下传热量给地表面（P）；下层土壤热量上传（B）；近地气层水汽凝结放出潜热（LE）[图 3-1(2)]。

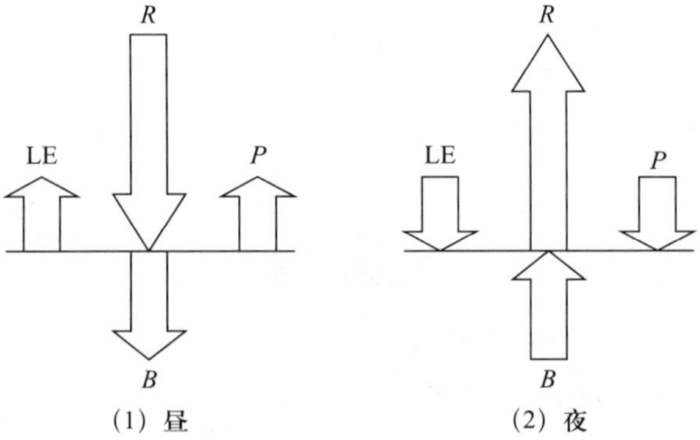

图 3-1　地表面热量收支示意图

根据能量守恒定律，这些热能是可以转换的，但其收入与支出的量是平衡的，这就是地面的热量平衡，可用下列方程表示：

$$R = P + B + \mathrm{LE} \tag{3-1}$$

式(3-1)中规定，地面得到热量的各项为正值，地面失去热量的各项为负值。

土壤温度的高低取决于热量收支各项的变化情况。例如，潮湿土壤与干燥土壤相比，白天潮湿土壤 R 为正值时，其消耗于水分蒸发的热量 LE 多，分配给 P 与 B 的热量就少，这时，地表面温度和近地层气温的上升就会较为缓慢；夜间，潮湿土壤为负值时，近地气层水汽凝结放出潜热 LE 较多，从近地气层及下层土壤获得热量 P 与 B 就少，这时，地表面温度和近地层气温的下降也会较为缓慢。

地面的热量平衡决定着地面及空气的增温和冷却，影响着蒸发和凝结的水相变化，是气候形成的重要因素。

2. 土壤热特性

土壤温度的升降取决于地面热量平衡，而当地面吸收或失去相同的热量时，不同性质的土壤温度升降的幅度是不同的，主要原因是土壤的热特性不同，土壤的热特性主要包括热容量和导热率等。

(1)土壤热容量(C)　土壤热容量有两种：重量热容量(即比热)和容积热容量，在研究土壤温度时多采用容积热容量。容积热容量是表示土壤容热能力大小的物理量，是指单位容积土壤温度升高(或降低)1 ℃所需吸收(或放出)的热量，单位是 $J/(m^3 \cdot ℃)$。

当不同性质的土壤吸收或放出相同的热量时，热容量愈大的土壤，其温度变化愈小；反之，容积热容量愈小的土壤温度变化愈大。而土壤容积热容量的大小又主要取决于土壤各组成成分的热容量。

土壤是由固体和不定量的水及空气组成的。由表 3-1 可见，各固体间的容积热容量差异不大，水的热容量最大，空气的热容量最小，前者比后者大 3 000 多倍。因此，影响土壤容积热容量大小的主要因素是土壤中水分与空气的含量。土壤湿度越大，土壤水分越多，其容积热容量越大，温度变化越小，反之亦然。如潮湿紧密土壤昼夜升温或降温缓慢，相反，干燥疏松的土壤，昼夜升温或降温剧烈。

表 3-1　土壤各组成成分的热特性

成分	容积热容量(C)/[$J/(m^3 \cdot ℃)$]	导热率(λ)/[$J/(m \cdot s \cdot ℃)$]
土壤固体	$(2.06\sim2.43)\times10^6$	0.8～2.8
空气	$0.001\,3\times10^6$	0.021
水	4.19×10^6	0.59

(2)土壤导热率(λ)　土壤导热率是表示土壤传热能力大小的物理量。它是指单位距离(厚度为 1 m)土壤，两端温度相差 1 ℃时，在单位截面上每秒钟所通过的热量。单位是 $J/(m \cdot s \cdot ℃)$。

当不同性质的土壤吸收或放出相同的热量时，导热率大的土壤，地面升温和降温缓慢，温度变化小。而土壤导热率的大小又主要取决于土壤各组成成分的差异。由表 3-1 可见，各固体间的导热率差异不大，水的导热率最大，空气的导热率最小，前者比后者大 20 多倍。这说明土壤水分越多，导热率越大；土壤空气越多，导热率越小。如潮湿紧密土壤昼夜升温或降温缓慢，相反，干燥疏松的土壤，昼夜升温或降温剧烈。这主要是因为潮湿紧密土壤导热率大，地面受热后热量容易向下传递，地面温度上升缓慢；同理，当夜间地面冷却时，土壤深层热量容易向上传递，地面降温缓慢。反之，当土壤干燥时，土壤温度变化情况与潮湿紧密土壤就正好相反了。

在农业生产上，可采取松土、镇压、灌溉等措施，人为改变土壤孔隙度及含水量，即改变土壤热容量和导热率，来调节土壤温度，如耕翻可提高土壤昼夜温差，有利于春天时越冬作物及时恢复生长；而灌溉可减缓夜间土壤的降温作用，有利于作物防寒。

(二)土壤温度变化

1. 土壤温度随时间的变化

由于太阳辐射具有周期性的日变化和年变化，所以，土壤温度也具有周期性的日变化和年变化。气象要素的周期性变化特征通常用最高值、最低值、较差(又称变幅)和位相来描述。温度的较差又分为日较差与年较差，温度日较差是指一日内最高温度与最低温度之差；温度年较差是指一年中最热月平均温度与最冷月平均温度之差。位相则为最高温度和最低温度出现的时间。

(1)土壤温度日变化　土壤温度在一天中随时间的连续变化,称为土壤温度的日变化。

观测表明,一天中土壤表面温度有一个最高值和最低值,最高值出现在13时左右,最低值出现在黎明前后。因为正午以后,虽然太阳辐射逐渐减弱,但土壤表面吸收的太阳辐射能仍大于其由长波辐射、分子传导、蒸发等方式所支出的热量,即土壤表面的热量收支差额仍为正值,所以土壤表面温度仍继续上升,直到13时左右,土壤热量收支达到平衡,热量累积达到最大,出现一日内最高温度。此后,土表得热少于失热,温度逐渐下降,至次日将近日出时,热量收支再次达到平衡,热量累积值最小,出现一日中最低温度。

土壤温度日较差以地表面最大,随着土壤深度的增加而逐渐减小,这是由于热量在土壤中传递时,随着土壤深度的增加,土壤吸收与支出热量递减。在中纬度地区约1 m深度的土壤日较差为零,该深度以下土层称为日恒温层。由于热量向深层传递时需要时间,故随着深度的增加,最高温度和最低温度出现的时间逐渐落后,大约是深度每增加10 cm落后2.5～3.5 h(图3-2)。

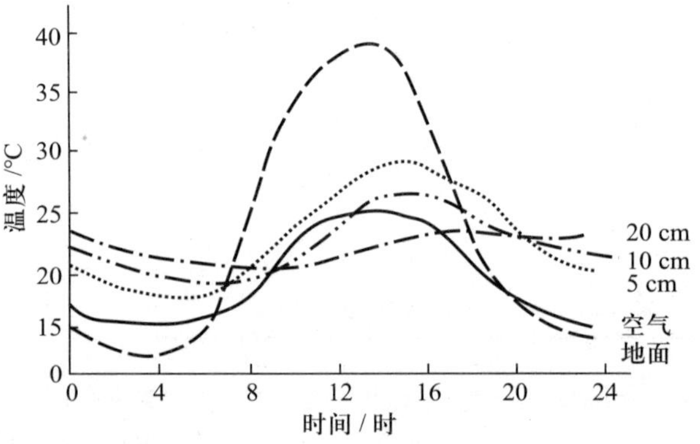

图3-2　气温、地温和浅层土壤温度的日变化

土壤温度日较差的大小主要由地面热量平衡和土壤热特性决定,同时还受以下因子影响。

①太阳高度　太阳高度是影响土壤表面温度最主要最基本的因子。凡是正午时刻太阳高度大的季节和地区,一日内太阳辐射日变化大,因而土壤表面温度日较差就大。一般正午太阳高度随纬度的增高而减小,所以土壤表面温度日较差也随纬度的增高而减小。

②地形　凸地、平地、凹地三者相比,凸地通风最好,湍流交换旺盛,白天温度不易升高,夜间温度不易降低,因而凸地温度日较差最小;凹地则相反,其湍流交换弱,白天热量不易散失,温度较高,夜间冷空气向低凹地下滑汇集,温度较低,故低凹地温度日较差最大。此外,南坡或偏南坡属阳坡,白天获得太阳辐射能多,夜间由于土壤较干燥,易于辐射失热,故土壤温度日较差大于属阴坡的北坡或偏北坡。

③天气　晴天由于白天土壤获得太阳辐射量大,夜间地面有效辐射也强,故土壤温度日较差较阴天大。

④土壤湿度　土壤湿度越大,土壤温度日较差越小。这可以从前面所提到的土壤含水量对土壤热容量和导热率的影响,以及地面热量差额各收支项分配对土壤温度的影响来解释。

⑤土壤颜色　不同颜色的土壤对太阳辐射的反射率及吸收率不同,如深色土壤对太阳辐射的吸收率较高,吸收太阳辐射量大,白天温度较高,相反,浅色土壤白天温度较低。

⑥土壤质地　黏土、壤土和沙土这三种土壤质地中,当含水量相同条件下,由于沙土孔隙度最大,黏土最小,故沙土土壤温度日较差最大,黏土日较差最小。

⑦地面覆盖物　地面有植被或人工覆盖物覆盖时，白天土壤表面获得的太阳辐射能减少，夜间这些覆盖物又减弱了地面的有效辐射，故土壤温度日较差小于无覆盖物的地面。

(2)土壤温度年变化　一年中土壤温度的周期性变化称为土壤温度的年变化。在中高纬度地区，土壤表面温度年变化特征是：最热月出现在7月，最冷月出现在1月。热带地区由于太阳辐射的年变化小，并受云和降水的影响较大，所以土壤温度的年变化比较复杂。

土壤温度年较差以土壤表面最大，随着土壤深度增加而减小，至一定的土层深度，年较差为0，该深度土层称为年恒温层(或称年温不变层)。年恒温层出现深度随纬度不同而不同，纬度愈低，地面一年中所获太阳辐射总量变化愈小，年恒温层出现深度愈浅，如低纬度地区年恒温层出现在5～10 m深处，中纬度地区在15～20 m深处，高纬度地区可深达25 m。在中纬度地区一年中最热月和最冷月出现的时间也随深度增加而落后，大约是深度每增加1 m，时间落后20～30 d(图3-3)。

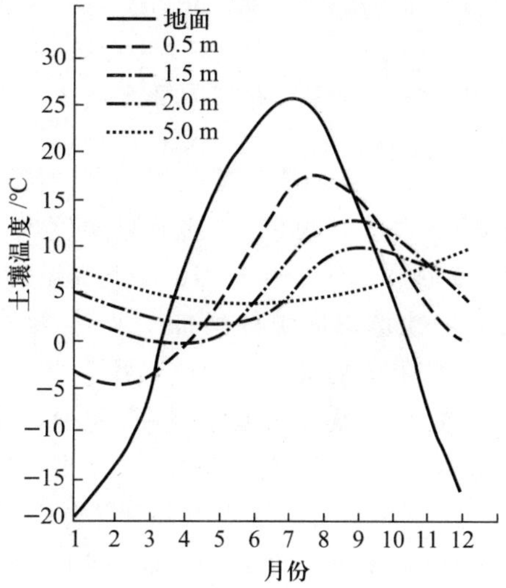

图3-3　哈尔滨地区不同深度土壤温度的年变化

土壤温度年较差的大小受太阳高度、地表状况和天气等因子影响，这些因子对年较差的影响与对日较差的影响大体相似，不同的是，土壤温度年较差随纬度增大而增大(表3-2)，而土壤温度日较差却随纬度增大而减小。这是由于太阳辐射的年变化随纬度升高而增大的缘故。

表3-2　不同纬度的土壤温度年变化

地方	广州	长沙	汉口	郑州	北京	沈阳	哈尔滨
纬度(N)	23°08′	28°12′	30°38′	34°43′	39°48′	41°46′	45°41′
年较差/℃	13.5	29.1	30.2	31.1	34.9	40.3	46.4

在农业上可利用土壤温度年变化的特点为生产服务。如井水、地下水受到土壤热传递的影响，冬暖夏凉，可利用这些水源灌溉农田进行温度调节；又如北方的地窖与南方的岩洞冬暖夏凉，在寒冷季节利用其贮藏不耐寒的农产品如白菜，在炎热的季节利用其贮藏高温易腐的农产品如禽蛋类产品，可延长贮藏时间。

2. 土壤温度的垂直变化

观测表明，土壤温度的垂直分布具有一定的规律，大致分为三种类型，即日射型、辐射型和过渡型(混合型)(图3-4、图3-5)。

(1)日射型　是指土壤温度随深度增加而降低的类型，称日射型。它一般出现在白天和夏季。日射型是由于土壤表面首先增热造成的。一日中的13时和一年中的7月份土壤温度垂直分布属此类型。

(2)辐射型　是指土壤温度随深度增加而升高的类型。它一般出现在夜间和冬季。辐射型是由于土壤表面首先冷却造成的。一日中的1时和一年中的1月份的土壤温度垂直分布属此类型。

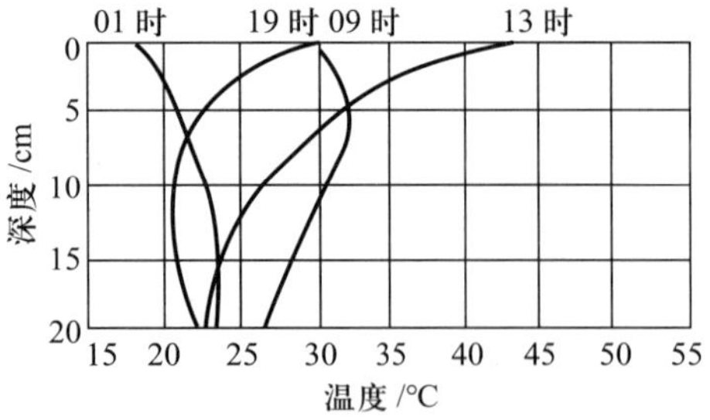

图 3-4　一天中土壤温度的垂直分布

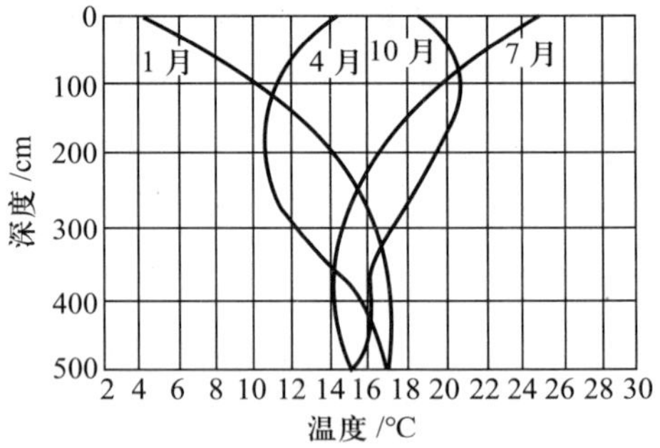

图 3-5　一年中土壤温度的垂直分布

(3)过渡型(混合型)　是指日射型与辐射型同时存在的类型。它一般出现于昼与夜(或冬与夏)的过渡时间,土壤上下层温度的垂直分布分别具有日射型和辐射型特征。一日中的 9 时、19 时和每年的 4 月、10 月土壤温度垂直分布属此类型。

3. 土壤的冻结与解冻

(1)土壤的冻结与解冻概况　当土壤温度降到 0 ℃以下时,土壤中的水分冻结成冰,凝固了土粒,使土壤变得非常坚硬,这种现象称为土壤冻结,也叫冻土。由于土壤水分含有各种盐类物质,其冰点要比纯水低,只有当土壤温度降到 0 ℃以下时才会发生冻结现象。

由于春季太阳辐射增强和土壤深处的热量向上传递使冻土融解,这种现象称为土壤解冻。一般来说,解冻方向是由上而下和由下而上两个方向同时进行的,但在多雪的冬季,土壤冻结不很深,解冻常是靠土壤深层上传热量,由下而上进行的。在土壤刚开始解冻时,由于冻土尚未化通,表层化冻的水分不能下渗而造成地面泥泞,这种现象称为返浆。

土壤冻结与解冻的深度与天气、地形地势、土壤物理性状、积雪情况等有关。如冻土深度具有寒冷地区大于温暖地区、干燥土壤大于潮湿土壤的特点。从土壤冻结的地理分布来看,冻土深度自北向南减小,我国东北地区冻土深度将近 3 m,西北地区在 1 m 以上,华北平原在 1 m 以内,长江以南和西南部分地区冻土在 5 cm 以内。

(2)土壤冻结与解冻对农业生产的影响　土壤冻结后,各种微生物停止活动,土壤有机质转化作用微弱,植物根系因缺水和养分而停止活动;在春季气温较高时,作物地上部蒸腾增强,耗水量增加,然而,仍处于冻土中的根部还不能从土壤中得到水分,容易造成作物生理干旱,引起作物枯萎或死亡;早春时节,土壤冻结与解冻交替进行时,容易发生表层土壤连同植株一起被抬出地面,使植株受害的现象(称为掀耸或冻拔),导致浅根作物的根系被拉断。为了防止这种现象的发生,可以采取一些预防措施,如播种分蘖节较深的品种、种子深覆土、播种前镇压土壤等。在窖藏农产品时,只有把窖安排在最大冻土深度以下,才能保护农产品免遭冻坏。

土壤冻结与解冻对土壤物理特性的改善有积极的一面。当土壤冻结时,冰晶体膨胀,能使土块破裂,孔隙增大;解冻后,土壤变得比较疏松,有利于土壤空气流通和水分渗透性的提高。在地下水位不深的地区,冻结能使土壤下层水汽向上扩散,增加耕作层的水分贮存量,这对干旱地区的农业生产具有重要的意义。

二、空气温度

(一)影响空气温度变化的因素

空气的升温和降温主要取决于地面与低层空气的热交换,空气与空气间的热交换及空气在运动过程中所发生的绝热变化。

1. 空气的绝热变化

当一个系统与外界没有热量交换时，则称该系统是绝热的。在绝热条件下状态变化的过程为绝热过程。当空气块绝热上升时，因外界气压减小，空气块向外膨胀做功，引起其内能消耗，温度降低；相反，当空气块绝热下降，因外界压力增大，外界压缩气块对其做功，引起其内能增加，使其温度升高。实际上，空气块在运行时，通常与其周围有热的交换，也可能吸收太阳辐射，因此，它并非是真正绝热的。但大气中上述的非绝热影响常比气体因气压变化对温度造成的影响小，所以，大气升降过程可近似地看成是绝热的。

空气中水汽含量不同，其绝热变化情况是不同的。

(1)干空气的绝热变化　一团干空气(即未饱和空气)在绝热上升过程中，每上升单位距离的温度变化值称干绝热直减率。通常用 r_d 表示，其值为 1 ℃/100 m，即干空气每上升(或下降)100 m，温度降低(或升高)1 ℃。

(2)湿空气的绝热变化　一团湿空气(即饱和空气)在绝热上升过程中，每上升单位距离的温度变化值称湿绝热直减率。通常用 r_m 表示，其平均值约为 0.5 ℃/100 m。r_m 小于 r_d，这是由于在湿绝热过程中，上升冷却引起空气中的水汽凝结，凝结释放出的潜热补偿了一部分因气块膨胀而消耗的内能，缓和了气块冷却的程度；下降增温时，气块中携带的云滴蒸发以维持气块饱和状态，由于蒸发耗热，削弱了下降增温的程度。

由于空气中含有不同量的水分，空气在做垂直运动时，其温度变化情况是不同的。存在干绝热和湿绝热变化两种情况。未饱和空气块在绝热上升初期，温度按干绝热直减率下降，到某一高度后，因冷却而使其中水汽达到饱和，成为饱和湿空气，再继续上升，其温度按湿绝热直减率下降。饱和湿空气下沉时，由于绝热增温，使空气由饱和变为不饱和状态，其温度按干绝热直减率升高。

2. 空气的非绝热变化

当一个系统与外界存在热量交换时，则称该系统是非绝热的，空气的非绝热变化主要包括以下几种形式：

(1)分子传导　分子传导是依靠分子热运动将热量从一个分子传递给另一个分子，它是地面和紧贴地面气层热量交换的方式之一。由于空气是热的不良导体，所以在地面与空气、空气与空气之间依靠分子传导方式传递的热量是极少的。

(2)辐射　一方面，地面辐射大部分被大气吸收，使空气增热。另一方面，大气辐射会使自身冷却降温的同时以大气逆辐射方式把部分辐射能返回地面，对地面起保温作用。辐射是地面与大气之间热量交换的主要方式。

(3)潜热交换　水分蒸发(升华)时要吸收一方的部分热量，当这部分水汽在另一方产生凝结(凝华)时，又把热量释放出来给另一方，由此使热量在双方间进行交换。这种热量交换方式不仅在地面与空气间进行，也可在空气与空气之间进行。

(4)对流　大规模、有规律的升降气流称为对流。对流通常发生在地面强烈增热或上层大气有冷空气入侵时，地面热空气被迫上升，其他地方的冷空气来补充，使垂直方向上空气发生混合，低层热量输送到高空。对流是地面和低层大气向高层传递热量的主要方式。

(5)湍流　小规模、无规律性的气流或涡流运动称为湍流。湍流的形成是由于地表面粗糙不平引起的。湍流使空气在各个方向发生热量交换。湍流是地面和空气间热量交换的重要方式之一。

(6)平流　空气大规模、有规律地在水平方向上的运动称为平流。当冷空气流经较暖的区域时，会使当地温度下降，这种气流称为冷平流。反之，当暖空气流经较冷的区域时，会使当地温度升高，这种气流称为暖平流。平流运动是水平方向热量传递的主要方式。

(二)空气温度的变化

由于地面是低层大气的主要热源，土壤表面温度存在有规律的周期性变化，因此使空气温度也具有周期性的日变化和年变化。但在气温的升降变化中，还存在空气大规模的冷、暖平流运动，使各地气温产生非周期性变化。

1. 气温随时间的变化

(1)气温的周期性变化

①气温的日变化　空气温度一般指气象观测场内百叶箱内离地面 1.5 cm 高处的空气温度值。气温的日变化和土壤温度的日变化一样，在一天中有一个最高值和一个最低值。最高温度出现在 14—15 时(冬季在 13—14 时)，最低温度出现在日出前后。由于各地纬度不同，日出时间也不同，因此，最低温度出现时间因纬度不同而异。由于地面是低层大气的主要热源，故影响气温日较差的因素与影响土壤温度日较差的因素及影响作用大致相似。除此之外，距离水体越远，如距离海洋、湖泊越远，气温日较差越大。如沙漠地区气温日较差可达 20 ℃左右，但海洋上气温日较差只有 1～2 ℃。

②气温的年变化　气温的年变化与土壤温度的年变化十分相似。在北半球大陆，一年中最热月与最冷月分别出现在 7 月和 1 月；在海洋上和海岸地区，则分别出现在 8 月和 2 月，较大陆地区落后一个月左右。影响气温年较差的因子与影响土温年较差的因子相同，主要有纬度、海陆、气候干湿状况、植被等。如纬度愈高，影响气温年较差愈大，我国华南地区气温年较差为 10～20 ℃，长江流域为 20～30 ℃，华北和东北南部为 30～40 ℃，东北北部在 40 ℃以上；距海越近的地方受海洋影响越大，气温年较差越小(表 3-3)。

表 3-3　距海远近与气温年较差

(闫凌云，2019)

项目	地点			
	保定(39°N)	大连(39°N)	大同(40°N)	秦皇岛(40°N)
距海远近	远	近	远	近
气温年较差/℃	32.6	29.4	37.5	30.6

(2)气温的非周期性变化　在中高纬度地区，地形地势较为复杂，平流的非周期性特征很明显，导致了这些地区气温的非周期性变化。春末，我国江南正是春暖花开时期，遇上西伯利亚冷空气南下，常出现“倒春寒”天气。秋季理应是天气凉爽的季节，如遇副热带高压非正常移动而长期影响和控制，控制区易形成高温持续天气，人们把这戏称为“秋老虎”，如 2008 年 9 月中旬在江南、华南地区维持 10 d 左右 35 ℃的高温天气，就是副热带高压影响的结果。气温的非周期性变化，可以加强或减弱、甚至改变气温的周期性变化。实际上，一个地方气温的变化是周期性和非周期性变化共同作用的结果，但从总的趋势看，周期性变化是主要的。

密切关注天气预报，掌握气温非周期性变化的规律，对农业生产具有重要意义。例如，早春冷暖空气交替频繁，生产上如能抓住“冷尾暖头”的时机，及时播种，便可使种子在气温稳定回升期间顺利出苗，避免烂种、烂秧等所造成的损失。

2. 气温的垂直变化

(1)常温变化　在对流层中，气温通常随高度的增加而降低，这种气温在大气中垂直方向的变化梯度一般用气温直减率(或用气温垂直梯度)表示。气温直减率是指高度每变化 100 m，气温的变化数值，常用 γ 表示，其值平均为 -0.65 ℃/100 m。气温直减率的值并非是固定不变的，它随季节、天气以及距离地面的高度而异。

(2)逆温变化　气温随高度增加而升高的现象称逆温。出现逆温的气层称逆温层。当出现逆温层时，冷而重的空气在下，暖而轻的空气在上，大气处于稳定状态，不易形成对流运动，使逆温层下部常聚集大量的尘埃、烟雾和水汽凝结物等，故逆温层又称稳定层或阻挡层。

按逆温形成的原因，可分为辐射逆温、平流逆温、下沉逆温、锋面逆温等类型，在此仅介绍常见的辐射逆温和平流逆温。

①辐射逆温　是指由于下垫面强烈辐射冷却而形成的逆温。在晴朗无风或微风的夜晚，下垫面由于有效辐射而强烈降温，接近下垫面的空气也随之降温，且愈近下垫面降温愈强烈，离下垫面愈高，降温愈小，形成逆温。这种逆温通常在日落后开始出现，半夜形成，黎明前最强。日出后随着地面增温，热量上传，逆温便自下而上逐渐消失。辐射逆温在大陆上常可见到，在中高纬度地区以秋冬季节出现最多，其厚度可达 200～300 m，甚至更厚。

②平流逆温　当暖空气平流到冷的下垫面时，下层空气冷却而形成的逆温，称平流逆温。在冬季，当海上的暖空气移到冷的大陆上时，常形成这种逆温。平流逆温在一天中随时可发生，有时平流逆温可持续数个昼夜。平流逆温白天由于太阳辐射使地面获热而变弱，夜间由于地面有效辐射而增强。

逆温现象对农业生产有利有弊。逆温严重地带常伴低温霜冻的发生，但由于此时有逆温层的存在，可利用其气层的稳定作用，采取熏烟防霜，烟雾会被逆温层阻挡而弥漫在贴地气层，防霜效果较好。同理，在清晨逆温较强时防治病虫害(喷雾)，可使药液停留在贴地气层，均匀地洒落在植株上，有效地防治病虫害。在寒冷季节晾晒一些农副产品，常将晾晒的东西置于一定高度上(温度大于 0 ℃的高度)，以免地面温度过低而受冻。当逆温较强时，2 m 高度处的气温可比地面温度高 3～5 ℃。山区的逆温程度往往比平地强，可把喜温忌冻的果树种植在离谷地一定距离的山腰上，避开谷地辐射逆温，使果树不容易遭受低温霜冻危害。

[任务思考与练习]

1. 土壤的热容量与导热率主要由土壤的什么成分决定？在生产上如何利用这一特点进行土壤温度的调节？

2. 一天中地面最高和最低温度各出现在什么时候？为何最高温度一般不出现在正午？为何最高及最低温度出现时间比土壤落后？

3. 影响土温日较差的因素有哪些？如何影响？为何纬度对气温日较差和年较差的影响不同？

4. 什么是空气的绝热变化？为何空气块绝热上升时降温，绝热下沉时升温？为何 r_m 小于 r_d？

温度的时空分布规律

5. 什么叫逆温？逆温一般出现在什么情况下？逆温在农业上有何应用意义？

6. 设一团未饱和空气在未越山前，在山脚处的气温为 20 ℃，凝结高度为 600 m，山高为 3 000 m，问当气团上升时在凝结高度处，在山顶及越山后在山脚处的温度分别是多少？（已知 r_m = 0.5 ℃/100 m　r_d = 1.0 ℃/100 m）

子任务 2　温度环境对作物生长的影响

温度影响作物的生长、分布界限和产量，同时影响作物的发育速度，从而影响生育期的长短和各发育期出现时间的早晚，因此温度是作物生长的重要条件之一。虽说对植物光合、呼吸、蒸腾作用以及生长发育有直接作用的是植物体温，且它与气温又有不小的差别，但是，由于准确测定生物体体温较困难，故在一般情况下，人们常用气温来分析热量条件对生物生长发育的影响。至于分析作物播种到出苗、作物根系、块根、块茎及蛰伏于地下的昆虫活动与温度之间的关系，一般用土温来进行分析。

一、土温对农业生产的影响

1. 对种子发芽、出苗的影响

在描述温度对种子发芽、出苗的影响时，用土温作指标比用气温作指标更为确切。种子发芽所需要的最低土温是确定作物适宜播种期的主要依据之一。目前作物播种时要求的最低温度指标以 5 cm 土温为标准。小麦、油菜种子发芽要求最低温度为 1～2 ℃；玉米、大豆为 8～10 ℃；水稻为 10～12 ℃；棉花、高粱则需 12～14 ℃。土温的高低对出苗时间也有很大影响，例如冬小麦，当 5 cm 土壤温度在 5～20 ℃时，温度每升高 1 ℃，达到盛苗期的时间可减少 1.3 d。当其他条件适宜时，在一定温度范围内，土温越高种子发芽速度越快，土温过高或过低对种子发芽不利，会发生生长停滞甚至死亡的现象。

2. 对作物根生长的影响

土温与作物根系的生长关系很密切，一般情况下，根系在 5 cm 土壤温度为 2～4 ℃时开始微弱生长，10 ℃以上根系生长比较活跃，土温超过 30～35 ℃时根系生长受阻。另外，土温的高低还影响根的分布方向，Khtmar 等发现大豆根系的分布和地温的关系，在低温土壤中，大豆根系横向生长，几乎与地表面平行；而在高温土壤中，大豆根系却是纵向生长，能够伸向深层土壤当中，这对根系吸收土壤中的水分和养分都是十分有利的。此外，当土壤温度低时，则土壤溶液黏度高、细胞透性低，作物吸水少；当土壤温度过高时，根系木质化，降低吸收表面积，抑制细胞内酶的活动，破坏根系的正常代谢过程。

3. 对块根、块茎形成的影响

土温影响植物块根、块茎的产量及品质。如 10 cm 土温对马铃薯的影响表现为：土温低（8.9 ℃）则块茎个数多，但小而轻；土温适当（15.6～22.2 ℃）则块茎个数少而大；土温过高（28.9 ℃）则块茎个数少而小，块茎变成尖长型，大大减产。又如萝卜肉质根生长的适温为 10 cm 土温 13～18 ℃，高于 25 ℃，植株长势弱，产品质量差。

4. 对耕作和土壤肥效的影响

土温过高土壤水分蒸发快，黏重土壤易板结而难于耕作；冷季温度过低易造成土壤的冻结和解冻，缩短农耕期，危害作物生长。土温过低，土壤中的有机磷释放缓慢，有效磷含量较低。提高土壤温度，可加速土壤有机质的腐烂分解过程，提高土壤速效养分的含量。夏季高温促使迟效磷转化为速效磷，作物一般不易缺磷。如华北平原将磷肥集中施在小麦上，而下茬的玉米则一般不施磷肥，依靠土壤中释放的速效磷就够了。

5. 对昆虫发生、发展的影响

据统计，有95%～98%的昆虫种类，在它的某一生育时期与土壤有密切关系。因此，土温对昆虫特别是地下害虫的发展有很大影响。土温除影响昆虫发育速度和繁殖力外，还影响土栖昆虫的垂直移动。一般当秋季土温下降时，昆虫向下移动；而春季土温上升后昆虫向地表移动；夏季地表温度过高时，昆虫又下潜。如沟金针虫，当10 cm土温达到6 ℃左右时，开始上升活动；当10 cm土温达到17 ℃左右时，活动最盛并危害种子和幼苗；高于21 ℃时又向土壤深层活动。掌握土壤温度的变化和土壤中昆虫垂直迁移活动的规律，就能更好地测报和防治害虫。

6. 对微生物活性的影响

土壤温度对微生物活性的影响极其明显。大多数土壤微生物的活动要求15～45 ℃的温度条件，超出这个范围，微生物的活动就会受到抑制。

二、空气温度对农业生产的影响

通常用三基点温度、农业界限温度、积温和周期性变温等因素来分析空气温度对作物生长发育的影响。

(一)三基点温度

三基点温度是最基本的温度指标，用途很广。在确定温度的有效性、作物的种植季节和分布区域，计算作物生长发育速度和作物生产潜力等方面都必须考虑三基点温度。

1. 三基点温度的概念

植物在一定热量条件下才能维持生命，在维持生命的前提下才能生长，在生长量达到一定程度的基础上才能发育。因此，对植物生命活动来说，有三种基本温度，即生命温度、生长温度和发育温度，低于或高于生命温度的称为致死温度。对植物生长发育的生理过程来说，有三个基本温度，简称三基点温度，即最适温度、最低温度和最高温度。对于大多数植物来说，植物生命温度、生长温度、发育温度及生长发育的三基本温度指标如图3-6所示。

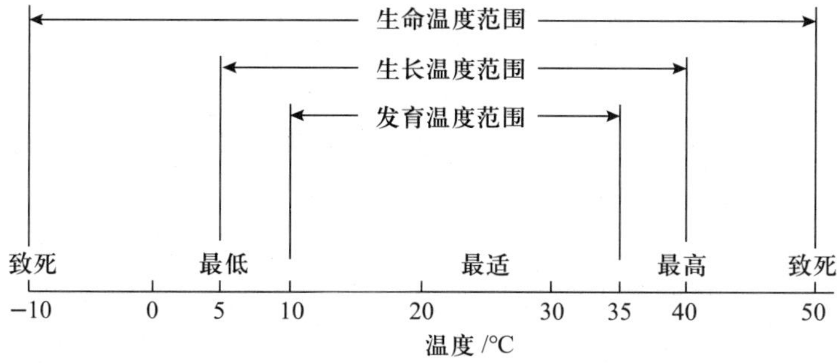

图3-6 植物生命活动基本温度示意图

2. 三基点温度的分布规律

(1)不同作物原产地不同,其生物学特性不同,所以它们的三基点温度是不同的(表 3-4);同一作物的不同生育期由于组织器官和生理过程的差别,其三基点温度也是不同的(表 3-5)。

表 3-4 几种作物生长的三基点温度 ℃

作物种类	最低温度	最适温度	最高温度
麦	3～4.5	20～22	30～32
玉米	8～10	30～32	40～44
水稻	10～12	30～32	36～38
番茄	12～14	20～25	35
香蕉	10～15	24～32	35

表 3-5 水稻主要生育期的三基点温度 ℃

生育期	最低温度	最适温度	最高温度
种子发芽期	10～12	25～30	40
苗期	12～15	26～32	40～42
分蘖期	15～16	25～32	40～42
抽穗成熟期	16～20	25～30	40

(2)最适温度离最高温度较近,而离最低温度较远。

(3)在作物生长过程中较少出现最高温度以上的温度条件;在作物生育期中最低温度远比最高温度容易出现,故低温危害比高温危害更常见。

3. 三基点温度对植物生长发育的影响

在最适温度范围内,植物生命活动最强,生长发育速度也最快。在温度达到最低温度和最高温度时,植物生长发育停止,但仍能维持生命。如温度继续升高或降低,植物就会受到不同程度的危害直至死亡。如常绿果树生物学零度为 10～15 ℃;20～30 ℃时体积增长最快;30 ℃以上高温,不利于果树生长。又如一般的热带、亚热带果树开花期温度影响着性器官的发育,花粉在 4.4 ℃以下发芽受抑制,多数果树花粉发芽适温为 20～25 ℃。温度高低除了影响植物生长发育速度外,还影响着其品质。一般来说,果实发育期温度较高,则果实含糖量高,色泽鲜艳,品质好;但温度不宜过高,过高的温度反而对果实品质有害。果实细胞分裂期的温度影响果型,高温地区或高温年份果型较扁,气温冷凉则果型较长。

(二)农业界限温度

农业界限温度指具有普遍意义的,标志某些重要物候现象或农事活动的开始、终止或转折的温度,简称界限温度。界限温度起始日期、持续天数及相应积温,对一个地区农业布局、耕作制度、季节安排等,具有十分重要的指示意义。常用的农业界限温度(指日平均气温)有 0 ℃、5 ℃、10 ℃、15 ℃、20 ℃。它们的农业意义为:

0 ℃——土壤冻结或解冻,田间耕作开始或停止的界限温度。常用日平均气温≥0 ℃的持续日数表示农耕期。

5 ℃——多数树木开始生长，小麦积极生长及早春作物播种的界限温度。常用日均温≥5 ℃的持续日数表示作物生长期。

10 ℃——大多数作物开始进入活跃生长。常用日平均气温≥10 ℃的持续日数表示作物活跃生长期。

15 ℃——喜温作物开始积极生长。常用日平均气温≥15 ℃的持续日数表示喜温作物的积极生长期。可作为衡量是否有利于水稻、玉米、花生、甘蔗、龙眼、荔枝、棉花、烟草等作物生长的指标。

20 ℃——热带作物和大春作物积极生长的界限温度。如粳稻抽穗开花，橡胶树、可可树等积极生长的温度。

(三)积温

1. 积温的概念

积温是指某一时段内逐日平均气温累积之和，单位为℃。温度对植物的影响包括温度强度和持续时间，积温就是衡量这两个方面的综合效应，以及研究作物生长发育对热量条件的要求和评价热量资源的一种农业气象指标。积温反映了作物在某生育期或全生育期内对热量的总要求。

2. 积温的种类

常用的积温有活动积温和有效积温两种。它们都用生物学下限温度（又称生物学零度，用“B”表示）作为起点温度来计算。生物学下限温度是指不同作物在不同发育阶段，有效生长的下限温度。一般来说，作物的生物学下限温度，就是作物三基点温度中的最低温度。

(1)活动积温　高于生物学下限温度的日平均气温值，称为活动温度。如某天日平均温度为 16 ℃，某作物的生长下限温度为 10 ℃，则当天对该作物的活动温度就是 16 ℃。活动积温则是指作物在某时期内活动温度的总和。作物（或昆虫）某一生育期或全生育期内活动温度的总和称活动积温。其表达式为：

$$Y=\sum_{i=1}^{n} t_{i\geqslant B} \tag{3-2}$$

式中：Y 为活动积温；B 为生物学下限温度；$t_{i\geqslant B}$ 为高于生物学下限温度的日平均气温；$\sum_{i=1}^{n}$ 为该生育期开始日至终止日（$1\sim n$）之和。

如某作物品种，从播种到出苗，该生育期生物学下限温度为 10 ℃，播种后 6 d 出苗，这 6 d 的日平均气温分别为 19.5 ℃、18.7 ℃、15.2 ℃、13.6 ℃、9.7 ℃、10.0 ℃。在这 6 d 中，只有 9.7 ℃低于生物学下限温度 10 ℃，该日温度对出苗无用，不能计为活动温度，其他 5 d 均为活动温度，则该作物从播种到出苗 6 d 中的活动积温计算如下：

$$Y=\sum_{i=1}^{n} t_{i\geqslant B}=19.5+18.7+15.2+13.6+10.0=77.0(℃)$$

(2)有效积温　活动温度与生物学下限温度之差称有效温度。作物（或昆虫）的某一生育期或全生育期内有效温度的总和称有效积温。其表达式为：

$$A=\sum_{i=0}^{n}(t_{i\geqslant B}-B)\text{ 或 }A=Y-nB \tag{3-3}$$

式中：A 为有效积温；$t_{i\geqslant B}-B$ 为第 i 日的有效温度。

在上例中，有效积温计算如下：

$$A=\sum_{i=0}^{n}(t_{i\geqslant B}-B)=(19.5-10)+(18.7-10)+(15.2-10)+(13.6-10)+(10.0-10)=27.0(℃)$$

或 $A=Y-nB=77.0-5\times10=27.0$(℃)。

两种积温相比较，活动积温统计比较方便，常用来估算地区的热量资源；有效积温稳定性较强，比较确切，在研究植物对热量条件的要求、预报植物生育期及病虫害时，多采用有效积温。

各种作物生长发育所需积温是不同的(表 3-6)。由于大多数作物在 10 ℃以上才能活跃生长，所以，≥10 ℃的活动积温是鉴定一个地区对某种作物的热量供应能否满足的重要指标。

表 3-6　几种作物(不同类型)所需≥10 ℃的活动积温(陈志银，2000)　　℃

作物	早熟型	中熟型	晚熟型
水稻	2 400～2 500	2 800～3 200	—
棉花	2 600～2 900	3 400～3 600	4 000
冬小麦	—	1 600～2 400	—
玉米	2 100～2 400	2 500～2 700	>3 000
高粱	2 200～2 400	2 500～2 700	>2 800
谷子	1 700～1 800	2 200～2 400	2 400～2 600
大豆	—	2 500	2 900
马铃薯	1 000	1 400	1 800

3. 积温的应用

积温在农业生产中应用较为广泛，其用途主要有以下几个方面。

(1)积温是农业气候区划的重要指标。积温可以用来衡量一个地区的热量资源，而作物的积温是反映其生长发育对热量条件的要求。将某作物积温数值与某地区相应积温进行对比，可以判断该地区热量资源是否适宜该作物生长发育的需要，从而获得农业气候区划的重要指标。

(2)积温是作物与品种特性的重要指标之一。在种子鉴定书(特别是商品种子与引种调运的种子)上标明该作物品种从播种(或出苗)到开花(或抽穗)、成熟所需的积温，可为引种与品种推广提供重要的科学依据，避免引种与推广的盲目性。

(3)积温为农业气象预报服务。积温可作为物候期预报、收获期预报、病虫害发生发展时期预报等的重要依据。根据杂交育种、制种工作中父母本花期相遇的要求，或根据商品上市、交货期的要求，可利用积温来推算适宜播种期。可采用某时段历史温度资料预报法和预报年份实时温度资料预报法两种方法。

利用历史温度资料预报作物发育期的公式为：

$$D=D_1+\frac{A}{t-B}\tag{3-4}$$

式中：D 为预报的生育期；D_1 为前一生育期的开始日期；t 为 D_1 至 D 期间平均温度；A 为生育期间（$D_1 \sim D$）所需有效积温；B 为生育期间的生物学下限温度。

该方法利用历史上某一时段平均温度资料和下限温度、作物（病虫）某一生育期所需有效积温等来预报下一生育期（发育期）开始时间，较简单易行，但受限于在某一时段内，年度间的温度差异大，预报结果可能存在一定的偏差。其准确性不如实时温度资料预报法。

实时温度资料预报法：该方法仍以（3-4）式为基础，所不同的是在前一生育期的开始日之后，根据当地每天的实际温度，计算逐日有效温度，并把每天有效温度求和，当有效积温达到某生育（发育）期间（$D_1 \sim D$）所需有效积温时，次日即为所预报的下一生育期（发育期）日期。实时温度资料预报法，需要向当地气象部门获取某一生育期间的逐日日平均温度资料，虽然工作上烦琐一些，但预报准确性将提高。

4. 在积温应用上应注意的问题

（1）积温的稳定性不够理想。事实上，同一品种作物完成同一生育阶段所需积温，在不同的地区、不同的年份、不同的播种期是有差异的，故积温的稳定性不够理想。这主要是由于影响作物生育的外界条件，不仅是气象因子，还包括土壤条件；气象因子中温度又不是孤立起作用的因子，如在作物生长发育时，光照时间、辐照度对作物生长发育速度也都有一定的影响；温度特征量中除了日平均气温的积累影响作物生育外，温度日较差也是重要的影响因子之一。针对积温的稳定性不足，在实际应用时，要同时考虑其他因子对作物生长发育的影响。

（2）积温学说认为：作物发育速度与积温的关系是直线关系，即温度越高发育越快，事实上超过最适温度后，温度越高发育速度反而减慢，当达到最高温度时则停止生长发育。故同样条件的积温，对作物生长发育速度产生的影响并非是一样的。

（3）在计算和应用积温时，只考虑生物学下限温度，没有考虑高于生物学上限温度对植物的伤害，事实上，有效温度就是介于生物学上下限间的温度，即计算积温时，应剔除高于生物学上限温度的日平均气温。

（四）周期性变温

1. 温周期现象

自然界的植物已经适应具有昼夜周期性变温的环境，即它们要求昼间温度高、夜间温度低。植物对温度日变化的反应称温周期现象。在植物生长温度范围内，气温日较差越大，农作物产量越高，品质就越好。因为白天日照充足，太阳辐射强，气温升高，有利于植物的光合作用，能制造积累较多的营养物质；而夜间气温降低，减弱作物的呼吸作用，能把光合作用制造的营养物质输送到作物的根、茎、果中去，从而提高了农作物的产量和质量。昼夜温差大，瓜果糖分积累高，蛋白质含量高，香味重。例如，在青藏高原上种植的白菜、萝卜等比内地种植的大得多。小麦千粒重可达 40～50 g，青海柴达木盆地香日德农场 1978 年春小麦开创了当时的单产最高纪录（1 013 kg/667 m^2）。新疆的哈密瓜、吐鲁番的葡萄较香甜，与这些地方的气温日较差大是密切相关的。

2. 感温性

植物生理学上，把由温度变化引起器官两侧不均匀生长的运动称为感温性，农业气象学上则把作物生长发育对温度条件的反应特性称为感温性。所有的作物都必须在一定的温度条件下才能正常地生长、发育，不同的发育时期对温度的要求不同。有时要求较低的温度，有时要求较高的温度，称为感低温特性和感高温特性。起源于高纬度或高原地区的作物多具有感低温的特性，在一定时间内，需经过低温刺激(春化阶段)后，才能正常生长发育；多数作物则需要有一定时期的高温条件，生育速度才能加快，水稻表现尤为显著。水稻的感温性是指在不同温度条件下，水稻品种穗分化快慢的反应特性，通常用高温下能促进抽穗的速度(常以日数表示之，称为高温促进率)来表示感温性程度。在高温下显著表现出缩短抽穗日数的水稻品种，为感温性强品种；反之则感温性弱。前者，又可称为对温度反应敏感类型，后者，称为对温度反应不敏感类型。

3. 春化作用

有些植物的花器官需要低温条件才能促进花芽形成和花器官发育，这一过程叫春化阶段。该过程在植物从营养生长到生殖生长中起关键性作用。植物必须经历一段时间的持续低温才能由营养生长阶段转入生殖生长阶段的现象称为春化作用。冬性草本植物例如冬小麦，一般都在秋季萌发，经过一段营养生长后度过寒冬，于第二年夏初开花结实，如果在春季播种，则只长茎、叶而不开花，或开花大大延迟，这是因为冬性植物需要经历一定时间的低温才能形成花芽。

低温是春化作用的主导因子，通常春化作用的温度为 0～15 ℃，并需要持续一定时间，不同作物春化作用所需要的温度不同，如冬小麦、萝卜、油菜等为 0～5 ℃，春小麦为 5～15 ℃。一般地讲，植物春化作用需要的温度越低，需求的时间也越长。例如中国北纬 33°以北的冬性小麦，要求 0～7 ℃的低温，持续 36～51 d，才能通过春化，而北纬 33°以南的品种，在 0～12 ℃，经过 12～26 d，就可通过春化作用。冬性一年生植物(如冬小麦)对低温是一种相对需要，一般适当降低或延长春化作用时间，可缩短种子萌发至开花的时间，如不经历低温，延迟开花。而一些二年生植物对低温的要求是绝对的，不经历低温就不能开花，如甜菜。同时还有一些必需的外界条件共同作用，才能成功地进行春化作用，这些外界条件包括水分、氧气、养分等。

在南北方地区引种作物时，必须了解作物品种对低温的要求，北方品种引种到南方，有可能因为引种目标地温度较高不能满足作物的春化作用要求，导致作物只进行营养生长而不能正常开花结实。利用作物的春化作用，在生产上可以控制花期、缩短生产期，提高产值。

[任务思考与练习]

1. 什么是三基点温度、农业界限温度、活动温度、有效温度、活动积温、有效积温？

2. 某水稻品种从播种到出苗的生物学下限温度为 12 ℃，播种后 8 天出苗，这 8 天的日均温分别为 12.5 ℃、11.5 ℃、12.0 ℃、13.6 ℃、14.6 ℃、15.0 ℃、15.6 ℃、14.0 ℃。求该品种从播种到出苗所需的活动积温和有效积温。

3. 甘蔗萌芽的起始温度是 13 ℃，有效积温为 200 ℃，若某地 9 月 2 日下蔗种，已知该地 9 月份平均温度为 26.7 ℃，问该地甘蔗何时萌芽？

4. 气温日变化对作物生长有什么影响？

温度与农业生产

子任务3　作物生长的温度环境调控

不同作物或同一作物不同生长期对温度条件的要求不一样，且作物生长的温度环境由于受到诸多因素影响，往往不能很好地满足作物对热量的需求，生产中须针对作物生长需要进行环境温度的调控。下面主要阐述非农业设施环境的温度调控。

一、增温保温

1. 合理耕作

通过耕翻松土、镇压、垄作等措施，改变土壤水、热状况，可适当提高或降低土壤温度，满足植物生长。耕翻松土的作用主要有疏松土壤、通气增温、调节水气、保肥保墒等。镇压是松土的相反过程，可以增温、稳温和提墒。垄作的目的在于增大受光面积，提高土壤温度，排除渍水，松土通气。

2. 地面覆盖

农业生产中常用覆盖方式有：地膜覆盖、秸秆覆盖、有机肥覆盖、草木灰覆盖、地面铺沙等。地面覆盖的目的在于保温、增温、抑制杂草、减少蒸发、保墒等。

3. 灌溉排水

灌溉可以提高土壤含水量，降低土壤昼夜温度日较差，相反，排水可以降低土壤含水量，提高土壤昼夜温度日较差。春季灌水可以抗御干旱，防止低温冷害；夏季灌水可以缓解干旱，降温，减轻干热风危害；秋季灌水可以缓解秋旱，防止寒露风的危害；冬季灌水可为越冬植物的安全越冬创造条件。

4. 使用增温剂

寒冷季节使用增温剂提高作物生长环境温度。增温剂是一种喷洒在土壤表面，能抑制其水分蒸发并增加其温、湿度的高分子有机化合物。主要由脂肪酸残渣、高碳醇、平平加(主要成分为聚氯乙烯、烷基醚)和碱等制成。将土壤增温剂加水稀释，喷洒在平整的土表，形成一层均匀连续的深色覆盖薄膜，膜下地面有效辐射减弱，并抑制土壤水分蒸发，减少蒸发耗热；夜间膜下水汽发生凝结放热。又因膜色较深，加强吸收太阳辐射能力，提高土壤温度。目前生产上应用的水稻苗床节水增温剂是以聚硅氧烷长链物质为膜质基材，对其改性或乳化制得的可溶于水的成膜制剂。水稻育苗播种前，均匀喷施在种床上，然后播种，在种下的种床表面及内部形成连续平面及立体膜层，减少了水分蒸发而导致的热量损失，提高了种床温度；替代了表层塑料薄膜覆盖，改善了种苗发育所需氧气状况；促进了生根、分蘖和生长发育。

二、降温

1. 灌溉技术

在植物茎、叶生长高温期间，可通过喷灌、滴灌、雾灌等灌溉技术，进行叶面喷洒降温，调节茎、叶环境湿度。注意灌水量和时间，并且要注意喷洒均匀。

2. 遮阳处理

遮阳处理主要用于花卉、食用菌等植物生产。对于一些需要遮阳的植物，可采取搭建遮阳网;在荫棚四周搭架种植藤蔓作物如南瓜、西葫芦等,提高遮阳效果;在棚顶安装自动旋转自来水喷头或喷雾管,在每天10:00～16:00进行喷水降温。

3. 使用降温剂

高温季节使用降温剂可有效降温。目前降温剂的主要原料为高岭土、石膏、石英等,使用时加水稀释,喷洒在地表或叶面使其成白色。其降温作用是利用白色表面对太阳辐射的反射能力强,吸收能力弱的原理,以及化学物质结合水释放时要吸热降温的特点。土壤降温剂的降温作用主要体现在中午前后的高温期,早晚的降温作用不大。喷洒降温剂在具备降温效应的同时,也会影响作物光合作用的进行。

三、适地适时栽培作物

(一)适地栽培作物

根据作物对温度条件的要求,不耐寒作物栽培应选择合适的地形地势:①选择在背风、向阳或周围有防风物可以挡风的地带,无挡风地带可人工营造防护林带或挡风墙;②选择靠近江河湖泊等水体的位置;③避免选择冷空气易沉积的低洼地或谷地。

(二)适时栽培作物

培育和选育抗寒或耐热的作物品种,合理布局作物品种;选择适宜的种植期,避开低温寒害;选用耐热作物和品种,使作物在高温的敏感期尽可能避开高温危害。

(三)提高作物抗逆能力

提高作物抗寒抗热能力:①精耕细作,改良土壤,提高地力,合理施肥,培育壮苗,提高植株抗寒力;②调节农田小气候,提高防寒抗冻能力;③改善农田生态条件,建立避寒保护设施;④栽培果树,主干基部培土、修枝、割面涂封、树脚涂封等;⑤采取农业措施,适时对作物进行低温锻炼。

[综合技能]

查阅文献资料并结合实地调研,综述1种当地常见农作物生长对温度条件的要求,并提出作物生长温度环境调控的基本措施。

子任务4　温度的观测

[目的要求]

了解各种常用温度表和自记温度计的构造原理和使用方法,掌握空气及土壤温度的观测方法。

[仪器设备]

普通温度表、最高温度表、最低温度表、曲管地温表、自记温度计、百叶箱等。

[构造原理]

物质热胀冷缩的物理特性(体积大小)与温度之间存在定量关系,利用物质的这种定量关系可以测量研究对象的温度高低及其变化。玻璃液体温度表最常用的测温质为水银或酒精(表 3-7),自记温度计的测温质为双金属片。

表 3-7 水银和酒精的物理性状比较

测温液	凝固点/℃	沸点/℃	纯度	内聚力
水银	−38.9	356.6	好	大
酒精	−117.3	78.5	差	小

温标是用于衡量物体温度高低的量度标尺。常用的温标有摄氏温标、华氏温标和绝对温标,我国的气象工作和日常生活中均采用摄氏温标,美国和其他一些英语国家使用华氏度而较少使用摄氏度。三种温标的换算关系如下:

摄氏温标(℃): $t(℃)=5/9[t(℉)-32]$

绝对温标(K): $t(K)=273.16+t(℃)$

温度表主要由感应球部、毛细管、刻度磁板和外套管四个部分构成(图 3-7)。

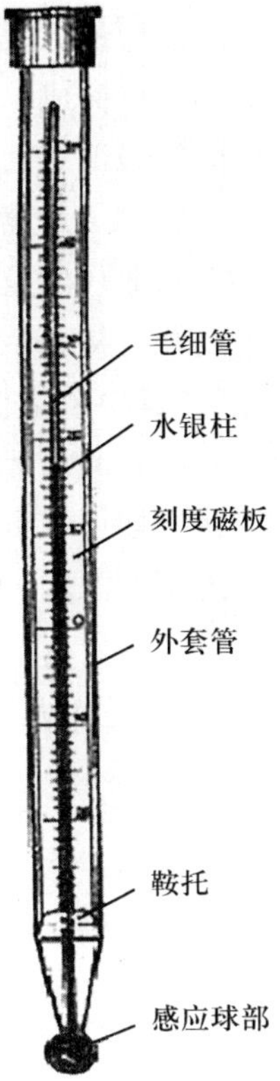

图 3-7 普通温度表

农业气象观测上常用测温仪器有如下几种。

1. 普通温度表

普通温度表用来测定测点任一时刻的温度,常用的普通温度表有:

(1)干、湿球温度表 用于测量空气温度的普通温度表称为干球温度表,如果干球温度表的感应球部包裹着湿润的纱布,便为湿球温度表。干、湿球温度表配合可测量空气湿度。

(2)地面普通温度表 用于测量地表面温度的普通温度表。

2. 最高温度表

最高温度表的构造与一般温度表不同,它的感应部分内有一玻璃针,伸入毛细管,使感应部分和毛细管之间形成一窄道(图 3-8)。当温度升高时,感应部分的水银体积膨胀,挤入毛细管;而温度下降时,毛细管内的水银,由于通道窄不能缩回感应部分。因此,水银柱上端的示数即为过去一段时间内曾经出现过的最高温度。

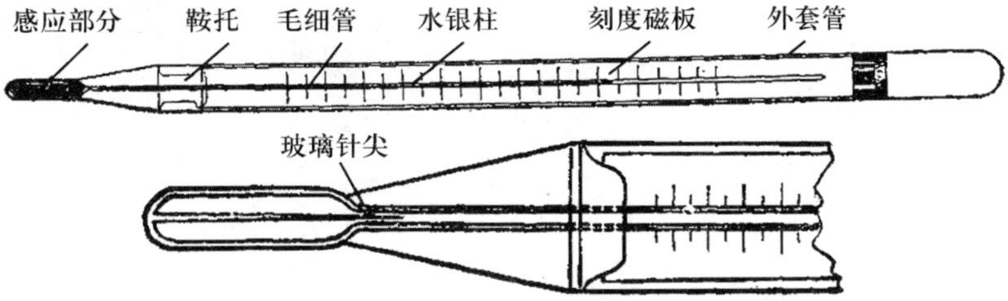

图 3-8 最高温度表

3. **最低温度表**

最低温度表的感应液是酒精，它的毛细管内有一哑铃形游标（图 3-9）。当温度下降时，酒精柱便相应下降，由于酒精柱顶端表面张力作用，带动游标下降；当温度上升时，酒精膨胀，酒精柱经过游标周围慢慢上升，而游标仍停在原来位置上。因此，游标远离感应球部一端所示的温度，即为过去一段时间内曾经出现过的最低温度。

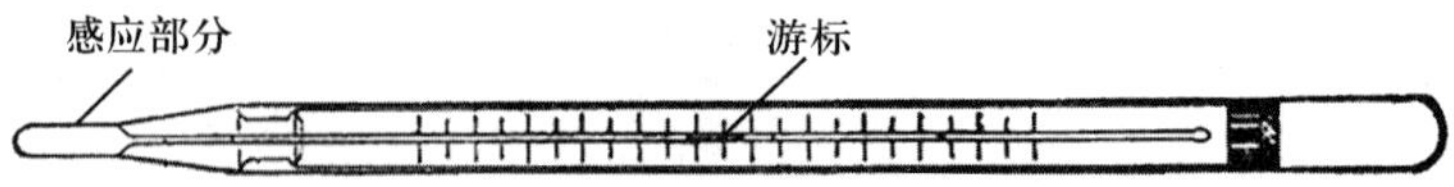

图 3-9　最低温度表

4. **曲管地温表**

曲管地温表用来测量浅层土壤温度，构造与普通温度表基本相同，不同处是表身靠近感应球部处弯曲成 135°的折角。为了防止玻璃套管内空气对流，在刻度起点以下用棉花填充。一套曲管地温表通常有四支，分别测量 5 cm、10 cm、15 cm、20 cm 深度的土壤温度。

5. **农业气象环境监测仪**

农业环境监测仪（图 3-10）是由掌上手持采集仪与不同传感器组成，一台主机通过多通道集线器连接，具备 USB 数据导出功能，并且可以选配语音功能、GPS 定位功能、GPRS 上传功能等，其中采集仪与温湿度传感器相连接（温湿度传感器包括一个电容式聚合体测湿元件和一个有隙式测温元件，并与一个 14 位的 A/D 转换器以及串行接口电路在同一芯片上实现无缝连接），即可进行空气的温湿度测定。采集仪与土壤温度传感器相连接，土壤传感器可连续监测土壤的温度，大容量存储，耐腐蚀，适于各类土壤的温度测定。

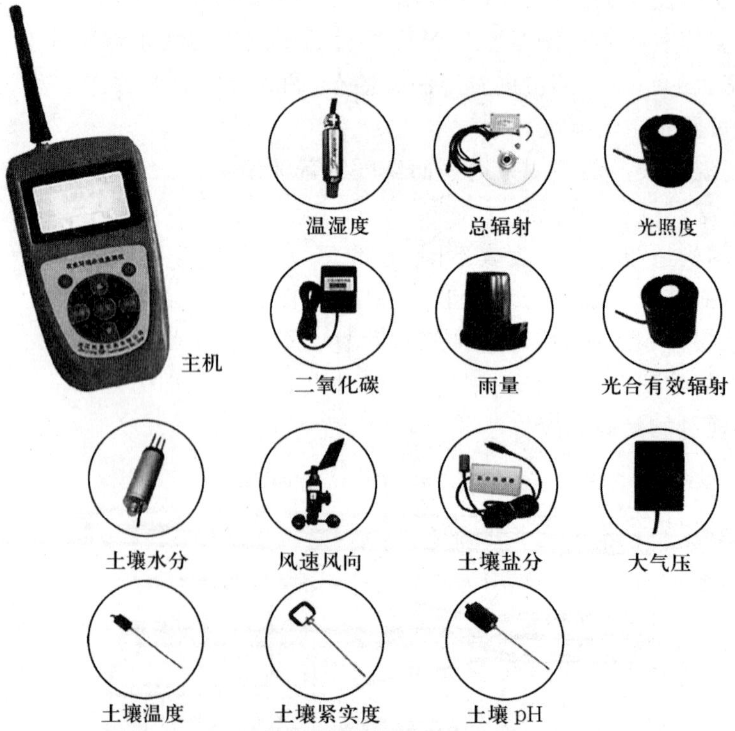

图 3-10　农业环境监测仪

测定土壤温度时，将不锈钢探针插入土壤约1/4处即可测量，长期固定在室外的建议全部插入土壤中。如果土壤过硬，则需要预先打好稍小于探针的小孔，不能强行插入，传感器背后不能用硬物敲击。当使用完拔出泥土时，需要握住黑色外壳拔出，而不能直接拉通讯线。

［方法步骤］

1. 温度表的观测和记录总则

（1）进行温度观测读数时动作要迅速，力求敏捷，不要对着温度表呼吸，尽量缩短停留时间，并且勿使头、手和灯接近球部，以避免影响温度示度。

（2）进行温度观测读数时，必须保持视线与水银柱顶端齐平，先读小数后读整数。读取最低温度时视线应平视对准游标远离球部的一端，观测最低温度表酒精柱时，视线应对准酒精凹面中点的位置。

（3）温度记录要求精确到一位小数，如温度读数为15 ℃，应记为15.0 ℃。温度在0 ℃以下时，数值前加“－”号。

（4）最高温度表的调整方法：用手握住表身中部，感应部分向下，臂向外伸出约30°，用大臂将表前后甩动，直至水银柱示度接近于当时的干球温度。调整后，把表放回到原处时，先放感应部分，后放表身，以免水银柱滑动。

最低温度表的调整方法是：将感应球部向上抬起，表身倾斜使游标滑动回到毛细管酒精柱的顶端。调整后放回原处时，应先放表身，后放感应球部，以免游标下滑。

（5）温度表的器差订正。温度表由于制造的材料、技术和测温液体（水银或酒精）日久分化等原因，都存在不同程度的仪器误差，这种仪器误差简称器差。温度表的观测读数必须进行器差订正，消除温度表本身的误差后，才能得到实际的温度值。订正公式为：

实际值＝读数值＋器差（订正值）

2. 气温的观测

（1）气温观测仪器的安置　气温观测仪器须安置在百叶箱内。百叶箱是安置温、湿度仪器用的防护设备，它的内外部分漆为白色。百叶箱的作用是防止太阳对仪器的直接辐射和地面对仪器的反射辐射，保护仪器免受强风、雨、雪等的影响，并使仪器感应部分有适当的通风，能真实地感应外界空气温度和湿度的变化。

在百叶箱的底板中心，安装一个温度表支架，各种仪器都安装在该支架上（图3-11）。干球温度表在东，湿球温度表在西，感应球部距地面1.5 m高。最高温度表放在较高的一对横钩上，球部稍向下倾斜。最低温度表放在稍低的一对横钩上，球部稍向上倾斜。

（2）气温的观测要求。小百叶箱内的观测顺序是：干球温度表、湿球温度表、最高温度表和最低温度表、调整最高温度表和最低温度表。干湿球温度表每日2、8、14、20时观测；最高温度表每天20时观测一次，最低温度表每天8时和20时两次观测。

3. 地温的观测

（1）观测地段与仪器安装　地面和浅层地温的观测地段，设在观测场内南面面积为$2\times4\ m^2$的平整裸地上。在农业气象观测中，观测地段往往设在作物地里，为了尽量保持原貌，观测地段可小些，以达到研究目的与方便观测为基准，灵活掌握。

首先安装曲管地温表。在地表面作一内角为30°，其对角边长为25 cm且呈南北向的直角

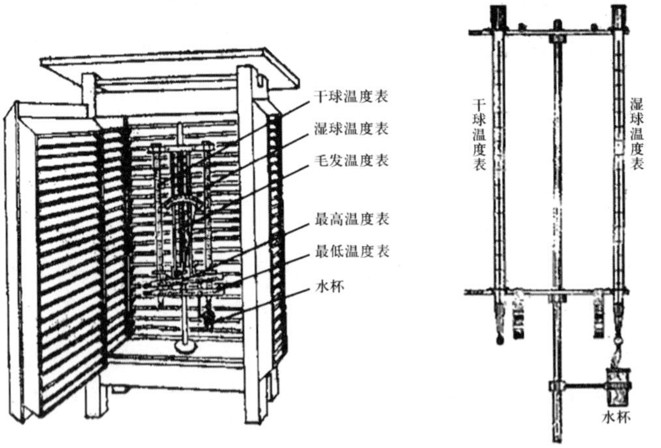

图 3-11　小百叶箱内仪器的安装及干、湿球温度表

三角形。以 30°对角边 AA'往东每隔 10 cm 作与 AA'平行的直线 BB'、CC'、DD'(图 3-12)。用一把特制的约 4 cm 宽的小铲,以小铲中点对准各条平行线挖槽(图 3-12 矩形阴影部分),挖槽方法:从 A、B、C、D 各点以 45°分别向下斜挖至垂直于地表 20 cm、15 cm、10 cm、5 cm 止,从 A'、B'、C'、D'点垂直向下直挖 20 cm、15 cm、10 cm、5 cm 深度后,往南与 A、B、C、D 斜挖各点接通,得到 4 条梯形槽。然后将 20 cm、15 cm、10 cm、5 cm 四支曲管地温表分别放入 AA'、BB'、CC'、DD'4 条槽内,自下向上将原来挖出的土回填槽内,注意表身及感应部分要与土壤紧贴。安装好后,4 支曲管地温表地面部分表身在同一个与地平面成 45°的平面上,且四支地温表表身红漆记号与地平面持平,各支温度表以东西向排列,表间距离 10 cm。露出地表表身须用叉形木(竹)架支住。

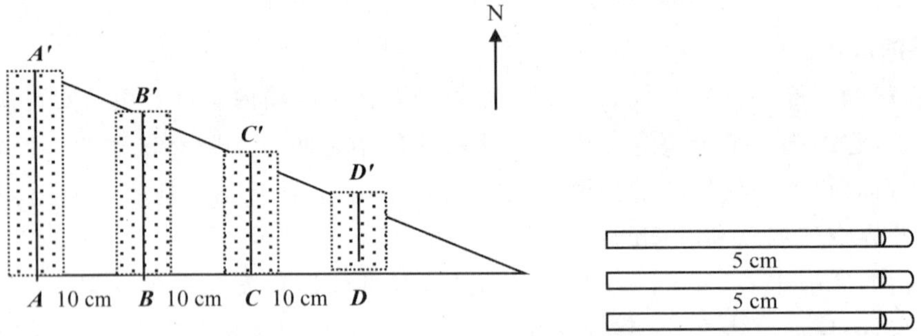

图 3-12　地温观测仪器安置示意图

安装好曲管地温表后,在 5 cm 地温表东面约 20 cm 处,安装最低温度表,再向北及向南分别安装地面温度表与最高温度表,要求感应部分向东,并使其位于南北向的一条直线上,表间相隔约 5 cm;感应部分及表身一半埋入土中(图 3-13)。埋入土中部分的感应部分与土壤必须密贴,不可留有空隙;露出地面部分的感应部分和表身,要保持干净。

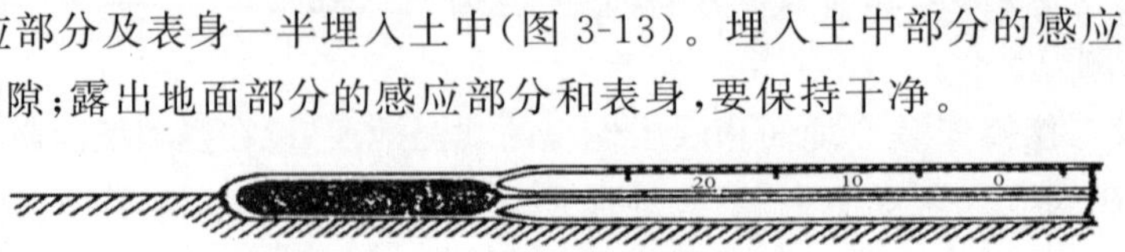

图 3-13　地面温度表安装示意图

为了避免观测时践踏土壤，应在地温表北面相距约 40 cm 处，顺东西向设置一观测用的栅条式木制踏板。

(2)观测要求　地温表的观测顺序是：地面温度表；地面最低温度表；地面最高温度表；5 cm、10 cm、15 cm、20 cm 曲管地温表；调整地面最高温度表和最低温度表。0 cm、5 cm、10 cm、15 cm、20 cm 地温表于每日 2 时、8 时、14 时、20 时观测；地面最高温度表每天 20 时观测一次，最低温度表每天 08 时和 20 时两次观测。在高温季节时，最低温度在 08 时观测后将地面最低温度表收回，放在阴凉处或室内(出现雷雨天气时应及时将最低温度表放回原处)，20 时观测前再放回原处。观测时，要踏在踏板上，按 0 cm、最低、最高和 5 cm、10 cm、15 cm、20 cm 地温的顺序读数。观测地面温度时，应俯视读数，不许把地温表取离地面，观测完地面最高最低温度表读数后随即进行调整。

[仪器维护]

1. 百叶箱要保持洁白，木质百叶箱视具体情况每一至三年重新油漆一次；内外箱壁每月至少定期擦洗一次。

2. 仪器应经常保持清洁、干燥。对温度计感应部分不要用手及其他物体去碰，当感应部分有灰尘时可用细毛笔及时刷掉，注意自记记录是否清晰，有无中断现象，笔尖墨水是否足够，自记钟是否停摆等。

[实训]

1. 正确进行各种测温仪器的安装、读数及记录，熟练掌握最高、最低温度表的调整。

2. 在选定观测点(观测场)完成若干时次的气温及地温观测，并记入观测记录簿。

3. 对某一种植区进行温度观测，结合作物生长情况，分析温度和作物生长之间的关系，并提出管理建议。

温度的观测

【实践案例】

种植火龙果的温度管理

一、火龙果对温度条件的要求

火龙果原产于热带地区，喜高温，怕霜冻。它最适宜的生长温度为 25～35 ℃，温度低于 10 ℃和高于 38 ℃将停止生长，以休眠来抵抗不适宜的环境温度。过高的气温会抑制花芽的形成，影响开花结果。而 5 ℃以下低温即可出现冻害，幼芽、嫩枝、甚至部分成熟枝也冻死冻伤。经济栽培应在 20 ℃以上地区种植，过北的地区栽培不但易出现寒害(冻害)，也影响到果实品质。打破休眠的温度分别需要 12 ℃和 35 ℃的气温。

二、火龙果的低温管理

低温对火龙果最大的伤害在幼嫩组织的正常生长上，低温会造成部分细胞的坏死，给病菌侵入留下伤口，火龙果本身抵抗力也会急速下降，加上园区的湿度较大，给病害侵入可乘之机。低温管理措施主要包括：

1. 叶面管理

在低温寒潮来临之前及在气温恢复过程中，需配合调节剂、氨基酸、海藻酸类叶面肥及广谱性杀菌剂叶面喷雾。

2. 根系管理

通过根部施用上述几种类型的功能性肥料，配合根部覆盖稻草、秸秆等，保持土壤温度变化不会太剧烈，保护根系。

3. 园区管理

在温度不至结冰的情况下，可选择寒潮来之前浇水，使降温过程中温差不会太大；寒潮退去之后，天气稳定之前（大概 3～5 d 时间），千万不要浇水打肥（不利于园区温度的恢复，此时根系处于半休眠状态，营养刺激其恢复活性容易引起冻伤等不必要的损失）。

4. 枝条管理

遇较严重的低温损伤枝条，及时修剪，避免病害蔓延。

三、火龙果的高温管理

1. 强壮根系

翻土整地时，使用一些有机质来增加土壤耕作层深度（30 cm 以上），培养深层根系（水分吸收）；根系附近加盖稻草、秸秆等物质，保持土壤水分，降低根系层温度。

2. 补充水分

由于日间气温较高，水分散失快，加上根系日间生长基本处于停止状态，水分补充需安排在傍晚之后；补充水分时，可配合使用低浓度功能性营养及调节剂类物质。火龙果本身较厚实的蜡质层对于高温、低温都有很强的抵抗能力，最容易受到伤害的其实是蜡质层尚未完全形成的幼嫩组织，提前促进幼嫩组织老熟，适温管理时增强植物根系的生命力和在土层中的深度是关键中的关键。

四、火龙果的适温管理

1. 保持肥水充足

合理搭配肥料类型（枝条生长可配合高氮营养，促进开花可配合高磷高钾及硼、钙等营养，促进果实膨大及提高品质前中期高氮，中后期高钾营养等）；此时往往也是各种病虫害高发的季节，在植保方面注意及时防治甜菜夜蛾幼虫啃食嫩茎，以及火龙果溃疡病、炭疽病、软腐病等危害较严重的病害。

2. 杂草管理

提早除草，防止杂草结出草籽，经过几次处理，后续草害会减轻不少。

3. 枝条管理

火龙果生长迅速期，及时剪除无用枝条，降低营养消耗。而未上架的苗，提前塑形，防止后期塑形时折断等。

摘自：南方农村报　https://www.nfncb.cn/content-1169-1203544-1html

【知识拓展】

海洋温度对气候的影响

【思政案例】

人造太阳

太阳影响着人类生活，人类离不开太阳，万物生长都需要阳光的照射。但是太阳不可能一直存在，一旦太阳进入衰老阶段，人类也将要面临失去太阳以后会出现什么样的情况。不管再多的能源总有消失殆尽的时候，太阳已经在宇宙中生活了 50 亿年的时间，在这过程中不停地燃烧和制造能源，现在太阳中的氢元素正在减少，太阳的体积也在逐渐变大，直到最后太阳体内的氢元素全部消失，进入衰老阶段，变成一颗巨大的红巨星。太阳也就完成了它的使命，现在距离太阳变成红巨星的时间还有几十亿年。

“国际热核聚变实验堆(ITER)计划”是目前全球规模最大、影响最深远的国际科研合作项目之一，ITER 装置是一个能产生大规模核聚变反应的超导托克马克，俗称“人造太阳”(图 3-14)。人造太阳是目前国际上最受瞩目的一项科学研究，也是规模最大、合作国家最多的国际性科研项目。1998 年，人造太阳项目正式启动，初期目标为 10 年，投入资金超过 50 亿美元。2003 年 1 月，国务院批准我国参加 ITER 计划谈判。2006 年 5 月，经国务院批准，中国 ITER 谈判联合小组代表我国政府与欧盟、印度、日本、韩国、俄罗斯和美国共同草签了 ITER 计划协定。这七方包括了全世界主要的核国家和主要的亚洲国家，覆盖的人口接近全球一半。我国参加 ITER 计划是基于能源长远的基本需求。2020 年 7 月 28 日，国际热核聚变实验堆(ITER)计划重大工程安装启动仪式在法国该组织总部举行。

2013 年 1 月 5 日中科院合肥物质研究院宣布，“人造太阳”实验装置辅助加热工程的中性束注入系统在综合测试平台上成功实现 100 s 长脉冲氢中性束引出。

2018 年 11 月 12 日，中科院合肥物质科学研究院宣告，有“人造太阳”之称的全超导托卡马克大科学装置 EAST 近期实现 1 亿℃等离子体运行等多项重大突破，获得的实验参数接近未来聚变堆稳态运行模式所需要的物理条件，朝着未来聚变堆实验运行迈出了关键一步。

2020 年 12 月 4 日 14 时 02 分，新一代“人造太阳”装置——中国环流器二号 M 装置(HL-2M)在成都建成并实现首次放电，标志着中国自主掌握了大型先进托卡马克装置的设计、建造、运行技术，为中国核聚变堆的自主设计与建造打下坚实基础。

2021 年 12 月 30 日晚，中科院合肥物质科学研究院传来消息：该院等离子体物理研究所

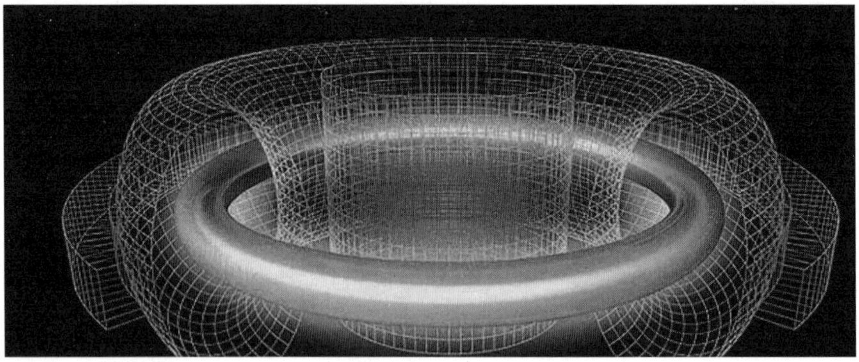

图 3-14 人造太阳

有“人造太阳”之称的全超导托卡马克核聚变实验装置(EAST)实现 1 056 s 的长脉冲高参数等离子体运行,这是目前世界上托卡马克装置高温等离子体运行的最长时间。

摘自:百度词条“人造太阳”

项目四
作物生长的水分环境及调控

【知识目标】

(1)了解常用的空气湿度的表示方法。
(2)掌握水分蒸发与凝结的方式及规律。
(3)能概述大气降水的成因及表示方法。
(4)掌握作物需水的一般规律。
(5)掌握水分对作物生产的影响。

【技能目标】

(1)能测评作物生长的水分环境。
(2)会根据作物需水规律采取有效的水分环境调控技术,提高植物水分利用率。

【思政目标】

(1)培养社会主义核心价值观。
(2)形成热爱科学、实事求是、敢于创新和理论联系实际的学风。
(3)树立科学严谨的工作态度及良好的职业道德。
(4)树立气候资源利用与保护意识。
(5)具有良好的沟通能力和团队协作精神。

大气中的水分是大气组成成分中最富于变化的部分,它经常地进行相态(气态、液态、固态)的变化。云、雾、雨、雪等天气现象就是它在相态变化过程中的产物。水分是植物生命活动所必需的基本因子之一。常言道"有收无收在于水,收多收少在于肥"。这充分说明了水分在农业生产上的重要意义。

子任务1　作物生长的水分环境

一、空气湿度

（一）空气湿度的概念和表示方法

表示空气潮湿程度的物理量称空气湿度，在气象上常用以下物理量来表示。

1. 水汽压（e）

空气中水汽所产生的分压力称水汽压。它是大气压的一部分，水汽压的大小，取决于空气中水汽含量的多少，当空气水汽含量增多时水汽压就相应增大；反之，水汽压就减小。所以，可用水汽压的大小来表示空气中水汽含量的多少。水汽压的单位一般用 hPa（百帕）表示。

在一定温度条件下，空气中能够容纳的水汽是有限度的，当空气中的水汽达到最大含量时，这种空气称饱和空气。此时的水汽压称饱和水汽压（E）。在一般情况下，超过饱和空气所能容纳的水汽那部分水汽就会发生凝结。饱和水汽压随温度的升高而快速增大（表4-1）。如果水汽未达到最大限度，这时的空气为未饱和空气，未饱和空气可发生蒸发现象。然而，空气的饱和与不饱和是随温度而变的，原来饱和的空气，当温度升高时，又可变成不饱和空气。相反，当温度下降时，原来不饱和的空气可变成饱和空气。

表4-1　不同温度下的饱和水汽压

温度/℃	−2	0	2	5	10	15	20	25	30	35	40
饱和水汽压/hPa	5.3	6.1	7.1	8.7	12.3	17.1	23.4	31.7	42.5	56.3	73.8

当 $e=E$ 时，空气水汽饱和；当 $e<E$ 时，空气水汽未饱和，e 值越小，空气越干燥；当 $e>E$ 时，空气水汽过饱和。

2. 绝对湿度（a）

绝对湿度指每立方米空气中所含水汽的克数，单位为 g/m³。当水汽压（e）以 mmHg 为单位时，绝对湿度（a）与水汽压之间具有如下关系：

$$e=\frac{T}{289}a \tag{4-1}$$

式中：T 为绝对温度，单位为 K。当气温为 16 ℃时（$T=289$K），e 和 a 在数值上约等。由于近地层平均气温约为 15 ℃，接近 16 ℃，故在常温条件下，两者有约等的关系，加之绝对湿度较难测得，而水汽压简单易测，所以，在实际工作中常用水汽压来代替绝对湿度。

3. 相对湿度（U）

相对湿度指在一定温度条件下，空气中的实际水汽压（e）与饱和水汽压（E）的百分比。它表示空气干燥或潮湿的程度。在农业生产中，相对湿度是默认使用的空气湿度指标，其计算式为：

$$U=\frac{e}{E}\times 100\% \tag{4-2}$$

式中，当 e 不变时，随着气温的升高，E 变大，U 变小；反之，U 随气温的降低而增大。在实际大气中，在气温升高时，e 随着蒸发、蒸腾的增强而增大，而 E 随气温的增大速度要比 e 更快，结果 U 反而减小，反之亦然。

当 $e=E$ 时，$U=100\%$，空气水汽饱和；当 $e<E$ 时，$U<100\%$，空气水汽未饱和，U 值越小，空气越干燥；当 $e>E$ 时，$U>100\%$，空气水汽过饱和。

4. 饱和差(d)

在一定温度下，饱和水汽压(E)与实际水汽压(e)之差，称为饱和差，表示实际水汽压距离饱和状态的程度。即：

$$d=E-e \tag{4-3}$$

当 $d=0$ 时，空气水汽饱和；当 $d>0$ 时，空气水汽未饱和，d 值越小，空气越潮湿；当 $d<0$ 时，空气水汽过饱和。

5. 露点(t_d)

当空气水汽含量和大气压力不变时，降低气温使空气水汽达到饱和时的温度称为露点温度，简称露点。

若空气温度为 t，当 $t=t_d$ 时，空气水汽饱和；当 $t>t_d$ 时，空气水汽未饱和，$t-t_d$(称为露点差)的差值愈接近 0，表明空气湿度愈高，空气水汽越接近饱和；当 $t<t_d$ 时，空气水汽过饱和。

(二)空气湿度的变化

近地气层相对湿度的日变化与气温的日变化相反，最大值出现在日出前后，最小值出现在 14—15 时(图 4-1)。但在沿海一带，白天受到海洋上吹来的海风影响，带来大量的水汽，而且海风在午后温度最高时最强，所以沿海地方最大相对湿度出现时间和最高温度出现时间一致。

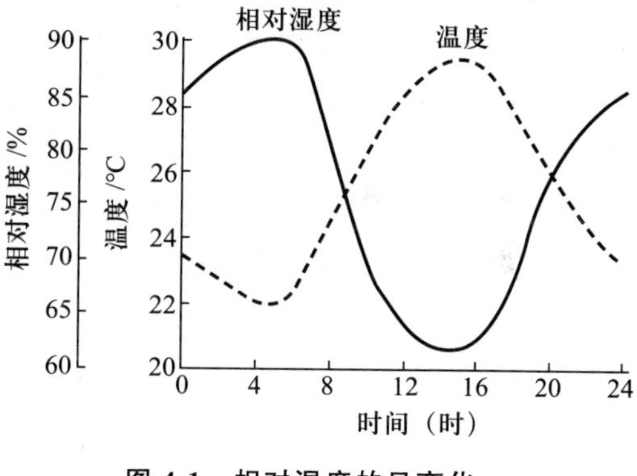

图 4-1　相对湿度的日变化

相对湿度的年变化一般与温度的年变化相反，最大值出现在冬季，最低值出现在夏季。但在我国东南沿海季风气候区，夏季有来自海洋的潮湿空气，冬季受来自大陆的干燥空气影响，相对湿度最大值出现在夏季，最小值出现在冬季。

二、水分的蒸发

由液态水转变为气态水的过程称作蒸发；由固态水转变为气态水的过程称作升华。在气象上，通常将两者统称为蒸发。

水分子在水面上时刻都在进行运动，液面上一些动能大的分子，能够克服周围水分子对它的吸引而逸出水面，跑到空气中，通过分子运动和乱流作用向四面八方扩散。同时，也有部分水分子返回原来的液面。所谓蒸发量，就是当前者大于后者时，两种水分子的差值，通常用蒸发损耗的水层厚度(mm)表示。

(一)水面蒸发

影响水面蒸发速率的因子有：水温、饱和差、风速和气压等。水温愈高，水分子动能愈大，从液面进入空气的水分子愈多，蒸发愈快。饱和差愈大，空气中能容纳水汽的能力愈大，蒸发愈快，反之亦然；空气处于饱和状态，饱和差为零，此时的蒸发速率为零。风速愈大，蒸发愈快。风能使水分子迅速扩散，减少蒸发面附近的水汽密度。气压愈低，蒸发愈快。因为水分子从液面进入空气中，要反抗大气压力做功，气压愈高，汽化时做功耗能愈多，水分子汽化数量就愈少。综上所述，蒸发速率的表达式为：

$$V=K\frac{E-e}{p} \tag{4-4}$$

式中：V 为蒸发速率，单位为 $g/(cm^2 \cdot s)$；E-e 为蒸发面上的饱和差，单位为 hPa，p 为大气压力，单位为 hPa，K 是随风速增大而增大的相关系数。

蒸发速率还与蒸发面的性质和形状有关：凸面的蒸发速率大于凹面，纯洁水面大于溶液面（指井水和含有其他杂质的水）。

（二）土壤蒸发

土壤水分以气态形式扩散到大气中的现象称土壤蒸发。土壤蒸发大致可分为三个阶段。

第一阶段：土壤经降水或灌溉后，完全处于饱和状态，蒸发主要发生在土壤表面，蒸发减少的水分，在土壤毛细管力的作用下，由下层向土表输送水分补充。本阶段的蒸发速率与水面蒸发速率相近，它主要受气象因子的影响。可通过疏松表土切断毛细管的措施来保持土壤水分。

第二阶段：土表干旱，下层土壤含水量逐渐减少，蒸发面降低，蒸发的水汽通过干土层孔隙进入大气，蒸发受气象因子的影响减弱。

第三阶段：土壤含水量低于植物发生萎蔫时的含水量，水分毛细管运动停止，只能以气态水的形式从地下通过干土层向大气扩散，受气象因子影响很小。所以在第二、第三阶段，一般要采取镇压或灌溉措施，以防植物枯萎。

土壤蒸发速率，除受气象因子及土壤湿度影响以外，还受到土壤性质、土表状况、地形、方位等因子的影响。沙土蒸发快，黏土蒸发慢。粗糙土表比平滑土表蒸发强；深色土比浅色土蒸发强；高地比盆地、谷地、凹地蒸发强；南坡比北坡蒸发强；植被覆盖下的土壤蒸发减弱。土壤结构良好，耕作细致，则蒸发减小。

（三）植物蒸腾

通过植物体表蒸发水分的过程称蒸腾。植物通过根毛吸收的水分，约有 1%保留在植物体内参与生理过程，约有 99%的水分由蒸腾消耗掉，所以植物蒸腾是一种物理与生物综合影响的过程。植物蒸腾除与气象条件有关外，还与植物本身所处的状态、土壤水分的供应及植物体内输送、叶片量、植物年龄等有关。

三、大气中水汽的凝结

水分由气态变成液态的过程称为凝结，由气态直接转变成固态的过程称为凝华。在气象上，通常将两者统称为凝结。

（一）水汽凝结的条件

空气中的水汽凝结，必须具备两个条件，一是空气中的水汽要达到饱和或过饱和，二是要有凝结核。

1. 空气中的水汽要达到饱和或过饱和

空气中的水汽要达到饱和或过饱和，可通过两个途径来实现。一是增加大气中的水汽含量。在自然大气中，当冷空气移到暖水面时蒸发加速，使冷空气达到饱和，如秋冬季早晨发生在水面上的浓雾现象，或雨过天晴，地面蒸发增加水汽量；二是降温，使气温降到露点或露点以下时，空气中的水汽就可达到饱和。自然界中，大部分凝结现象产生在降温过程中。主要有下列几种情况：

（1）辐射冷却　在晴朗无风或微风的夜晚，地面辐射冷却，当气温降到露点以下，空气中的水汽便开始在地面物体上发生凝结而形成露和雾，甚至直接凝华成霜。

（2）接触冷却　暖空气与冷却下垫面接触，因热量传给地面降温到露点以下，即产生凝结。

（3）绝热降温　空气上升时，因绝热膨胀而冷却，此过程进行得很快，且凝结量也多，是自然界中水汽凝结的最主要方式。大气中很多凝结现象都是绝热降温的产物。

2. 要有凝结核

实验证明，纯洁的空气，即使温度降到露点以下，相对湿度达到 400%～600% 的过饱和状态，也不会产生凝结或凝华现象。然而，当我们加入少量微尘，就会立即出现凝结现象。这些使水汽凝结的微粒具有核心的作用，称为凝结核。

凝结核能促进凝结的主要原因，是凝结核吸附水汽分子的能力比水汽分子之间的相互结合力强；同时，凝结核的存在使水滴半径增大，曲率半径减小，使饱和水汽压减小，容易发生凝结。在实际大气中，经常有相当数量的凝结核，如含盐的微粒、硫化物、氮化物的微粒及土壤颗粒，它们吸水后，形成盐或酸，使饱和水汽压减小，因此凝结效果好。有时相对湿度只有 80% 即能形成水滴，这类凝结核称为吸湿性凝结核；另外，还有非吸湿性凝结核，它不能溶于水，但能被水浸润。悬浮在大气中的各种微粒，如灰尘、烟粒、盐粒、花粉、工业排放物二氧化硫等吸湿性强的物质，都是很好的凝结核。

（二）地面及近地气层的水汽凝结物

1. 露和霜

在晴朗无风或微风的夜间，地面有效辐射强烈冷却降温达到露点时，空气达到饱和，水汽便在地表或地面物体上凝结，若地面温度＞0 ℃，则凝结为水滴，称为露。若地面温度＜0 ℃，则凝结物为白色的冰晶，称为霜。从土壤性质看，疏松的土壤表面，深色而粗糙的物体表面，夜间冷却较为强烈，容易形成露和霜，在低洼地和植物枝叶上，夜间温度较低且湿度大，露和霜较重。霜是一种天气现象，除了辐射冷却形成霜外，在冷平流作用下或低洼地上聚集冷空气都有利于霜的形成。由平流和辐射两种因素共同影响而形成的霜，称为平流辐射霜。

2. 雾

雾是悬浮在低空中的水汽凝结（华）物——水滴或冰晶使水平能见度显著减小的现象。当这些水汽凝结物使水平方向上能见度小于 1 km 时称为雾；水平方向上能见度大于 1 km 而小于 10 km 时称为轻雾。

形成雾的主要原因是低层空气温度降低至露点以下发生凝结或凝华。根据雾的成因，可分三种类型：

（1）辐射雾　夜间地面辐射降温强烈，致使空气湿度达到过饱和而形成的雾，称辐射雾。这种雾多形成于晴朗无风或微风且水汽较充足的夜间或清晨，日出后逐渐消散。所谓“十雾九晴”，指的就是这种辐射雾。

(2)平流雾　当暖湿空气流经冷的下垫面时，下层冷却降温至露点以下而形成的雾，称平流雾。

(3)平流辐射雾　由平流和辐射因子共同作用而形成的雾，称平流辐射雾。

3. 雨凇

雨凇是在地面上及树枝树干上和电线等地物上形成的一层光滑透明的冰层。雨凇可在地物的垂直面上和水平面上形成，但多数形成于物体的迎风面上。如果雨凇的量过多，可压断电线或树枝树干。

雨凇的形成与过冷却雨滴(雨滴温度<0 ℃，但仍呈液态水状态)降落或过冷却雾滴的存在有关。过冷却雨滴或雾滴与冷的地物接触后，如果不能急速冻结则雨滴或雾滴将在物体表面上展开，并在物体表面冻结成一层光滑透明的冰层。2008 年春节前后，我国受“拉尼娜”环流影响，在江南、华南等地维持一个多月的低温雨雪冰冻天气，就是由于过冷却水滴降落到冷的地物上形成的。此次长期雨雪冰冻天气给我国南方的交通、通讯、电力、工农业设施及相关产业造成严重破坏，直接经济损失逾 1 500 亿元。这是新中国成立以来所罕见的。

雨凇有时可由普通的雨滴(非过冷却雨滴)在 0 ℃以下的地面上冻结而成，不过由这种情况形成的雨凇的量是极少的，因为雨下得时间长了，已形成的冰皮将融化为水。

4. 雾凇

雾凇是白色疏松的，像雪一样的凝结物，形成于树枝电线以及其他地物的迎风面上。雾凇在我国东北和华北称为树挂。当雾凇受到轻微的振动时，很容易从树枝电线或其他地物上脱落下来。雾凇最常见于有雾的天气里，当微风把雾滴吹到冷的地物的垂直面上的时候，就形成了雾凇，因此，它可在一日之中的任何时候发生，有时是在多云的时候。

5. 云

云是悬浮在大气中的小水滴或冰晶或两者混合的可见聚合体。云和雾没有本质上的区别，不同之处是云存在于离开地面的一定高度上，而雾则与地面接触，弥漫于近地气层中。

空气的上升运动是形成云的基本原因，当气块作上升运动发生绝热冷却降温到露点以下时，水汽达到过饱和而发生凝结现象。空气对流、锋面抬升、地形抬升、气旋活动等都能使空气作上升运动而发生冷却现象，当达到凝结高度时就会形成云。当气温在 0 ℃以上，水汽凝结为水滴；若气温在 0 ℃以下，水汽凝华成冰晶。

至于云的分类，由于云的外形特征千变万化，其种类繁多。按云的外形特征、结构和成因来划分，大致可分为 3 族 10 属 29 种(表 4-2)。

天上的云是如何分类的

有关云的天气谚语

低云均由水滴组成。厚而垂直发展旺盛的低云则由水滴和冰晶混合组成。低云的云底高度一般在 2 500 m 以下。但随季节、天气条件及地理纬度的不同而有变化。大部分低云都可产生降水。雨层云常有连续性降水；积雨云多为阵性降水，有时降水量很大。图 4-2 为积状云形成和发展的过程。

表 4-2　云的分类及形状特征

云族	云属 中文名	云属 国际简写	形状特征
低云	积云	Cu	向上发展的浓厚云块，顶突起，底平，边界分明
	积雨云	Cb	浓厚高耸，象山、塔、花椰菜状，有强烈的降雨、雪，间有雹
	层积云	Sc	薄层团块，或滚轴云条组成的云层，或分散，个体相当大，常成群，成行，成波，云块柔和，色灰白，部分阴暗，云缝常露青天
	层云	St	低而均匀的云层，像雾幕状，可降毛毛雨或冰粒
	雨层云	Ns	低而漫无定形的降水云层
中云	高层云	As	有条纹或纤缕结构的云幕，日、月轮廓不清，无晕，有时可降雨雪
	高积云	Ac	薄云块，扁球形，个体边缘常焕发虹彩，排列成群，成行或波，变浓可下雨
高云	卷云	Ci	纤维状、絮状、钩状、丝缕状、羽毛状，常分离散处，带有柔丝光泽
	卷层云	Cs	薄如丝绢般云幕，似乱发，日、月轮廓分明，常有晕
	卷积云	Cc	鳞片状、薄球状，排列成群、成行、成波，有丝缕组织

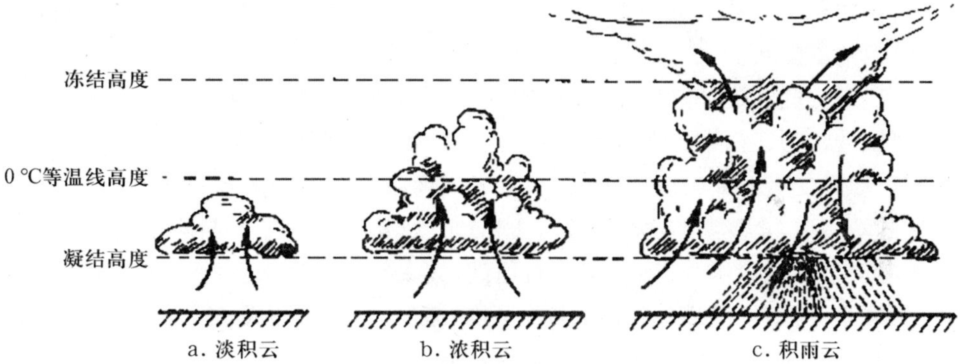

图 4-2　各种对流云的形成条件

中云多由水滴和冰晶混合而成，有时高积云也可由单一的水滴组成。云底高度通常在 2 500～6 000 m 之间。厚的高层云常产生降水，但薄的高层云一般不产生降水。

高云全由细小的冰晶组成。云底高度通常在 6 000 m 以上，高云本身一般不产生降水，但是一些高云的产生往往与天气系统相联系，如暖锋、台风等，这些系统过境前往往先看到高云，然后看到中云、低云，中低云影响时有时会产生降水。冬季北方的卷云也偶有降雪。

四、大气降水

降水是指地面从大气中所获得的水汽凝结物的总称。包括云中降水（雨、雪、霰、雹）和地面凝结物（露、霜、雾凇和雨凇）。在气象观测中，降水特指云中降水。

（一）降水成因

要形成降水，首先要有云的存在。但有云不一定就会产生降水。因为当云滴较小而轻时会飘浮在空中，只有当云体发展到足以使云滴增大，并能克服空气阻力和上升气流的抬升，在下降过程中不被蒸发掉，这时才能降落到地面。因此，降水的形成过程实际上是云滴增大的过程。云滴增大的过程有两种形式：一种是水汽在云滴上不断凝结或凝华而增大；另一种是云滴之间互相碰撞合并而增大。这两种增长方式是同时存在的，在云滴增大的初期以凝结增大为主，当云滴变大后，以云滴间相互碰撞合并增大为主。

（二）降水的种类

1. 按降水的物态形状划分

雨：从云中降到地面上的液态水滴。

雪：在冰晶和过冷却水滴混合并存的云中，水滴表面的水汽向冰晶的各个方向上凝结，形成各种形状的雪花，当雪花增大后由于重力的作用，向地面降落，若此时低空气温＜0 ℃，则降到地面上的便是雪。若气温接近 0 ℃，则落到地面上的就是雨夹雪。

冰雹的形成

霰：白色、不透明的球状晶体，是过冷却水在冰晶周围冻结而成的小冰球。当它的直径在 1～5 mm 时称为霰。

冰雹：是从云中降落的固体冰粒（块）。产生于极不稳定的、对流作用很强的积雨云中。云中小水滴经过反复上下运动冻结而成冰晶（冰球），增大的冰晶（球）降到地面即为冰雹。

2. 按降水成因划分

锋面雨：当两种不同性质的冷暖空气相遇时，在相互交锋的过渡带发生水汽凝结成云致雨，往往形成大范围降水。

地形雨：暖湿空气在流动过程中，遇到地形阻碍而在迎风坡被迫上升，绝热冷却形成降水。因此，山的迎风坡常为多雨中心，而背风坡则成少雨区。广西十万大山位于北部湾北部，北部湾气流向北移动时受十万大山的阻挡，在十万大山南坡（迎风坡）降水量比背风坡高 1 倍以上，位于迎风坡的防城港市那梭镇年降水量高达 2 500～2 800 mm，是广西降水量最多的地区。而处于背风坡的上思县及宁明县，则属于少雨地区，其多年平均降水量约 1 200 mm。

对流雨：夏季，当空气湿度大，地面剧烈受热引起强对流而形成积雨云，这种情况下形成的降水称对流雨。它常伴有雷电现象，故又称热雷雨。

热带气旋雨：由于热带低压、热带风暴或台风活动而形成的降水称热带气旋雨。热带气旋雨影响范围大、持续时间长、往往风雨交加，给航运航空交通及工农业生产造成很大的破坏。

3. 按降水时间和强度划分

连续性降水：降水时间长，强度变化小，范围较大，一般是指来自高层云和雨层云中的降水。

阵性降水：从积雨云中的降水，降水持续时间短，强度大，时下时停，范围小，降水分布不均匀。

毛毛雨：从层云或层积云中降下的水滴极小的降雨，落在水面上不起波纹，降水强度很小。

（三）降水量和降水强度

（1）降水量　自天空降下的未经蒸发、渗透、流失而集聚在地面上的水层深度叫降水量，单位用 mm 表示。固态的雪、霰、雹经融化成液态水再测算。在气候资料统计中，一天中的降水量≥0.1 mm 即算一个雨日。

（2）降水强度　单位时间内的降水量叫降水强度。按降水强度的大小将降水划分为若干个级别，即小雨、中雨、大雨、暴雨、大暴雨、特大暴雨等，降雪的分级与降水的分级不同，见 4-3。

表 4-3 降水(雪)等级划分

降水(雪)等级	24 h 降水(雪)量/mm	降水(雪)等级	24 h 降水(雪)量/mm
小雨	0.1～9.9	小雪	0.1～2.4
中雨	10.0～24.9	中雪	2.5～4.9
大雨	25.0～49.9	大雪	5.0～9.9
暴雨	50.0～99.9	暴雪	10.0～19.9
大暴雨	100.0～249.9	大暴雪	20.0～29.9
特大暴雨	≥250.0	特大暴雪	≥30.0

[任务思考与练习]

1. 空气湿度的表示方法有哪几种？温度变化对它们有何影响？
2. 相对湿度的日变化与气温的日变化有何特点？
3. 大气中水汽凝结的条件是什么？常见的大气冷却方式有哪些？
4. 什么是雾？雾的成因有哪些？
5. 什么是降水量？如何划分降水等级？
6. 试分析我国山区地区迎风坡多雨，背风坡少雨的原因。

子任务 2　水分环境对作物生长发育的影响

一般作物体内含水 60%～80%，蔬菜瓜果的含水量高达 90%以上。植物通过根部吸收和叶片蒸腾作用组成一套完整的运输传导系统，使溶解于水中的各种矿物质营养输送到植物体的各个部分，保证植物进行光合作用制造有机物质。因此，水分无论对粮食作物或者经济作物而言都是十分重要的因子。

一、土壤水分对作物生长发育的影响

作物的一生需消耗大量的水分，不同作物和不同品种及同一作物在不同发育期的需水量都不相同。在农业生产中通常用蒸腾系数来表示作物的需水程度。蒸腾系数是指植物合成 1 g 干物质所蒸腾消耗的水分克数，蒸腾系数反映了植物蒸腾作用所消耗的水分多少。蒸腾系数大小，既反映出作物需水程度的高低，也反映出作物对水分利用效率的高低。蒸腾系数越大，说明作物需水程度高，但水分利用率低。各种作物的蒸腾系数如表 4-4 所示。

表 4-4 几种作物蒸腾系数

作物	蒸腾系数	作物	蒸腾系数
水稻	500～800	马铃薯	300～600
小麦	450～600	蔬菜	500～800
玉米	250～300	牧草	500～700
棉花	300～600	阔叶林	400～600

农作物在不同的生育时期，对水分的敏感程度是不一样的。人们把作物对水分最敏感的时期，即由于水分缺乏或过多，对产量影响最大的时期，称作作物的水分临界期，又称作物需水临界期。各种作物的需水临界期不同(表 4-5)。

表 4-5　几种主要作物的水分临界期

作物	临界期	作物	临界期
冬小麦	孕穗到抽穗	大豆、花生	开花
春小麦	孕穗到抽穗	向日葵	花盘形成到开花
水稻	孕穗到开花	马铃薯	开花到块茎形成
玉米	“大喇叭口”期到乳熟	甜菜	抽薹到花始终
高粱、谷子	孕穗到灌浆	西红柿	结实到果实成熟
棉花	开花到成铃	瓜类	开花到成熟

从表 4-5 可见，一般作物的需水临界期大多与生殖器官分化和形成相联系。换言之，各种作物的需水临界期虽不同，但基本上都处于从营养生长至生殖生长的这段时期，这一时期愈长，需水临界期也愈长，若此时因大气降水不足而发生干旱，对产量形成影响非常大，但若能及时灌溉，则增产效果十分明显。

以果树为例，果园水分过多或不足都会加速果树衰老，缩短结果年限。一般土壤水分保持在田间持水量的 60%～80%，根系可正常生长。各物候期对水分的要求也不同，通常，落叶果树在春季水分不足时会延迟萌芽或萌芽不整齐。花期干旱或降雨过多常引起落花落果。大气湿度过低可缩短花期，影响授粉受精。新梢生长期为需水临界期，如此时供水不足，则削弱生长，以致提前停止生长。花芽分化期需水相对减少，水分过多则削弱花芽分化，尤其是龙眼、荔枝等果树，在花芽生理分化前后需要一段时间的日照充足、大气干旱的天气，以促进营养积累和进入假休眠，使之顺利进行花芽生理分化。幼果期缺水，则影响果实膨大，引起落果。但在秋季(果实生长后期)雨水过多，枝梢停止生长晚，抗寒力减弱，越冬安全性降低。冬季缺水，常使幼树枝条因失水而干枯，俗称“抽条”。

农业是用水大户，农业用水主要消耗于灌溉。我国目前灌溉面积已达 5 000 万 hm^2，居世界首位，占全国耕地面积的 48%，一方面，我国灌溉水利用率很低，只有 40%左右，一些发达国家可达到 80%以上，说明我国水资源浪费严重；另一方面，我国灌溉水利用率也很低，每立方水生产粮食不足 1 kg，不到发达国家的一半，说明远未做到科学用水。因此，推行节水农业是十分必要的，我们应把节水农业视为解决我国当前用水紧张的主要途径。

二、空气湿度对作物生长发育的影响

对大多数作物生长发育而言，70%～80%的日平均相对湿度是较为适宜的。若相对湿度小于 60%，空气湿度过小，会引起大气干旱现象，造成植物卷叶、干尖和籽粒干瘪；开花授粉不良，结实率低，引起落花落果；低湿有利于虫害的发生发展，如干旱天气使蝗虫的大量发生。但在成熟期，适当的空气干燥环境，有利于促进作物早熟，提高果实的含糖量。若相对湿度大于 90%，空气湿度过大，有利于真菌和细菌的繁殖，引起病害，如稻瘟病、大豆霜霉病、花生茎基腐等；对植物开花及昆虫授粉不利；引起成熟籽粒在植株上发芽和霉变；作物茎叶嫩弱易倒伏。

不同作物或同一作物不同生育期对空气湿度的要求和适应能力是不同的，如黄瓜喜湿，而番茄却因高湿使发病率大大增加。

三、雾对作物生长发育的影响

1. 雾对作物生长的有利影响

雾能减弱太阳辐射，增加空气湿度，有利于较耐阴的植物的生长，如茶树、麻。我国南方一些山地，常年云雾缭绕，空气湿度大，水汽滋润，昼夜温差大，这样的气象条件适宜茶树生长，茶叶品质较好，因而有“云雾山中出好茶”“名山出名茶”之说。

2. 雾对作物生长的不利影响

雾对作物的危害主要有三个方面，一是浓雾中的酸性污染物对作物的危害；二是浓雾降低了到达地面的太阳辐射量，使农作物缺乏光照，影响到植物的光合作用；三是在长期低温加浓雾影响下，一些热带作物（如橡胶树）会产生烂皮现象。受其影响，在农作物、水果、蔬菜生长过程中粘附上有害雾滴，不仅会使果实、蔬菜长上斑点，而且能促进霉菌的生长。一些农作物在扬花或生长期，遇上持续的雾天，作物可减产 10%～30%。沿海地区，海雾还可使植物遭受盐害。雾能携带大气中的污染物，有害雾滴危害农产品，引起品质下降，绿色食品、有机食品生产基地的选址应考虑适当远离大气污染源。

[任务思考与练习]

1. 什么叫作物蒸腾系数？蒸腾系数的大小说明什么问题？
2. 什么叫水分临界期？多数作物的水分临界期处在作物发育期的哪一阶段？
3. 为了保证土壤水分对作物生长发育的需要，在大气发生干旱前，采取哪些农业措施可降低土壤水分消耗？
4. 土壤水分、空气湿度及雾对作物生长有何主要影响？

水分与农业生产

子任务 3　作物生长的水分环境调控

水分是作物生长的必需条件，由于不同作物或同一作物不同生长期对水分要求不同，生产中需要对作物生长的水分条件进行调控。外界众多因素的影响导致作物生长的水环境复杂，我们应根据土壤水分状况、大气湿度、作物需水特点进行水分环境调控。土壤干旱缺水可能会导致甘蔗幼苗水分缺失、凋零死亡；而土壤积水过多，则可能导致甘蔗幼苗根部腐烂而死亡。香蕉根群主要分布在土壤表层 10～30 cm 处，加上叶片面积大，蒸发量大，需水量大，在旱季应及时引水灌溉。同时，由于香蕉根群分布较浅，对积水的耐受度不高，在雨季时，要注意排水。不同作物生长对土壤水分的需求不同，应有针对性进行调控。下面主要阐述非农业设施环境的水分调控。

一、节水灌溉技术

现代农业对淡水资源的综合利用、高效利用提出了越来越高的要求，要转变传统农业生产模式，避免大水漫灌，采用节水灌溉技术。可将互联网、计算机、云计算、大数据等信息技术应用于农业节水灌溉，根据作物不同生长阶段对水分的需求，对作物进行高效化精细化灌溉管理。根据土壤的持水量确定灌水定额：灌水量＝田间持水量－土壤自然含水量。节水灌溉技术主要有以下几种：

(1)喷灌　利用专门的喷洒设备，如动力机、水泵管道等将水加压，利用水的自然落差，将水输送到田间，然后通过喷头喷洒的方式，将水喷射到空中，形成小水滴，均匀地散布在地面上，避免地面灌时容易产生的地面径流和深层渗漏损失，节约用水。另外，还兼具增产、省工、省地、提升产品质量的作用，但一般投资较高、耗能、易受风速影响。

(2)渗灌　在地下水较深以及浸润土层透水性良好的地区，可采用渗灌。利用地下管道，将水输入到田地下面的渗水管内或是鼠洞内，应用毛细原理，让田地土壤逐渐湿润，从而实现农田的节水灌溉。渗灌可减少表土蒸发损失，水分利用率高，与常规沟灌相比，一般可增产10%～30%。

(3)滴灌　将一定低压的灌溉水，通过低压输、配水管道，输送到设施内最末级管道以及安装在其上的滴头，缓慢地以较小的流量一滴滴均匀而准确地滴入作物根区附近的土壤表面或作物根系所在的土壤层中的灌水方法、灌水技术，滴灌技术属局部灌溉法。在作物生长期内，滴灌比常规地面灌减少用水量40%～50%。滴灌还可以减少化肥施用量，可溶于水的专用肥随水施至作物根系附近，易被作物吸收，提高了利用率，平均可节省肥料20%，有的达40%以上，还减轻化肥对土壤、对环境的负面作用。

此外，还有微喷灌、涌泉灌、膜上灌、痕量灌溉等多种方式。

二、地面覆盖技术

农田覆盖栽培是干旱半干旱雨养农业区抗旱、保墒、增产的关键技术。农田地表覆盖能起到明显的抑蒸、集水、保水的作用。最常见的是聚乙烯类薄膜覆盖和作物秸秆覆盖。此外，还有园艺地布覆盖，地布又称"防草布"，是一种纵横编织的塑料编织布，是透气性好、渗水快、防治杂草生长的一种园艺和农业用地面防草布，有保持土壤湿度、防止水土流失的作用；沙石覆盖，将细沙甚至砾石覆盖于土壤表面，起到抑制蒸发，减少地表径流，从而起到增墒、保墒作用；生草覆盖，指在果树行间或在整个果园种植草本植物或利用行间自然生草的一种生态果园模式，不仅能提高果园的土壤养分含量，而且能有效减少土壤水分流失，具有保水保墒的效果，同时能改善果园的小气候，增加果园生态多样性；化学覆盖利用高分子化学物质制成乳状液，喷洒到土壤表面，形成一层覆盖膜，抑制土壤蒸发，并有增湿保墒作用。

三、耕作措施保墒技术

(1)少耕免耕　与传统耕作方式相比，少耕的方法主要有以深松代翻耕、以旋耕代翻耕、间隔带状耕种等。免耕指除播种外不进行任何耕作，除草剂控制杂草，秋季收获后秸秆采用直接覆盖方式全部还田，次年原垄种植。少免耕减少耕作次数，秋后留茬或秸秆残茬覆盖通过改善土壤物理性状及增加地表覆盖来实现坡耕地保水保土。近年来的粉垄技术保水效果也很好。

(2)中耕　中耕是指作物生长期对土壤进行的耕作措施，如通常说的锄地、耕地、铲地、趟地等都属于中耕的范围。由于降水、灌溉、踩踏、机压等多种原因使表土板结或杂草丛生，严重影响作物的正常生长发育，这时必须进行中耕。中耕可疏松表土、切断毛管水的上升、减少水分蒸发、破除板结，改善土壤通气、增加降水渗入以纳蓄降雨、提高地温、加速养分的转化、消灭杂草、减少水分养料等非生产性的消耗，以利作物的生长发育。

(3)深耕　在多风与干旱区域，深锄和深耕能够确保表面下面土壤的疏松化，从而使表层之下的土壤有效地蓄积水分。并且，在风量较大的时候，如果土壤中的农作物根系扎根过浅，那么大风较易吹断农作物，从而造成农作物的减产现象。

(4)表土镇压　对含水量较低的沙土或疏松土壤，适时镇压，能减少土壤表层的空气孔隙数量，减少水分蒸发，增加土壤耕作层及耕作层以下的毛管孔隙数量，吸引地下水，从而起到保墒和提墒的作用。

(5)垄作　垄由高凸的垄台和低凹的垄沟构成，在高于地面的土壤上栽种作物为垄作，结合覆膜沟灌技术，按照作物需水规律，将水灌在垄沟内，渗入作物根部，并可集蓄自然降雨，可起到保水节水的效果。

(6)改良土壤结构　通过增施有机肥料、种植绿肥、建立合理的轮作套作等措施，提高土壤有机质含量，再结合少耕、免耕等合理的耕作方法，创造良好的土壤结构和适宜的孔隙状况，增加土壤的保水和透水能力，从而使土壤保持一定量的有效水。

四、农田排水技术

农田水分太多会影响作物的正常生长，甚至使作物死亡。因此缺水时需灌水，水多时则需排水。排除农田里多余的地表水和地下水，控制地表径流以消除内涝，控制地下水位以防治渍害和土壤沼泽化、盐碱化，改善土壤的水、肥、气、热关系，是农田排水的根本任务。

(1)明沟排水　开挖各级排水沟，形成排水沟网，水由田间沟网(墒沟、毛沟、农沟)进入输水沟网(斗沟、支沟、干沟)，最后流入容泄区(河、湖、海)。

(2)暗管排水　在地下埋设暗管以排除农田土壤多余水分、降低地下水位。一般除管道外，多数暗管排水设计也会挖一定深度的沟，上盖土垡或沟底填滤水材料，再回填土，这称暗沟；还有用特制的鼠道犁在田面以下土层中穿透出管状通道，用以排水，称鼠道排水。

(3)竖井排水　简称井排，在排水区域内布置若干井点，通过抽水机抽取井水以降低地下水位。

(4)生物排水　植树造林，利用植物对土壤水分的吸收和蒸腾，起降低地下水位的作用。选种需水量大的树种，效果更明显，如速生桉。

五、空气湿度调控技术

(一)增加空气湿度

1. 灌溉技术

增加露地作物栽培空气湿度的方法是灌溉，其中最理想的灌溉增湿方式是雾状微喷。微喷又称雾滴喷灌，指通过特别设计的微型雾化喷头，把水喷射到空中，并散成细小雾滴，洒在作物枝叶上或树冠下地面的一种灌水方式。微喷的工作压力低，流量小，既可以增加土壤水分，又能提高空气湿度，起到调节局部小气候的功效。对空气湿度要求较高的植物，如兰花、秋海棠类、龟背竹等喜湿花卉，要求空气相对湿度不低于80%，可采取喷淋枝叶或罩上塑料薄膜等方法增加空气湿度，创造适合它们生长的湿度条件。

2. **栽培技术**

通过立体种植、间套种方式、合理密植，结合土壤灌溉，可增加植被覆盖，增加植物蒸腾量，提高空气湿度。

(二)降低空气湿度

减少地面水分裸灌，实行地下渗灌或滴灌，或覆盖地膜都能起到减少土壤水分蒸发的作用，可有效降低空气湿度。葡萄耐旱忌湿，性喜干燥，生长期高温多湿易染病。在我国葡萄产区中，除新疆、甘肃、宁夏、内蒙古西部等地区外，大部分葡萄产区均处于东亚季风区控制范围内，每年葡萄成熟前(7—9月)正是降雨集中时期，雨水过多导致葡萄病虫滋生和葡萄品质、产量降低。生产中通过植株顶盖避雨棚避免雨水滴落在枝条叶片上；通过地面覆盖地膜减少地表水分蒸发，有效降低环境空气湿度。

[任务思考与练习]

简述作物生长水分环境调控的基本措施。

[综合技能]

查阅文献资料并结合实地调研，综述1种当地常见农作物生长对水分条件的要求，提出作物水分环境调控的基本措施。

子任务4　水分的观测

[目的要求]

了解各种常用空气湿度、降水量及蒸发量仪器的构造原理；掌握空气湿度、降水、蒸发的观测方法。

[仪器设备]

干湿球温度表、毛发湿度表、毛发湿度计、简易湿度表(计)、雨量器、光学雨量传感器、蒸发皿。

[构造原理与使用方法]

大气水分观测主要包括空气湿度、降水量及蒸发量的观测，空气湿度观测常用仪器有干湿球温度表、通风干湿表、毛发湿度表、毛发湿度计；降水量观测常用仪器有雨量器、虹吸式雨量计；蒸发量观测一般用蒸发皿。

1. **干湿球温度表**

(1)构造原理　干湿球温度表由两支型号完全一样的温度表组成，一支测量空气温度，称为干球温度表，另一支感应球部包扎着纱布，纱布用蒸馏水浸湿，并保持湿润状态，称为湿球温度表。当空气未饱和时，湿球纱布水分蒸发不断消耗热量，使湿球温度表的示度低于干球温度表的示度产生干湿球温度差。空气湿度越小，干湿球温度差越大；反之，干湿球温度差就越小。干湿球温度差为零时空气中的水汽达到饱和。因此，只要测得干湿球温度，就能查算出观测时的空气湿度。

(2)安装与观测方法　湿球温度表球部包扎长约 10 cm 的纱布,纱布的下端浸到一个带盖的小水杯内,杯中盛蒸馏水,杯口距湿球感应球部约 3 cm。为了保证湿球纱布有良好的蒸发状态,必须使纱布保持清洁、柔软和湿润,浸湿纱布必须用蒸馏水或经过过滤的雨水。湿球纱布应经常更换,一般每周一次,如遇风沙等天气使纱布明显沾有灰尘时,应立即更换。

安装时常规上干球温度表位于左侧,湿球温度表位于右侧,两支温度表并列摆放,在百叶箱内置于垂直支架上;野外观测时可水平放置,感应部分向东,干球温度表位于南侧,湿球温度表位于北侧,两支温度表上方须加防护罩防止太阳直接辐射感应部分。

当湿球纱布冻结后,应及时从室内带一杯蒸馏水对湿球纱布进行融冰,待纱布变软后,在球下部 2～3 mm 处剪断(图 4-3),取走水杯以防冻裂。气温在 -10.0 ℃或以上湿球纱布结冰时,须进行湿球融冰后再进行观测。观测时如湿球纱布已冻结,应在湿球读数右上角记录结冰符号“B”。

(3)空气湿度查算方法　从百叶箱干湿表或通风干湿表读取干球温度和湿球温度后,可以由《湿度查算表》查出水汽压、相对湿度和露点温度。由于百叶箱干湿表和通风干湿表的通风速度不同,因此所对应的查算表也不同,百叶箱干湿表使用国家气象局编制的《湿度查算表》查取,通风干湿表使用《通风干湿表空气相对湿度查算表》查取。

2. 毛发湿度表

(1)构造原理　毛发湿度表、毛发湿度计的测湿介质是脱脂人发,脱脂人发具有随空气湿度升降而伸缩的特性,利用这种特性可直接测量空气的相对湿度。毛发湿度表主要由毛发、指针、刻度盘三部分组成(图 4-4)。

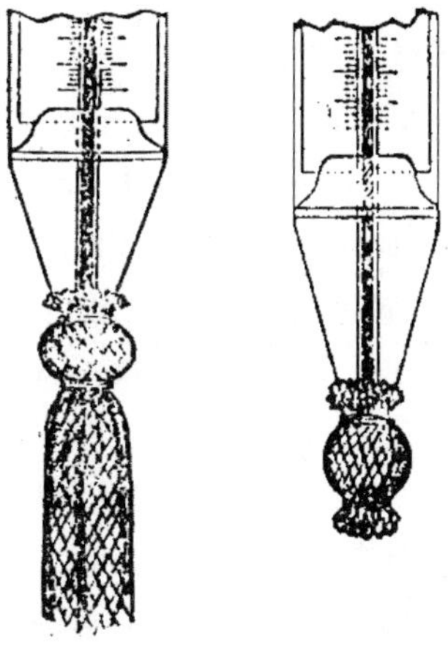

未冻结时　　冻结时

图 4-3　湿球纱布包扎

(中国气象局,2003)

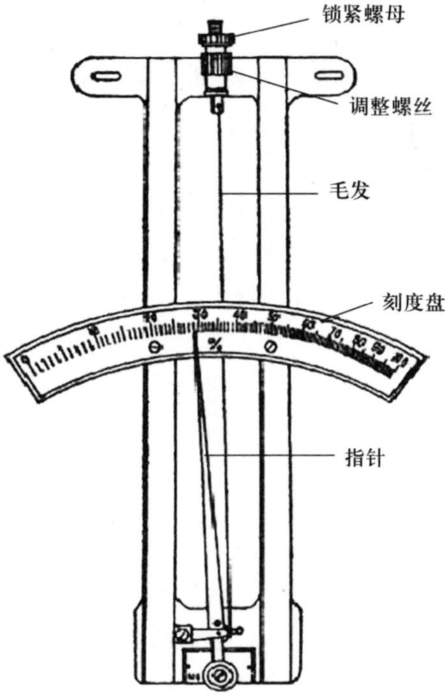

图 4-4　毛发湿度表

(中国气象局,2003)

毛发湿度表中的毛发长度随空气湿度的变化非线性关系，空气湿度大时，毛发伸长量小些，故刻度盘上数值越高刻度间距越密。毛发湿度表精确度较差，其读数要根据干湿球法所测的湿度进行订正。故在实际观测中仅在气温低于－10 ℃的寒冷冬季无法使用干湿球测定空气湿度时才使用毛发湿度表测量。

（2）观测方法　观测时视线要通过指针并与刻度盘垂直，读取整数，不估计小数。

3. 简易湿度表(计)

（1）构造原理　简易湿度表由湿敏元件、指针、圆形分度标尺组成（图 4-5）。机械式指针湿度表的湿敏元件有毛发式的，也有在金属游丝上涂敷高分子亲水塑料材料制造的。其原理属长度变化式，即元件能随空气湿度的变化而改变其长度，利用长度变化产生的位移来驱动指针轴，使指针在表盘上移动，从而实现湿度的计量功能。

湿度测量范围一般在 0～100％RH 之间，误差≤±5％RH，可采取壁挂式或桌摆放，无需电池，适用于仓库、实验室、家庭、养殖种植场等多个场景，实时读数，读取方便。

缺点：反应迟钝，有滞后现象，不易对微量水分变化发生反应，显示误差大；年漂移值大，不稳定，易老化变质，影响寿命。但因价格低廉，无需电信号，因此其显示数值可用参考。

（2）观测方法　观测时视线要通过指针与刻度盘垂直，读取整数，不估计小数。

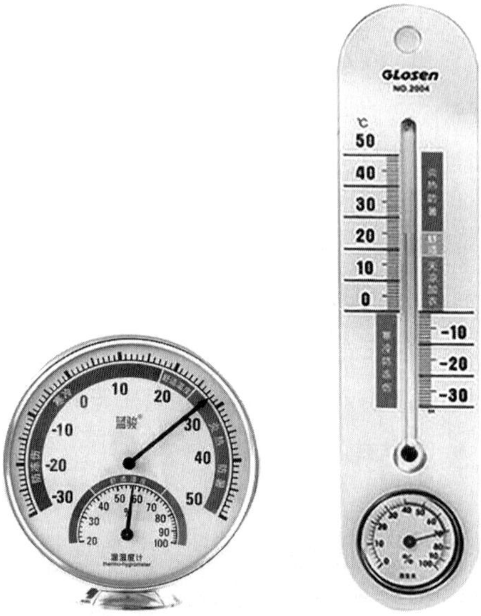

图 4-5　简易湿度表(计)

4. 雨量器

（1）构造原理　雨量器是观测降水量的仪器，它由雨量筒与量杯组成（图 4-6）。雨量筒用来承接降水物，它包括承水器（带漏斗）、贮水瓶和外筒。雨量器的口径通常为 20 cm 正圆形承水器，筒口有一呈内直外斜的刀刃形的铜圈，以防雨滴溅失和筒口变形。筒内安装一圆形可拆装漏斗，雨水经漏斗流入储水瓶中，用雨量杯量取，雨量杯上刻度每一小格为 0.1 mm，每一大格为 1.0 mm，最大刻度为 10.5 mm（图 4-6）。雨量杯口径为 4 cm，而雨量器的口径通常为 20 cm，量杯上每隔 25 mm 刻成一格，作为 1 mm 降水量，故量杯上的刻度是专为量雨量筒降水量使用的，特称雨量杯。

（2）仪器安装　将雨量器水平地固定在观测点，器口保持水平，距地面高 70 cm。

（3）观测方法　每天 8 时、20 时分别量取前 12 h 降水量。观测时将储水瓶的水倒入量杯，要倒净。读数时，把雨量杯放在水平桌面上，或用拇指与食指夹住雨量杯上端，使雨量杯自由下垂，视线要与水面平齐，以水凹面最低处为准，读得的刻度数即为降水量。若观测时正在下雨，则需置换一空瓶后再观测，以免漏测观测时降水量。在炎热干燥的日子，降水停止后，要及时进行补充观测，以免水分蒸发过快使降水量偏小。没有降水时，降水量记录栏空白不填；有降水但降水量不足 0.05 mm 时，记 0.0 mm。

出现固态降水时，须将漏斗和储水瓶取出，使降水直接落入圆筒内。观测时将储水筒盖上

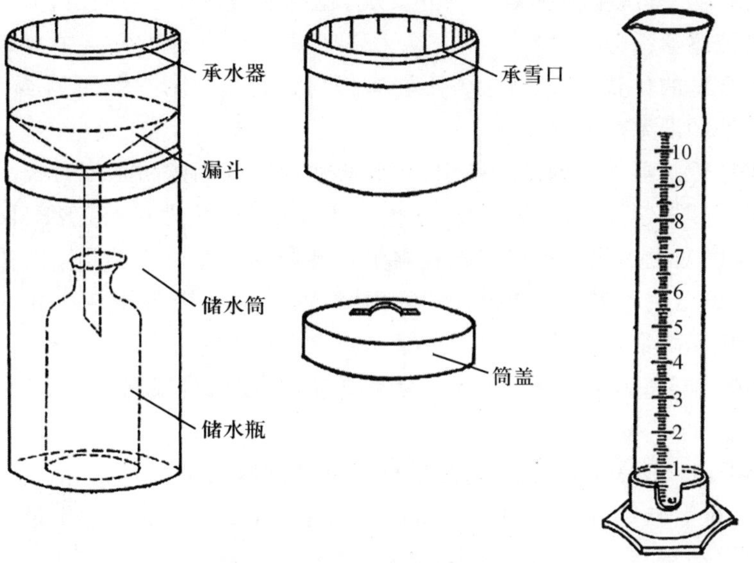

图 4-6　雨量筒及量杯

（中国气象局，2003）

盖子取回室内，可待固态降水物融化后用雨量杯量取，也可以用台秤称量。

（4）仪器维护　经常保持雨量器清洁，注意清除承水器、储水瓶内的昆虫、尘土、树叶等杂物；定期检查雨量器的高度、水平，发现不符合要求时应及时纠正；如外筒有漏水现象，应及时修理或撤换；承水器的刀刃口要保持正圆，避免碰撞变形。

5. 光学雨量传感器

（1）构造原理　光学雨量传感器主要由光源、光源整合器、采样空间、接收器、数据处理部分组成（图 4-7）。采用光学感应原理，以红外光作为测量媒介，内置多个光学探头，利用空气中有无水滴时透光性质不同来测量降水。当雨滴（或雪粒等其他降水粒子）穿越采样空间时，雨滴会遮挡激光，接收传感器接收到的光信号和由光信号转变的电信号（如电压或电流）就会改变，当雨滴穿过采样空间后，接收传感器的电信号又恢复雨滴进入采样空间之前的状态。在雨滴穿越采样空间时，对接收传感器的电信号进行处理，就可以得到雨滴穿越采样空间的时间，进而判断雨量。

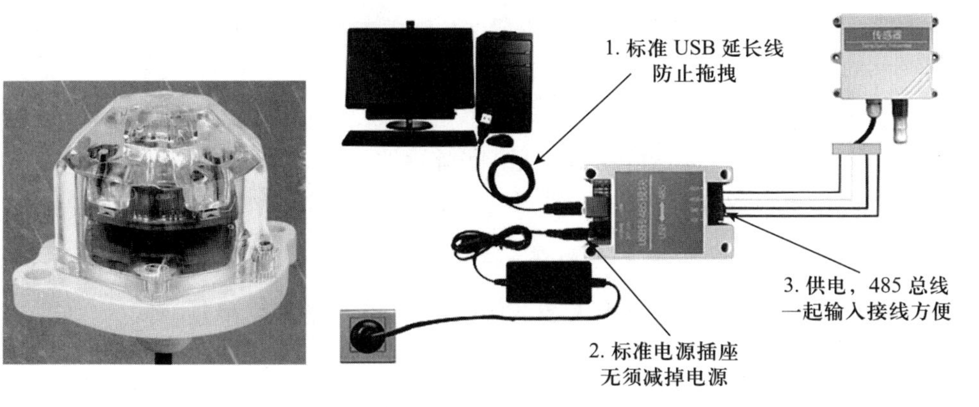

图 4-7　光学雨量传感器

(2)仪器安装　光学雨量传感器可独立安装，也可通过 RS485 连接线连接气象百叶箱和超声波风速风向传感器。

水平放置在合适的位置，防水罩上方不能有任何遮挡物，稳定固定好，否则在阳光下任何的晃动会导致额外的误差产生。

信号导线通过传感器下方的防水孔引出，务必使用室外用的防水密封线。

供电电源 12～24VDC，工作温度为－30～50 ℃，工作环境为 0～99％RH。

(3)观测方法　通过拨码开关可以选择雨量传感器的工作模式以及输出功能。

测雨模式：传感器每检测到 0.1 mm 的降雨时，通过信号线向外界发出一个时长 50 毫秒的脉冲信号和累积降雨量。

感雨模式：传感器每检测到 0.05 mm 的降雨时，通过信号线向外界发出一个时长 1 min 的脉冲信号。

利用 USB 转 485 模块连接电脑，通过上位机软件读取雨量。

注意：每次上电后自动开始计时并重新计算雨量，24 h 自动清 0 的雨量会在 24 h 结束和断电重新上电后自动清 0。

(4)仪器维护　传感器应避免接触有机溶剂、酒精、涂料、油类及高浓度气体，也包括硅胶及其他胶黏剂；传感器不能长期应用于含有腐蚀性气体的环境中。

6. 蒸发皿

(1)构造原理　测定蒸发量一般用小型蒸发器。小型蒸发器又称蒸发皿，为一口径 20 cm，高约 10 cm 的金属圆盆，口缘镶有内直外斜的刀刃形铜圈，器旁有一小嘴，以便倒水。为了防止鸟兽饮水，器口附有一个上端向外张开成喇叭状的金属丝网圈（图 4-8）。

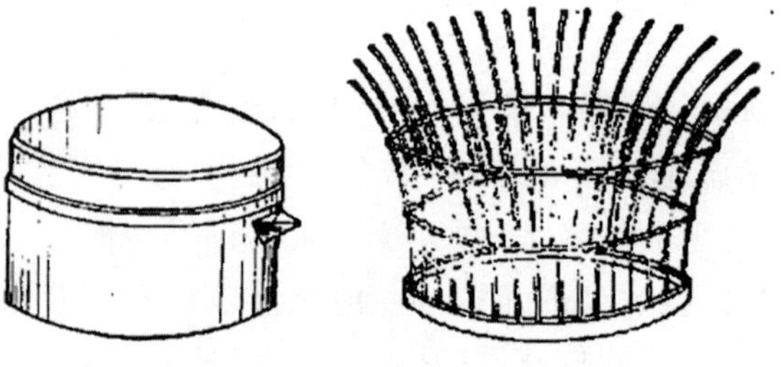

图 4-8　小型蒸发器及蒸发罩

（中国气象局，2003）

(2)仪器安装　蒸发皿安装在雨量器附近的专用支架上，蒸发器口缘保持水平，距地面高度为 70 cm。

(3)观测方法　每天 20 时进行观测，测量前一天 20 时注入的 20 mm 清水（原量）经 24 h 蒸发后剩余的水量，记为余量，然后倒掉余量，重新量取 20 mm（干燥地区和干燥季节须量取 30 mm）清水注入蒸发皿内，作为次日测量蒸发量的原量。蒸发量的计算式为：

$$蒸发量=原量-余量$$

如果观测时段（前一天 20 时至当天 20 时）内有降水，则蒸发量的计算式为：

$$蒸发量=原量+降水量-余量$$

观测时若蒸发皿内的水量全部蒸发完，记为＞20.0（如原量为 30 mm，记为＞30.0）。因降水或其他原因，致使蒸发量测定值为负值时，记为 0.0。

有降水时，应取下金属网圈。有强烈降水时，应随时注意从蒸发皿内取出一定的水量，以防止水溢出，取出的水量应及时记录，并加在当日的余量栏中。

(4)仪器维护　每天观测后均应清洗蒸发器，并换用干净水，冬季结冰期间，可 10 d 换一次水；应定期检查蒸发器是否水平，有无漏水现象，并及时纠正。

[实训]

1. 熟练使用各种测湿仪器对同一环境进行测湿，比较测湿结果，并指出各种测湿仪器的适用性及优劣。

2. 进行空气湿度、降水量、蒸发量的测定并做记录。

3. 对某一种植区进行空气湿度与降水观测，结合作物生长情况，分析水分和作物生长之间的关系，并提出管理建议。

空气湿度的观测

【实践案例】

甘蔗水分管理与灌溉

在甘蔗的生产中，水是一个重要的因素。据统计，约有 30%的甘蔗产量取决于合适的水分供应。我省蔗区降雨量偏少，且分布不均，尤以冬春季节的干旱更为突出，所以蔗田灌溉对甘蔗生产起着至关重要的作用。

1. 甘蔗的需水规律

甘蔗生长的不同生育时期对水分的需求量差异很大，总的趋势是“两头小，中间大”，即萌发期需水量少，分蘖期渐多，伸长期需水量最大，伸长末期又渐少，成熟期最少。

(1)萌芽期需水量　甘蔗的萌芽期需水量不多，占全生育期需水总量的 8.4%～18.1%，此期供水主要是保持种苗萌发的生态用水，这一阶段要求土壤表层 25 cm 范围的含水量达到最大持水量的 55%～70%，低于 55%，常因干旱而引起缺苗。

(2)分蘖期需水量　甘蔗分蘖期约为两个月，需水量占整个生育期需水总量的 15.4%～21.7%，因叶片少而小，叶面积不大，蒸腾作用也不大，仍以生态需水为主。要求土壤表层 30 cm 范围内的含水量达最大持水量的 60%～80%。

(3)伸长期需水量　甘蔗进入伸长期后，叶面积大，甘蔗生长量大，需水量占全生育期需水量的 54.3%～57.8%，以生理耗水为主，这一阶段甘蔗生长处于旺盛生长时期，根系深而吸水量最多，蒸腾作用和光合作用最强，有机物的合成、运输和积累等生理活动需要有充足的水分。

(4)成熟期需水量　甘蔗生长进入成熟期后，生长速度减慢，蔗糖积累加快，对甘蔗水分的要求减少，此期要求土壤表层 40 cm 范围的含水量控制在田间最大持水量的 60%左右。

2. 甘蔗灌溉技术

甘蔗灌溉要根据不同生育时期进行。

(1)下种后至萌芽期　以浅水过沟为宜，在 20～30 cm 土层内的土壤水分保持在田间最大持水量的 50%以上即可。

(2)分蘖期　灌水量要逐渐加大，在 30～40 cm 土层内低于 50％的最大持水量时，应立即进行灌溉。

(3)伸长期　要求深灌，土壤充分吸足后排除多余水，整个时期在 50～70 cm 土层内，土壤水分要高于田间最大持水量的 50％。

(4)成熟期　以跑马水为宜，为了促进成熟，蔗田应于收获前一个月停止灌溉。

摘自：甘蔗水分管理与灌溉. 云南科技报，2004/07/01(002)

【知识拓展】

广西节水农业

【思政案例】

化云为雨　润泽民生

——我国人工影响天气事业发展纪实

2021 年 12 月 21 日，中国气象局人工影响天气中心(以下简称“人工影响天气中心”)正式启动，谱写我国人工影响天气能力建设新篇章。

水润民心，泽被万物。作为生命之源、生产之要、生态之基，水资源在我国分布极其不均，而空中云水资源却极为丰富。如何让云中水加速变成一滴雨？我国依靠科技力量自主探索人工影响天气事业发展，让科学搬运“空中水库”的梦想照进现实。

党的十八大以来，在党中央、国务院的坚强领导下，我国人工影响天气事业快速发展，在保障国家粮食安全、自然灾害防治、生态文明建设、水资源补给和重大活动保障等领域尽显成效，将飞雹化为细雨，让甘霖润泽大地。

一、高位推动，现代业务体系逐步完善

人工影响天气事业是在党中央、国务院的高位推动，地方各级政府和相关部门的合力推进下，历经艰难起步、探索发展、优化调整，直到如今的稳步发展壮大。

时间回到半个世纪前，1958 年 8 月 8 日，为应对吉林严重干旱，我国首次进行人工飞机增雨作业，开启了我国现代人工影响天气事业发展的征程。20 世纪 60 年代，科研工作者克服困难，自主研发一系列云雾观测仪器并应用于试验研究。

1993 年，高效碘化银焰剂研制成功，“催化”人工影响天气事业加速发展。1994 年，国务院批复建立全国人工影响天气协调会议制度；次年，第一次全国人工影响天气工作会议召开。2012 年，国务院办公厅印发意见，为进一步推进人工影响天气工作指明方向。

党的十八大以来，我国人工影响天气工作进入发展最快、服务最广、效益最突出的阶段，从计划制订、预案制订、指令下达、组织实施到效果评估的“五段式”实时业务流程和业务体系在全国建立；高性能探测增雨飞机、双偏振天气雷达、自动化火箭发射架与高炮等现代化装备大显身手；东北、西北 2 个区域人工影响天气中心应运而生，国家级人工影响天气中心初具规模；基于大数据、云计算，覆盖全流程的智能指挥平台整装待发……人工影响天气工作在脱贫攻坚、乡村振兴、生态文明建设等国家战略中发挥着越来越重要的作用。

2020 年 11 月，《国务院办公厅关于推进人工影响天气工作高质量发展的意见》下发，进一步驱动人工影响天气工作体系不断健全。在国家发展和改革委员会、中国气象局发展规划指导下，各地政府将人工影响天气工作纳入经济社会发展规划，完善了统一协调、联防联动、跨区作业的人工影响天气业务运行机制。2020 年，全国共有 2 647 个县开展地面人工影响天气作业，作业能力显著提升。

2021 年 12 月 21 日，在习近平总书记关于气象工作重要指示精神指引下，中国气象局党组书记、局长庄国泰亲自督导的人工影响天气中心正式启动，翻开了我国人工影响天气事业发展的崭新篇章，将为加快推进气象事业高质量发展和气象强国建设做出新的更大贡献！

二、润物无声，增雨防雹解民忧

一直以来，人工影响天气工作被评价为“防灾减灾的大事、为民解忧的好事、造福子孙的善事”。

从 2016 年到 2020 年，针对春季北方重大干旱，东北、西北、华北等“三北”地区年均增雨(雪)作业覆盖面积达 283 万 km^2，累计增雨(雪)约 792 亿 t，全国累计增加降水约 2 100 亿 m^3，及时为农作物“解渴”。同时，多地气象部门加大对粮棉主产区、设施农业区的防雹力度，根据瓜果、棉花等经济作物种植情况，适时调整人工防雹作业布局，为高敏感农作物撑起安全伞。据统计，当前全国人工增雨(雪)作业覆盖面积约 500 万 km^2，人工防雹作业保护面积逾 50 万 km^2，人工影响天气工作让农民吃上了“定心丸”，也为乡村振兴筑牢了根基。

人工增雨作业坚持“防抗救”相结合的原则，在森林火灾扑救、降低森林火险等级等灾害防御中多次立功。2019 年 4 月 3 日，23 枚火箭弹射向四川木里火场上空，一架“空中国王”飞机持续 3 小时作业，有效抑制了火势蔓延。2018 年 6 月，针对大兴安岭森林火灾，气象部门迅速组织增雨飞机紧急驰援，增雨量达 5 000 万～7 500 万 m^3。扑火前线指挥部总指挥长李树铭评价，人工增雨作业的效果相当于发挥了几千人扑火的作用。

从一滴水到一片湖，在生态环境质量提高的背后，也离不开人工影响天气工作。卫星遥感监测数据显示，截至今年 9 月底，青海湖水体面积达 4 625.6 km^2，为 17 年来最大。从 2006 年开始实施以生态修复型为主要目标的三江源人工增雨工程，逐步恢复了生态系统涵养水分功能。当前，人工影响天气已经成为气象保障生态文明建设的重要发力点。除了三江源以外，在祁连山、天山等重点生态保护区，大范围常态化人工增雨(雪)作业已成为补充生态用水、扩大湖泊湿地面积、增加草地生物量和冰川雪线面积的有力支撑。

不仅如此，江苏、浙江等地夏季通过人工增雨实现城市降温、抑制太湖流域蓝藻蔓延。精心组织、科学实施的人工影响天气作业，为奥运会开幕式、G20 杭州峰会等重大活动和应急保障提供支撑，得到国家和有关部门的高度肯定。正在探索开展的人工增雨净化空气作业试验，为持续打赢"蓝天保卫战"注入活力。

以新发展理念为指引,以保障民生为先,我国人工影响天气事业以抗旱减灾为"初心",向空中水资源开发、生态环境保护等领域积极拓展,迸发高质量发展新动能。

三、深耕科技沃土,瞄准"科学、精准、安全"

要进行人工增雨试验,需"钻到云里"去观测分析。依托综合气象观测系统,气象部门加强双偏振雷达、微波辐射计、天气现象仪、云雷达、飞机云物理探测等建设,"织密"空中云水资源监测网。

为进一步厘清不同云降水特征和人工影响天气机理,针对西风槽、东北冷涡等天气系统的典型云系,建立多尺度作业概念模型;从天山南北到滇黔川湘,云雾物理实验室、外场试验示范基地、高山云雾试验站和冰雹防控试验基地相继建成,积极开展对流云、层状云、地形云等飞机-地面综合观测试验,提出云水资源评估方法;青藏高原大气水循环、气溶胶与云降水相互作用、云降水催化效果仿真模拟、风云四号气象卫星云参量反演等技术研发取得重要进展。

在监测精密与科研能力提升的"双打"配合下,我国自主研发的3千米水平分辨率云降水数值预报系统、卫星雷达监测产品、物联网监控系统、空地实时指挥等关键技术成果先后投入业务运行中,国产新型高效催化剂的催化效率提高100倍以上。独具中国特色的"横向到边、纵向到底"业务技术体系基本形成,积极推动人工影响天气重大业务工程出成果、出效益、出人才。

从赵九章、顾震潮、钱学森、叶笃正、施雅风、谢义炳等最早一批投身科研攻关的科学家开始,到如今,一支拥有上万名高素质、国际化的研发和业务应用人才的队伍已打造成型。砥砺前行的画面中,可以看到气象部门联合院所高校开展学科建设、人才培养,进行国际交流,举办世界气象组织人工影响天气国际培训班,提升指挥和作业等实操技能的场景,展现出笃学实干、久久为功的为民情怀。

雨滴落地的背后,是以"多谋民生之利、多解民生之忧"为目标的一代代人工影响天气工作者的不懈努力。每一次任务,他们克服穿云的颠簸、飞机螺旋上升的眩晕以及长时间驻守作业场的寂寞,视灾情为命令,在国家和人民最需要的时候冲锋在前,以实际行动诠释新时代人工影响天气工作者甘于奉献、不畏艰险的品格。

扬帆起航正当时,砥砺前行铸辉煌。站在新的历史起点,人工影响天气中心将把握好事业发展机遇,汇集部门内外合力强化作业机理研究,进一步改进装备技术,努力实现科学作业、精准作业、安全作业,推动人工影响天气事业发展再上新台阶,为经济社会发展和人民群众安全福祉提供有力保障!

摘自:中国气象网 https://www.cma.gov.cn/2011xwzx/2011xqxxw/2011xqxyw/202112/t20211229_4336611.html

项目五
作物生长的风环境及调控

【知识目标】

(1)认知风的变化规律。

(2)认知季风的地方性风的发生规律。

(3)掌握风对农业生产的影响。

【技能目标】

(1)能测评作物生长的风环境。

(2)会根据作物对风的要求进行风环境调控。

【思政目标】

(1)培养社会主义核心价值观。

(2)形成热爱科学、实事求是、敢于创新和理论联系实际的学风。

(3)树立科学严谨的工作态度及良好的职业道德。

子任务1　气压与风

一、气压

(一)气压的概念

地球周围的大气是一种流体,在地球引力的作用下,具有一定的重量。全部地球大气大约 5.13×10^{7} 亿 t。它对处于其中的物体表面产生的压力称为大气压力。水平面上单位面积所承受的大气柱的重量称为大气压强,简称气压(p)。我们常说的某地气压多少,就是指该地的单位面积上铅直大气柱的重量。离地面高度愈高,大气柱愈短,空气质量愈少,气压愈低。气压的单位用百帕(hPa)或毫米水银柱高度(mmHg)表示。

国际上规定,在纬度 45°的海平面上,当空气温度为 0 ℃时的大气压,称为一个标准大气压，记为 1 atm，其数值为 760 mmHg 或 1 013.25 hPa。mmHg 与 hPa 的换算关系为：

$$1\ \text{hPa}=3/4\ \text{mmHg}$$

(二)气压的铅直变化

大气压强随高度的变化有一个重要特点：即在同一地点上空，高度愈高，气压愈低，即气压随高度的增加而降低。两个不同高度的气压差值等于这两个高度之间单位面积空气柱的重量。由于空气层的厚度随着高度增加而变薄，空气密度也随着高度增加而迅速减小，故气压随高度增高而急剧减小。根据长期大气观测，当气柱平均温度为 0 ℃，纬度为 45°海平面气压为 1 000 hPa 时，气压随高度的分布如表 5-1 所示

表 5-1　气压随高度的分布

高度/m	海平面	1 500	3 000	5 500	9 000	12 000	16 000
气压/hPa	1 000	850	700	500	300	200	100

由表 5-1 可知：海拔 5 500 m 处的气压为海平面气压的一半，在海拔 16 000 m 处，气压仅为海平面气压的十分之一，表明低层空气密度比高层大得多。

在地面受热较强的暖区，地面气压比周围低，而高空气压比同一海拔高度的气压高。在地面失热较多的冷区，地面气压比周围的高，而高空气压比同一海拔高度的气压低。

(三)气压的水平分布

大气压强既有铅直变化，也有水平变化。水平面上气压变化，可以用单位距离内气压减小(或增大)的数值来表示，即水平气压梯度。一定范围气压的水平分布称为水平气压场。气压在水平方向上的分布可以用等压线分布图和等高线分布图表示。

1. 海平面上等压线分布

海平面是一个准水平面，将各地气象台站同一时间观测的气压值换算成海平面气压值，填在一张特制地图的相应站点上，然后用平滑的曲线将气压相等的站点连接起来，构成海平面气压场，它反映一定范围内气压的水平分布。连接相同气压值的曲线叫等压线。在绘制成的海平面等压线图上，等压线的各种组合形式，称为气压系统。如图 5-1 中曲线表示海平面的气压分布。

2. 等压面上等高线分布

海平面气压场只能反映海平面上气压的分布情况，要进一步掌握气压的三度空间分布情况，就要借助于等压面。所谓等压面是指空间气压相等的点组成的曲面。等压面的空间分布是立体的。在实际大气中，由于下垫面性质不同及其他原因，等压面的分布通常总是弯曲的。在同一等压面上各部分的弯曲程度及倾斜方向也是不相同的，则形成各种形状等压面。习惯上，我们采用类似绘制地图等高线的方法绘制等压面上的等高线(图 5-2)。等高线的分布特点，可以反映等压面的凹凸状况，所以气象上用空间高度场表示气压的空间分布。

(四)气压场的基本形式

由于热力和动力的原因，在同一水平面上气压的分布是不均匀的。用等压线图来表示的水平气压场常呈现不同形式，主要气压场分布形式有低压场、高压场、鞍形场(图 5-3)。

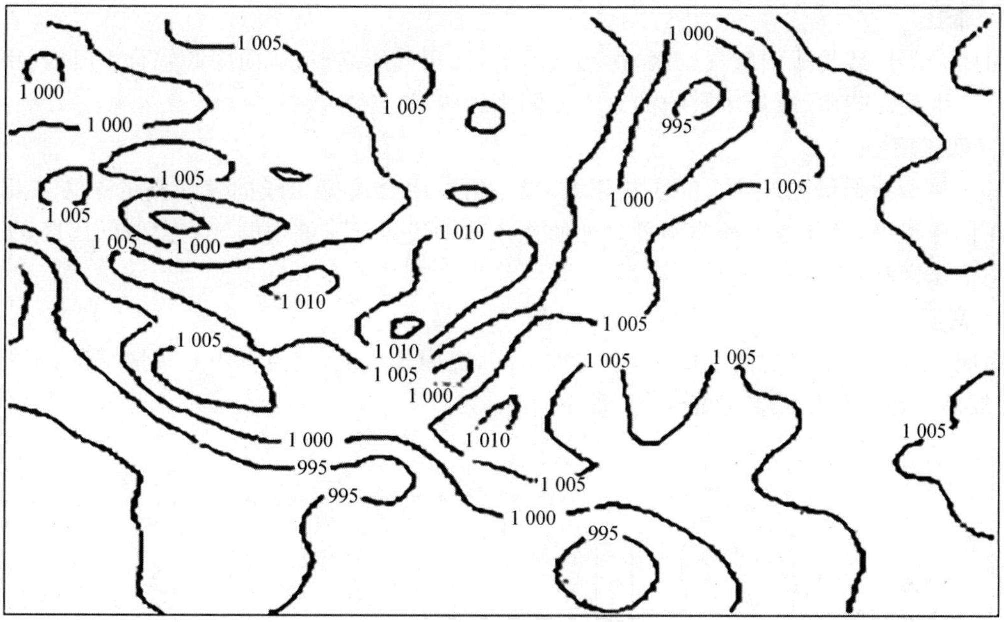

图 5-1　海平面气压分布图

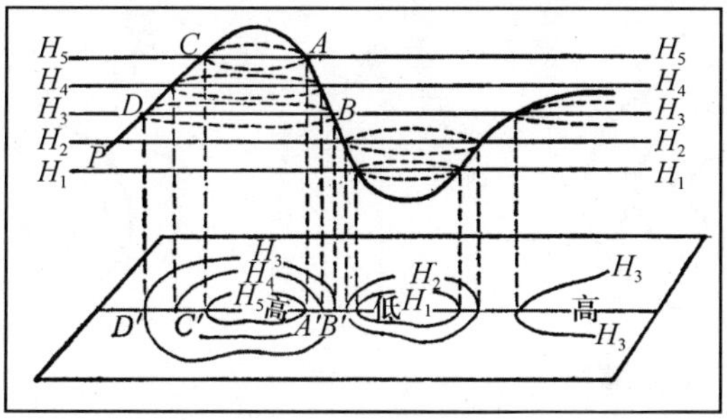

图 5-2　等压面上等高线的绘制示意图

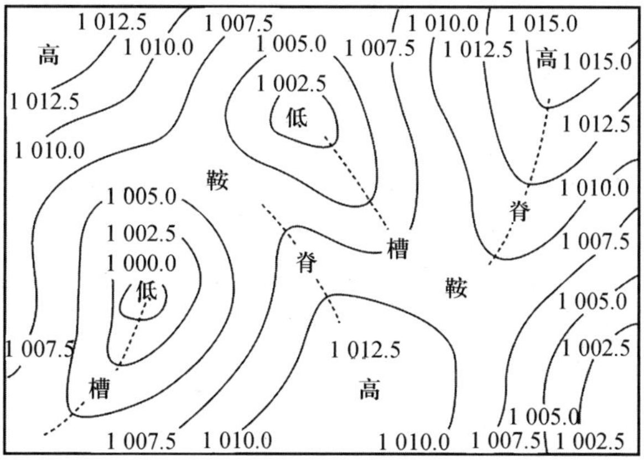

单位：hPa

图 5-3　气压场基本形式示意图

1. 低压

由闭合等压线构成的低气压区，中心气压低，四周气压高，气流向中心辐合上升，易引导水汽上升产生凝结现象，故低压影响的地方多阴雨天气(图 5-4)。

2. 低压槽

低压槽是指低压向外伸出的狭长区域，或一组未闭合的等压线向气压高的一方突出的部分。在低压槽中，各条等压线曲率最大处的连线称槽线。低压槽中的气流类似低压区，天气特征也与低压区相近。

3. 高压

由闭合等压线构成的高气压区，中心气压高，四周气压低，气流自中心辐散下沉，不易成云致雨，故高压控制的地区多晴好天气(图 5-5)。

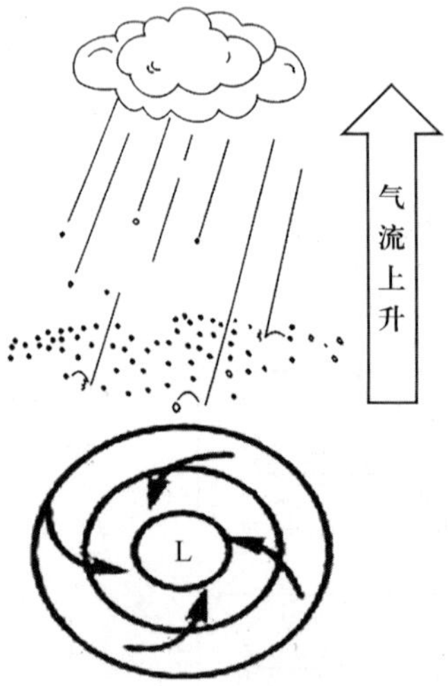

图 5-4　低压示意图

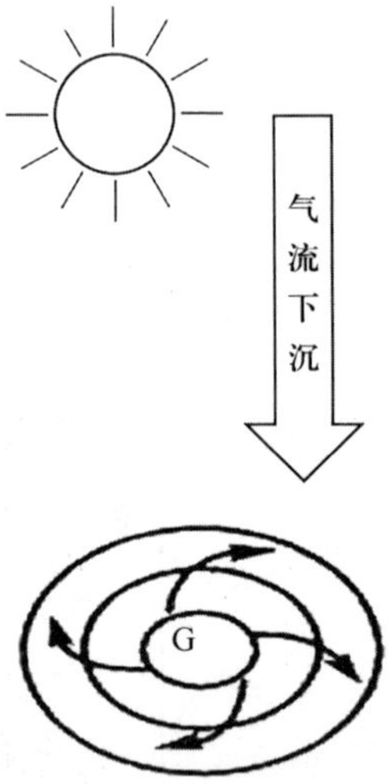

图 5-5　高压示意图

4. 高压脊

高压脊是指从高气压向外延伸出来的狭长区域，或一组未闭合的等压线向气压较低的一方突出的部分。在高压脊中，各条等压线曲率最大处的连线称脊线。高压脊中的气流类似高压区，天气特征也与高压区相近。

5. 鞍形场

两个高气压和两个低压交错相对的中间区域，因其空间等压面形状类似马鞍，故称鞍形场。

以上五种气压场统称为气压系统。在不同的气压系统中，天气状况是不同的，因而气压系统也称之为天气系统。气压场的形式、变化和移动的情况是预报天气趋势的前提。气压场随着天气的变化而变化，形成新的气压场。

(五)气压的日变化、年变化

气压也和其他气象要素一样，随着时间不断地变化着，这种变化有周期性变化，也有非周期性变化。气压的周期性变化与温度的周期性变化有着密切关系。当白天气温最高时，低层空气受热膨胀上升，升到高空向四周流散，引起地面减压；清晨气温最低时，空气冷却收缩，引起地面增压。由于气温对气压的影响作用需要经历一段过程，所以气压日变化极值的出现相对落后于气温。

气压年变化受纬度、季节、海陆和海拔等地理因素的影响，有大陆型和海洋型。大陆冬冷夏热，气压最高值出现在冬季，最低值出现在夏季，年振幅较大，并由低纬向高纬逐渐增大；海洋冬暖夏凉，气压最高值出现在夏季，最低值出现在冬季，年振幅小于同纬度的陆地。

二、风

围绕地球表面的大气在不停地运动，空气的运动方向可以为球面360°中任何方向，可以将其分解为水平运动和垂直运动。通常把空气的水平运动称为风。风是矢量，包括风向和风速，风向是指风的来向，通常用8个或16个方位来表示；风速是指风在单位时间内的行程，单位是m/s，有时也用风力等级来表示(表5-2)。风能引起空气质量的输送，同时也造成热量、动量及水汽、二氧化碳、灰尘的输送和交换，是天气变化和气候形成的重要因素。

表5-2　风力等级

风级	名称	风速/(m/s)	陆地物象
0	无风	0.0～0.2	静，烟直上
1	软风	0.3～1.5	烟示风向
2	轻风	1.6～3.3	感觉有风
3	微风	3.4～5.4	旌旗展开
4	和风	5.5～7.9	吹起尘土
5	劲风	8.0～10.7	小树摇摆
6	强风	10.8～13.8	电线有声
7	疾风	13.9～17.1	步行困难
8	大风	17.2～20.7	折毁树枝
9	烈风	20.8～24.4	小损房屋
10	狂风	24.5～28.4	拔起树木
11	暴风	28.5～32.6	损毁普遍
12	飓风	32.7～36.9	摧毁巨大
13	—	37.0～41.4	—
14	—	41.5～46.1	—
15	—	46.2～50.9	—
16	—	51.0～56.0	—
	—	≥56.1	—

注：本表所列风速是指平地上离地10 m处的风速值。

(一)风的形成

在物理学上我们知道，力可以改变物体的运动状态。同样，空气运动也受到力的作用，风是受到水平方向上水平气压梯度力而引起的。当相邻两处气压不同时，即有水平气压梯度存在，空气在水平气压梯度力的作用下，就会沿着垂直于等压线的方向由高压流向低压，所以水平气压梯度的存在是形成风的直接原因。而水平气压梯度往往是由于温度分布不均匀而造成的，由此可见，水平面上的温度分布不均匀是形成风的根本原因。水平气压梯度力主要和水平气压梯度相关。气压梯度越大，气压梯度力越大，在等压线图上，等压线越密集的地方，水平气压梯度力就越大。

风是空气受力的结果，如果空气在水平方向上仅仅只受水平气压梯度力的作用，那么风应该沿着水平气压梯度力的方向一直吹去，但实际上风的方向是经常变化的，风速也是时大时小，这就说明风的形成除受水平气压梯度力外，还有其他的力在起作用，其中主要有水平地转偏向力、惯性离心力和摩擦力等。

1. 地转偏向力

静止的空气在水平气压梯度力的作用下产生沿气压梯度方向的运动，但由于地球是在不停地自转着，地表上任何运动的物体都受到一种与地表固定参照物相背离的假想力的作用，这个力称为地转偏向力，也称科里奥利(Coriolis)力。地转偏向力在水平方向的分量为水平地转偏向力，通过推导，水平地转偏向力和物体运动的线速度、纬度间有这样的关系：

$$A = 2\omega V \sin\phi$$

式中：A 为水平地转偏向力；ω 为地球自转角速度($2\pi/24\ \mathrm{h}$)；V 为物体相对于地表运动的线速度；ϕ 为物体所处的纬度。

从方向上来看，在北半球，水平地转偏向力与物体运动的线速度相垂直，指向其运动的右方，南半球指向左方。

从水平地转偏向力的表达式中，我们可以看出：

(1)静止的物体不受该力的影响，只有运动的物体才受到该力的作用；

(2)水平地转偏向力永远与物体运动的方向相垂直，即该力不改变物体运动的线速度大小，只是使之发生偏转，北半球向右偏，南半球向左偏；

(3)地球上纬度越高，水平地转偏向力越大，赤道没有水平地转偏向力，在赤道地区，由于水平地转偏向力很小或没有，空气运动模式与中高纬有很大的不同，形成所谓的“赤道无风”的景观。

2. 惯性离心力(C)

惯性离心力是物体在做曲线运动时所产生的，由运动轨迹的曲率中心沿曲率半径向外作用在物体上的力。这个力是物体为保持沿惯性方向运动而产生的，因而称惯性离心力。惯性离心力方向与物体运动方向相垂直，自曲率中心指向外缘，其大小同物体转动的角速度 ω 的平方和曲率半径 r 的乘积成正比。单位质量的物体，在转弯半径为 r，转弯线速度为 V 的情况下，其惯性离心力为：

$$C = \frac{V^2}{r} = \omega^2 r$$

式中 $\omega = \dfrac{V}{r}$ 为物体运动的角速度。

实际上，空气运动路径的曲率半径一般都很大，从几十千米到上千千米，因而空气运动时所受到的惯性离心力一般比较小，往往小于地转偏向力。但是在低纬度地区或空气运动速度很大而曲率半径很小时，也可以达到较大的数值并有可能超过地转偏向力。

3. 摩擦力

两个相互接触的物体做相对运动时，物体之间由于摩擦而产生的力。对于大气来说，这种摩擦主要有两个方面，空气与下垫面之间的摩擦以及空气之间的摩擦。由于空气之间的摩擦系数很小，一般可以忽略，所以，所说的摩擦主要指空气与下垫面间的摩擦。

摩擦力大小与物体之间相对运动速度和摩擦系数相关，其方向与运动方向相反，大小与空气运动的速度和摩擦系数成正比，表达式为：

$$F=-kV$$

式中：k 为摩擦系数，V 为物体之间的相对运动速度，负号表示与 V 方向相反。

对于空气来说，下垫面越粗糙，摩擦系数越大，所以，海面上摩擦力较小，丘陵地区摩擦力较大。摩擦力的大小在大气中的各个不同高度上是不同的，以近地面层（地面至 30～50 m）最为显著，高度愈高，作用愈弱，到 1～2 km 以上，摩擦力的影响可以忽略不计。所以，把此高度以下的气层称为摩擦层（或行星边界层），此层以上称为自由大气层。

上述四个力都是在水平方向上作用于空气的力，它们对空气运动的影响是不一样的。一般来说，气压梯度力是使空气产生运动的直接动力，是最基本的力。其他力是在空气开始运动后产生和起作用的，而且所起的作用视具体情况而有不同。地转偏向力对高纬地区或大尺度的空气运动影响较大，而对低纬地区特别是赤道附近的空气运动，影响甚小。惯性离心力是在空气做曲线运动时起作用，而在空气运动近于直线时，可以忽略不计。摩擦力在摩擦层中起作用，而对自由大气中的空气运动也不予考虑。地转偏向力、惯性离心力和摩擦力虽然不能使空气由静止状态转变为运动状态，但却能影响运动的方向和速度。气压梯度力和重力既可改变空气运动状态，又可使空气由静止状态转变为运动状态。

（二）风的变化

1. 风的时间变化

风随时间的变化有周期性和非周期性变化，下面仅讨论一般规律。

（1）日变化　在气压形势稳定时，风有明显的日变化。一天中，通常午后地面温度高，气压梯度变化大，风速最大；夜间地面辐射降温，气压梯度变小，风速减小，以清晨为最小。这种日变化发生在离地面 50～100 m 以下的近地气层里。在这个高度以上，风速的日变化与下层相反，午后风速最小，清晨或晚上最大，这与对流运动和动量上下层传递有关。

（2）年变化　一般冬半年的风速大于夏半年，这是由于冬半年南北温差大、气压梯度较大的缘故。风的年变化与气候条件有关，我国是季风明显的国家，在我国东部季风区，冬季盛行偏北风，夏季盛行偏南风，风速的年变化主要取决于各季节气压梯度的大小。我国大部分地区春季平均风速较大，冬季次之，夏季或秋季最小。

2. 风随高度的变化

随着海拔高度的升高，风速增大。这是因为地面摩擦力对风的影响随海拔高度的升高而减弱的缘故。据观测，在离地 300 m 高处，全年平均风速比离地 27 m 处大 4 倍左右。

3. 风的阵性

风向不定，风速忽大忽小的现象，称为风的阵性。风的阵性与空气的湍流运动有关。一般来说，风的阵性山区比平原地区明显，低空比高空明显，白天比夜间明显，午后最显著。

三、大气环流与地方性风

（一）大气环流

地球表面各种规模、尺度的空气运动的综合表现称大气环流。尺度有行星尺度（直径上万千米)、大尺度(直径几千千米)、中尺度(数百千米至一二千千米)以及小尺度(直径几十千米至几千米,甚至更小)。各种尺度的空气运动随时间发生变化,长的可以维持几个月甚至更长,而短的只有几个小时。形成大气环流的原因主要是:太阳辐射在地球表面分布不均匀;地球自转产生的地转偏向力对运动的空气产生偏转作用;下垫面性质的差异以及地形的因素等等。

(二)三圈环流

假定地球表面是均匀的并且处于静止状态时,空气的运动既无摩擦力,又无地转偏向力的作用。那么赤道地区空气受热膨胀上升,极地空气冷却收缩下沉,赤道上空某一高度的气压高于极地上空某一相似高度的气压。在水平气压梯度力的作用下,赤道高空的空气向极地上空流去,赤道上空气柱质量减小,使赤道地面气压降低而形成低气压区,称为赤道低压;极地上空有空气流入,地面气压升高而形成高气压区,称为极地高压。于是在低层就产生了自极地流向赤道的气流补充了赤道上空流出的空气质量,这样就形成了赤道与极地之间一个闭合的大气环流。这种经圈环流称为单圈环流。单圈环流最早是由英国人哈得莱(Hadlley)于 1735 年提出来的,所以,也称这种经向环流模式为哈得莱环流。

单圈环流是最早提出的大气环流模式,但实际上地球是不会静止不动的,地表也存在巨大差异,所以,单圈环流模式与现实相似性很小。为更准确模拟大气的环流状态,1941 年美国气象学家罗斯贝(Rossby)提出了三圈环流模式(图 5-6)。

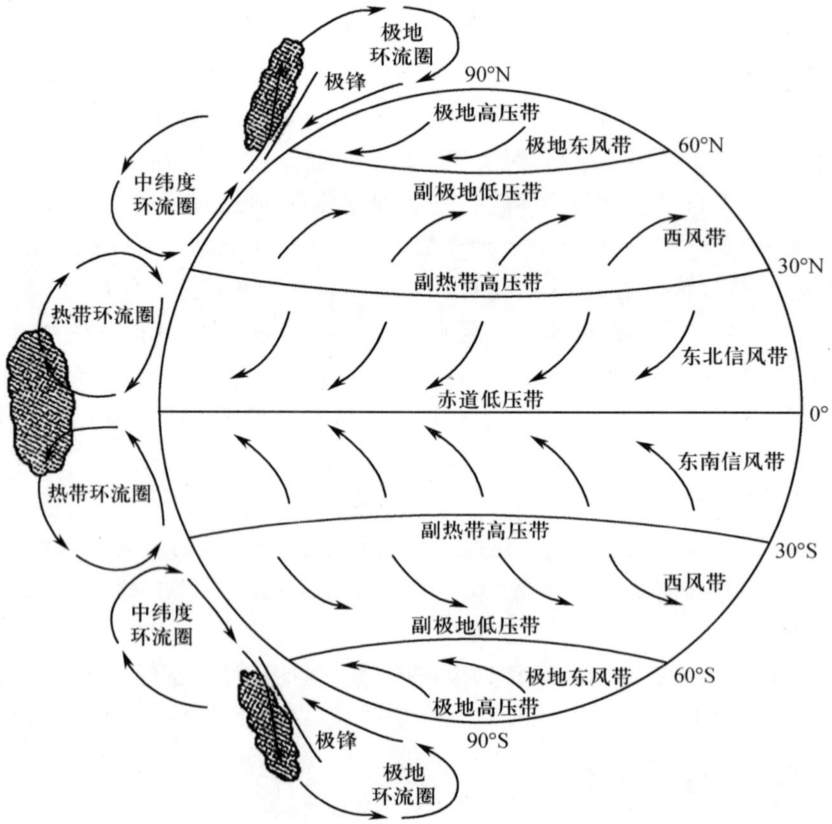

图 5-6　三圈环流示意图

三圈环流是在考虑到地球自转的情况下的大气运动模式，但同样也假设地表为均匀的。在地转偏向力的作用下：

(1)由赤道地区受热上升的暖空气在高空中形成相对高压，其空气在气压梯度力的作用下，一支向南，一支向北。向北运动的气流由于受到水平地转偏向力的作用向右发生偏转，纬度越高，偏转越强烈，原经向流动的空气转成逐渐由西向东偏，在北纬 30°N 上空附近形成纬向气流，即在此地汇集，地表形成高压，称副热带高压。地表副热带高压一支气流向赤道地区形成补偿流，由于水平地转偏向力的作用，向南气流发生偏转形成东北风，称东北信风。这样在热带地区就构成了一个环流圈，称热带环流圈。由于其类似于前面说的单圈环流，所以也称哈得莱环流或称信风环流。

(2)极地由于得到太阳辐射能少，空气温度低，形成高压，大气在水平气压梯度力的作用下向南运动，受水平地转偏向力的影响，空气发生向右偏转，地表形成极地东风。同时副热带地区向北的一支气流同样发生偏转，在地表形成西风。

(3)极地的东风气流和副热带的西风气流在 60°N 附近汇合(辐合)，气流辐合上升，地表形成低气压，称副极地低压。由于气流的辐合上升，在副极地地区大气高层形成高压，高压气流一支向北，一支向南，向北的气流为极地的补偿气流，到极地上空堆积而下沉，形成极地环流圈；而向南气流和赤道地区来的气流在副热带地区上空汇集下沉，在中纬度地区形成中纬度环流圈。

由于地转偏向力的影响，原来单圈环流变成了三圈环流，分别为热带环流圈、中纬度环流圈和极地环流圈，在地面形成 3 个风带及 4 个气压带。3 个风带分别是：极地东风带、西风带和东北信风带。4 个气压带分别为：极地高压带、副极地低压带、副热带高压带和赤道低压带(图 5-6)。上面是三圈环流在北半球的状况，南半球与其大致相似，只是热带地区赤道以北为东北信风，而赤道以南为东南信风。

三圈环流与现实情况虽然也有差距，但已经比较符合，特别是在南半球。我们一般将南半球称为“水半球”，其表面大部分覆盖着海水，地表性质相当均一，比较符合三圈环流的假定条件，因此，在南半球有较好的验证。

(三)季风

季风是指在大范围地区盛行的、风向随季节变化而变化的风。季风形成的主要原因是海陆间热力分布差异。夏季大陆增热比海洋剧烈，大陆温度高于海洋，大陆形成低压，海洋上形成高压，从而形成从海洋指向大陆的水平气压梯度，低层空气由海洋流向大陆；而在高空，大陆上空的气压高于海洋上空的气压，空气由大陆流向海洋，形成了与低空方向相反的气流，构成了夏季的季风环流。冬季大陆迅速冷却，海洋上温度比陆地要高些，因此大陆为高压，海洋上为低压，低层气流由大陆流向海洋，高层气流由海洋流向大陆，形成了冬季的季风环流。

我国西北背靠世界上最大的大陆——欧亚大陆，东南面临世界上最大的大洋——太平洋，因此，我国是世界上著名的季风区。我国季风特征主要表现为存在两支主要的季风环流，即冬季盛行东北季风和夏季盛行西南季风。一般来说，11 月至翌年 3 月为冬季风时期，6—9 月为夏季风时期，4—5 月和 10 月为夏、冬季风转换的过渡时期。夏季风每年 5 月上旬开始出现在南海北部，5 月底至 6 月上旬到达华南北部，6 月底至 7 月初抵达长江流域，7 月中旬至下旬，推进至黄河流域，7 月底至 8 月上旬前，北进至终界线华北一带。一年中，随着季风在我国各地的推进，各地的天气和气候也发生明显同步性变化。

(四)地方性风

由于小范围内下垫面性质不同,常常形成局地环流,这些局地环流所形成的风影响范围较小,属地方性风。常见的有以下几种。

1. 海陆风

在海岸地区,常可以观测到风有如下的日变化:白天风从海面吹向陆地,夜间风从陆地吹向海面。即白天吹海风、夜间吹陆风,统称为海陆风(图 5-7)。

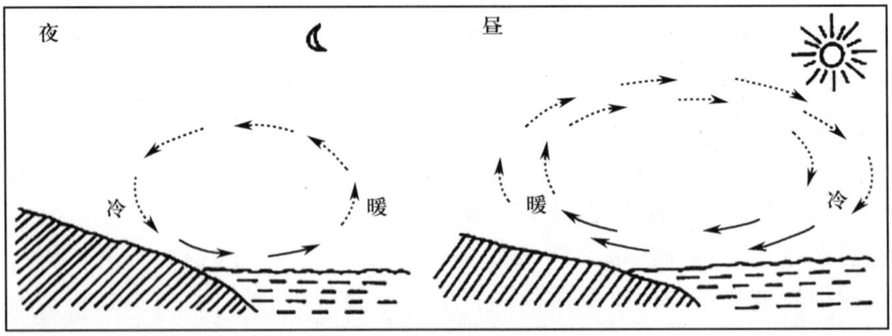

图 5-7　海陆风示意图

白天陆地增热快,海面增热慢,形成由海洋指向陆地的气压梯度,近地层风从海面吹向陆地,形成海风。夜间陆地冷却快,海面冷却慢,形成与白天相反的热力环流,在近地层风从陆地吹向海面,称为陆风。

陆地与海面的温度差异,一般是白天大、夜间小,所以海风通常强于陆风。海风的厚度约 1 km,上层反方向的风发展到 2 km 高度。海风可以深入海岸线内 50～100 km。一般在上午 9—10 时起出现海风,午后 14—15 时海风最强,以后逐渐减弱直至平静无风。大约 22 时起出现陆风,凌晨陆风最强。

海风带来丰富的水汽,使沿海地区云量和降水增多。在内陆较大的湖泊和水库周围也可以形成与海陆风相类似的热力环流。

2. 山谷风

在山地常常可以观测到,白天风从谷中沿山坡向上吹,夜间风从山上沿山坡向下吹。白天的上山风称为谷风,夜间的下山风称为山风,统称山谷风(图 5-8)。

图 5-8　山谷风示意图

山谷风的形成是由于白天山坡上空气的增热比同高度处空气的增热强烈，山坡空气受热膨胀后沿山坡上升形成谷风。夜间山上空气辐射冷却，密度增大，冷空气沿山坡下沉到山谷中形成山风。

山坡地面与同高度谷中空气的温差通常白天比夜间大，所以白天的谷风一般比夜间的山风强。山谷风的转换时间与海陆风相似，最大风速出现时间与当天的天气条件有关。在背阴的谷中，谷风出现时间推迟，风力减小，维持时间缩短。谷风是一种上升气流，把谷中的水汽带到上空，有时可以形成云与降水。夜间的山风使较重的冷空气在谷底沉积，在隆冬季节前后山风会加重谷底的霜冻危害。

3. **峡谷风**

当气流由开阔地带流入地形构成的峡谷时，由于空气不能大量堆积，便加速流过峡谷，风速增大；当流出峡谷时，空气流速又会减缓。这种地形峡谷对气流的影响，称为“狭管效应”。由狭管效应而增大的风，称为峡谷风(图 5-9)。

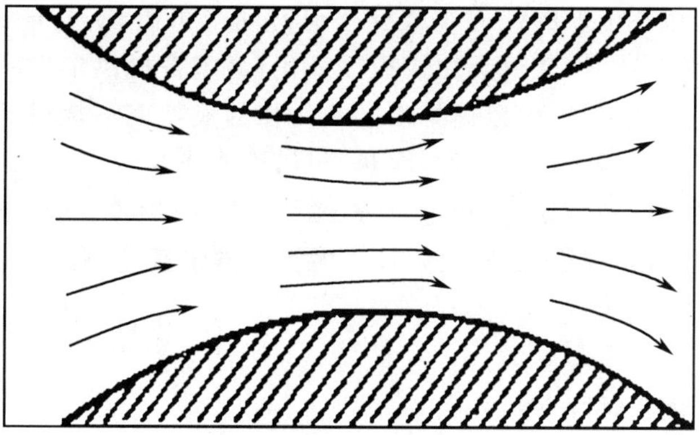

图 5-9　峡谷风示意图

我国是一个多山的国家，峡谷风特别常见。在河西走廊，当北方强冷空气南下时，由于“狭管效应”，在这里经常发生大规模风沙灾害，影响到东北、华北，直至长江中下游地区，被认为是北方最强的沙尘暴策源地。在台湾海峡，细长形的台湾岛与大陆之间形成了一个狭窄的通道，产生了强烈的“狭管效应”，使风力迅速加大，形成台湾海峡全年的平均风速很大，澎湖列岛的年平均风速为 6.5 m/s，马祖为 7.3 m/s，比我国内地许多高山上的平均风速还要大。峡谷风造成许多地方农业生态破坏，农业生产水平降低，已经引起相关部门的重视。

4. **焚风**

焚风是指由于空气作绝热下沉运动时，因温度升高湿度降低而形成的一种又干又热的风。焚风常出现在背风坡，在高压区，空气下沉也可产生焚风。焚风形成如图 5-10 所示。设温度为 20.0 ℃的空气越过 3 km 高的山岭，气流向上抬升时，气温按 r_d=1.0 ℃/100 m 速率降低，在 500 m 处空气中的水汽达到饱和，此时空气温度为 15.0 ℃；空气自 500 m 处开始凝结，向山顶抬升过程气温按 r_m=0.5 ℃/100 m 速率继续降低，此过程大量水汽在迎风坡凝结降落，气流到达山顶时温度为 2.5 ℃；气流自山顶向背风坡下沉过程气温按 r_d=1.0 ℃/100 m 速率升高，到达山脚时温度为 32.5 ℃，此过程空气湿度随温度的升高而降低。自此，气流越山后变得又干又热。焚风往往以阵风形式出现，从山上沿山坡向下吹。

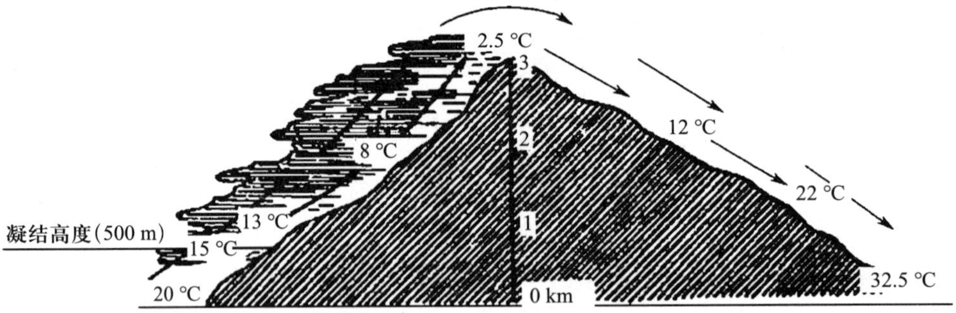

图 5-10　焚风示意图

一般来说,在相对高度不低于 800～1 000 m 的山地都会出现焚风现象,焚风在世界很多山区都能见到,如欧洲的阿尔卑斯山,美洲的落基山,我国的天山、秦岭、太行山等山地都能见到其踪迹。

焚风在山地的任何季节和任何时间都可出现,它能给人们带来一定的益处,在北方牧区,焚风会加快积雪融化,为家畜提供早期的草场。较轻的焚风,能提高当地热量,可以提早山区农作物的成熟期。焚风的害处很多,它可使初春的天气变得像盛夏一样,酷热干燥,经常发生火灾。强烈的焚风能使树木和农作物的叶片焦枯,土地龟裂,造成严重旱灾,甚至产生“高温逼熟”现象。在高山地区,焚风还会造成融雪,使上游河谷洪水泛滥,有时还会导致雪崩。

风与农业生产

[任务思考与练习]

1. 气压的时空变化有何特点?
2. 气压场有哪些基本形式?受高压和低压影响的地方分别表现出什么天气特点?
3. 风是如何形成的?
4. 风是空气受力的结果,作用在风上的力主要有哪些?各作用力的主要作用是什么?
5. 什么是单圈环流和三圈环流?它们分别是在什么假设条件下成立的?
6. 按照三圈环流模式,在北半球有哪些风带和气压带?我国主要处在哪些风带?
7. 什么是季风?我国为何是世界上著名的季风区?我国季风有何特点?
8. 比较山谷风、海陆风、焚风和峡管风的成因及特点。

子任务 2　风对农业生产的影响

在气象学中,风对地球上的热量和水分的输送起着重要作用,直接影响着天气变化和气候。在农业气象学中,风是重要的植物生态因子,它直接或间接地影响作物的生长发育。

一、风对农业生产的有利影响

1. 风是 CO_2 的运输者

在茎叶密集的农田里,如果密不通风,叶层周围空气中的二氧化碳会被叶片短时间内吸收殆尽,光合作用将因此而降低甚至停止。具估算,667 m^2 作物对二氧化碳的用量,相当于 8 万～

12 万 m^3 的空气中的二氧化碳含量，这只能靠风把作物周围空气中的二氧化碳源源不断地送到叶片附近。同时，单位时间内二氧化碳进入叶片气孔的量与风的速度也有关。在微风吹拂下，既能改善 CO_2 的供应状况，又使光合有效辐射以闪光的形式合理分布到叶层中，从而提高光能利用率。据测定，在太阳辐射与气温基本相同的前后两天，有风的一天玉米干物质的增长量比无风的一天大 40%。

2. 风是植物花粉的传播者

风能传播花粉，让一些异花授粉的植物雌花获得花粉，现在世界上 50 多万种植物中有 10 多万种是靠风传播花粉的，称之为“风媒花”；风能散播花的芳香，招引昆虫传授花粉。农业生产中风能帮助异花授粉作物（如玉米）进行授粉，增加结实率，提高产量。风媒花一般很小，花丝细长，易被风吹摆动，由于花粉粒小而轻，适于乘风远播。风还能帮助许多植物传播种子，如柳、榆、松、蒲公英等的种子，可随风飘荡，繁衍后代，扩大繁殖生长区域。

3. 风能调节植物群内光的分布

风引起茎叶振动，造成植物群内闪光，可使光合有效辐射以闪光的形式合理地分布到更广的叶面上而发挥更大的作用。这就意味着改善了植物群体下部光的质量，从而提高了光合作用。

4. 风能调节植物体温

微风能调节植物体温，使植物蒸腾正常进行，促进植物吸水、吸肥，使其在高温情况下不易被灼伤。通常直射光下叶片温度一般比空气温度略高，这些热量部分用于植物的蒸腾作用，将水化成水汽，然后被风源源不断地输送出作物层。植物的不断蒸腾，促使植物不断地吸取地下水分和矿物质营养，维持植物生理活动正常进行。

二、风对农业生产的不利影响

1. 风是部分病虫害的传播者

风能传播病原体，使病害蔓延。研究发现水稻白叶枯病、小麦条锈病的流行，都是菌源随气流传播的结果。许多昆虫如蝗虫、白粉蝶、黏虫及稻纵卷叶螟成虫的迁飞、降落与风向风速及温湿度状况有密切的关系。

2. 大风危害作物生长

风对农作物的危害，主要决定于风速、风的阵性、环境特点、生长季节及植物的特性。微风有利农业生产，但风速太大，光合作用积累的有机物减少，据研究，当风速达到 10 m/s 时，光合作用积累的有机物质为微风时的 1/3。植物器官受风的强烈振动也会降低结实率；单向风使植物迎风方向的生长受抑制，形成畸形树冠；长期大风可引起植物矮化，如树木长期受大风影响，导致水分过度蒸腾，水分亏缺，致使树皮增厚、植株矮化、叶小坚硬等旱生特征。早春的寒流，冷风能使刚出土的幼苗遭受损伤；夏初的焚风，会使农作物蒸腾加大，造成失水而干枯；秋季的寒露风，会严重影响晚稻抽穗结实和其他秋季作物的生长。东南沿海地区，海风含有较高盐分，可渗透到植物组织中，影响授粉和花粉的发育。此外，大风引起作物倒伏、折枝、落花、落果等。

大风造成干旱季节或干旱地区土壤蒸发过大，加剧土壤干旱；大风吹走大量表土，形成扬沙或沙尘暴，造成土壤风蚀，埋没作物、降低土壤肥力、淤塞水库和水井等。作物长期遇土壤风蚀，会使根系暴露，影响作物生长发育。此外，大风毁坏农业设施，危害农业生产。

[任务思考与练习]

简述风与农业生产的关系。

子任务 3　作物生长的风环境调控

为营造作物生长良好的风环境，生产中需针对作物生长的风环境进行调控。

一、选择避风环境

地形对风有屏障作用，迎风坡与背风坡差异很明显。一般迎风坡比背风坡果树断倒率高 15%以上。一般坡度愈陡，地形对风的动力作用愈大，气流流线密集程度愈高，所以坡度愈陡风害愈重。迎风坡面在坡度显著变化处，即坡脚和坡顶风害最重。作物栽培选址应尽量避开河谷两岸、山峡低槽、孤立山丘的两侧、迎风坡面以及迎风开口的马蹄形等易遭风害的地形。

二、设置风障

设置风障，首选防护林。防护林对减少风害效果较好。林带防护效果因结构、走向、完整度以及网格大小等不同而有很大的差异，因而，营造防护林必须因地制宜。其次，对局部小范围的栽培管理，可利用秸秆、树枝、薄膜等材料设置防风屏障。

三、合理种植管理

1. 合理密植

以宽行密株的种植形式和适当密植，对减少风害具有重大意义。同样风力下，适当密植果园可以保存较多的株数，且不易倒伏，断干部位也较高。

2. 合理修剪抚育

结合经常性的修枝、整形，可提高果树的耐风能力。果树从幼龄期起，按其生长规律因势利导，去其无用枝，把有用枝培养成为骨干枝。运用修枝整形技术，培养抗风树型，达到树型低，分枝健壮，干枝之间疏密有序，分枝均匀，树冠平衡，通风减小风压。

[综合技能]

查阅文献资料并结合实地调研，综述 1 种当地常见易受风害农作物如何进行风环境调控。

子任务 4　风的观测

风的观测包括风向和风速两个方面。风向是指风的来向，用十六方位法表示，通常以符号记录。在没有仪器或仪器失灵的情况下，可以根据地面上某些物体被风吹动的状况来对风向风力进行目测。

[目的要求]

了解轻便风向风速表的构造原理；掌握风的观测方法。

[仪器设备]

三杯轻便风向风速表，见图 5-11。

图 5-11　三杯轻便风向风速表

[构造原理]

1. 风向部分

风向部分由保护风杯的护圈所支撑，由风向标、风向轴及风向度盘等组成，装在风向度盘上的磁棒与风向度盘组成磁罗盘用来确定风向方位。风向度盘外壳下方具有锁定旋钮，当下拉锁定旋钮并向右旋转定位时，回弹顶杆将风向度盘放下，使锥形宝石轴承与轴尖接触，此时风向度盘将自动定北，风向示值由风向指针在风向度盘上的稳定位置来确定。当左旋转锁定旋钮并使其向上回弹复位时，回弹顶杆将风向度盘顶起并定位在仪器上部，使锥形宝石轴承与轴尖分离，以保护风向度盘及轴承与轴尖不受损坏。注意：当仪器使用完毕后必须及时恢复此状态。

2. 风速部分

风速的传感器采用的是传统的三杯旋转架结构。它将风速线性地变换成旋转架的转速。为了减少启动风速，采用特制的轻质风杯，宝石轴承支撑。在旋转架的轴上固定有一个齿状的叶片，当旋转架随风旋转时，轴带动着叶片旋转，齿状叶片在光电开关的光路上不断切割光束，从而将风速线性地变换成光电开关的输出脉冲频率。

仪器内的单片机对风传感器的输出频率进行采样，计算。最后仪器输出瞬时风速，一分钟平均风速，瞬时风级，一分钟平均风级，平均风级对应的浪高。测得的参数在仪器的液晶显示器上用数字直接显示出来。

[方法步骤]

1. 风向观测

在观测前应先检查风向部分是否垂直牢固地连接在风向风速仪风杯的护架上，下拉锁定旋钮并向右旋转定位，回弹顶杆将风向度盘放下，使锥形宝石轴承与轴尖接触。

观测时应在风向指针稳定时读取方位读数。

观测后为了保护锥形宝石轴承与轴尖，应及时左旋转锁定旋钮并使其向上回弹复位，使回弹顶杆将风向度盘顶起并定位在仪器上部，从而使锥形宝石轴承与轴尖离开。

2. 风速测量

显示器上一共有 4 位数字，左边第一位显示的是参数号。其含义为：A—瞬时风速；C—瞬时风级；B—平均风速；D—平均风级；E—对应浪高。

后面的三位数字显示的是参数数值：瞬时平均风速单位，m/s；瞬时平均风级单位，级；对应浪高单位，m。

仪器运行时，同时测量瞬时风速、瞬时风级、平均风速、平均风级、对应浪高这 5 个参数，但只能显示其中的一个参数。显示参数由风速和风级键切换，每按一次风速键显示参数就在瞬时风速和平均风速之间切换，每按一次风级键显示就在瞬时风级、平均风级、对应浪高之间切换。

显示相应的位置上会出现小数点，风速、浪高参数小数点后保留一位，风级显示整数，没有小数点显示。平均风速、平均风级、对应浪高需要有 1 min 的采样时间，所以在没电后 1 min 内，或锁存撤销后 1 min 内，不能得到正确的平均值。此时显示器上无显示，表示这些参数无效，一直要等到采样时间大于 1 min 以后，显示器才显示有效的参数值。

锁存按键可以使仪器在测量与锁定状态之间切换。在测量状态时按一下锁存键，仪器进锁存状态，显示器左下方显示“数据锁存”，并将当前数据锁存在显示器上，测量值锁存后不再随被测量参数变化。在锁存状态时按一下锁存键，锁存标志“数据锁存”消失，表示仪器回到测量状态。注意此时平均值重新开始采样，所以要等 1 min 以后才会有平均值输出。

[仪器维护]

1. 由于该仪器采用的是小型干电池，所存电能有限，所以用完以后一定要记住及时关闭电源，以延长电池的使用寿命。

2. 注意电池维护，避免长期不用电池漏液损坏仪器。

[实训]

1. 熟练使用三杯轻便风向风速表测定风向风速，练习目测风向风速，并与器测比较。

2. 对某一种植区进行风的观测，结合作物生长情况，分析风和作物生长之间的关系，并提出管理建议。

【知识拓展】

大气环流的成因

【实践案例】

无人机为油茶授粉

金秋时节，在信阳市场光山县、新县等地，素有“抱子怀胎”之说的油茶树，鲜花满枝，香气沁人心脾。连日来，无人机搭载着油茶花粉水溶液，在油茶林上空往来喷撒，为油茶花授粉。据悉，这是河南省第 2 年利用无人机辅助油茶花授粉。

油茶产业发展前景广阔，但也饱受产量低困扰。河南省林科院研究员、河南省油茶产业科技特派员服务团专家李良厚说，由于油茶是虫媒异花授粉树种，自然授粉坐果率低，严重制约油茶果产量。河南省位于中国油茶栽培的北区，秋季降温比南方油茶中心产区早，花期昆虫活动少，自然授粉坐果率低的问题更加突出。如何破解这一难题，使油茶果丰产高产，是做大做强油茶产业的关键所在。

通过辅助授粉改善油茶花自然授粉不足是解决这一难题的有效途径。而相比常规的人工授粉，采用无人机作业不仅便于进入油茶林，而且授粉效率高。为此，河南省林科院结合河南省科技特派员助力脱贫攻坚“十百千”工程项目——河南省油茶产业科技特派员服务团，从2019年开始开展无人机给油茶授粉技术服务。10月29日起，李良厚一行先后到光山县、新县等油茶集中种植区，遥控无人机给油茶花授粉。本次作业为期8 d，无人机每天作业面积40 hm^2 左右，计划完成333.33 hm^2 左右的授粉面积。无人机给油茶花授粉，我国开展得不多。授粉效果如何，李良厚介绍，对2019年授粉效果的调查表明，坐果率提高12.9%～39.6%，平均为22.3%。无人机给油茶花授粉是一项效果好的油茶增产实用技术，值得在油茶产区全面推广。

摘自：欧阳曦．让农业种植更智慧更高效　河南无人机为油茶授粉[J]．乡村科技，2020，11(33)

【思政案例】

竺可桢——中国气象学的奠基人

竺可桢(1890年3月7日至1974年2月7日)，字藕舫，浙江省绍兴市东关镇人，中央研究院院士、中国科学院院士，中国共产党党员，中国近代气象学家、地理学家、教育家，中国近代地理学和气象学的奠基者，浙江大学前校长，中国现代气象科学的奠基人。

1890年3月7日，竺可桢出生于浙江绍兴东关镇(今属浙江省绍兴市上虞区)一个小商人家庭。1909年竺可桢考入唐山路矿学堂(今西南交通大学)学习土木工程；1910年公费留美学习；1918年获得哈佛大学博士学位；1920年秋应聘南京高等师范学校；1929年起屡次被选任为中国气象学会会长；1934年参与创建中国地理学会；1936年4月担任浙江大学校长，历时13年；1949年担任中国地理学会理事长，同年11月中国科学院成立以后，竺可桢被任命为副院长、生物学地学部主任；1950年当选为中华全国自然科学专门学会联合会全国委员会委员、中华全国科学技术普及协会副主席；1955年选聘为中国科学院学部委员(院士)，兼任生物学地学部主任；1956年“综合考察工作委员会”正式成立，竺可桢担任委员会主任；1962年6月加入中国共产党。

竺可桢是历史气候学的创建人、奠基人，其中历史气候变迁是他用力最多、成就最大的一个领域，蜚声国际科学界。竺可桢在历史气候学上另一大贡献是历史物候学。竺可桢曾经在国内建立了40多个气象站和100多个雨量测量站的中国气象观测网。他一方面重视物候的观察记录，自1921年留学回国的第二天直到1974年逝世的前一天，他每天观察并记录物候和天气；另一方面广泛收集历史物候资料，他与宛敏渭合撰的《物候学》一书中收集有丰富的历史物候资料和研究成果，这在其他国家的物候著作中是少见的。竺可桢是中国物候学的创始人，对中国气候的形成、特点、区划及变迁等，对地理学和自然科学史都有深刻的研究。竺可桢毕生领导中国古代科技成就的发掘事业，目的在于阐明中华民族在世界科技发展中的杰出贡献，以激发民族自尊心、自信心；研究历史上的中外科学文化的交流，促进中国与世界各国人民之间的友好关系。

作为“可持续发展”的思想先行者，竺可桢始终从科学视角，关注着中国的人口、资源和环境问题，他不仅在学理上大力关注可持续发展的相关理论问题，而且知行合一，在经济社会发展实践中倾力躬亲，从世界可持续发展思想形成的历史进程看，他的这些思想的提出，标志着中国科学家较早地、独立地关注并研究人口、资源和环境问题，是中国科学界对“可持续发展”理念具有前瞻性的早期探索。

摘自：百度百科

项目六
农业天气与气候

【知识目标】

(1)认知常见天气系统的天气特点;
(2)了解天气预报;
(3)认知农用天气预报基本工作;
(4)掌握本省(区)主要农业气象灾害的发生规律及防御措施;
(5)掌握中国气候特征及本省(区)气候基本概况;
(6)认知本省(区)农业气候资源特点。

【技能目标】

(1)能针对具体作物提出农业气象灾害防御基本措施;
(2)能提出本省(区)农业气候资源利用基本途径。

【思政目标】

(1)培养社会主义核心价值观;
(2)树立科学严谨的工作态度及良好的职业道德;
(3)树立防灾减灾与保护气候资源环境的意识。

农用天气也叫农业天气,它是指对农业生产对象和农业生产活动有影响的天气要素和天气过程。农业生产受气候影响的范围仍然较大,"靠天吃饭"的局面仍然存在。我国幅员辽阔,气候类型多样,加上近年来受温室效应的影响,气象自然灾害频频发生。我国农业生产受各种气象灾害的影响很大。况且我国农业的生态结构较弱,农业生产抗击自然灾害的能力更是处于薄弱环节。针对这样的问题必须加强农业天气预警及农业气象灾害防御。

子任务1　天气系统

天气是指一定地区内,短时间的冷暖、干湿、阴晴、风云、雨雪等大气的状态和现象,也就是短时间内的各种气象要素(如气温、气压、湿度、风向风速和降水量等)的综合表现。天气学是研究天气变化的规律,并用这些规律制作天气预报的一门学科,它是大气科学的一个分支。大气中发生风、雨、冷、暖等天气变化,都是大气运动造成的,这些千变万化的现象与大气的各种天气系统有关,如气团、锋、气旋、反气旋等。

一、气团

天气及其变化是由大气的物理性质和大气的运动过程所决定的,而大气的物理性质是大气在运动过程中受下垫面不断作用形成的。在广阔的地球上,地面性质错综复杂,决定了在地表运动的大气必然具有多种多样的物理性质,这要用到气团来表述。

(一)气团的概念

气团是指水平方向上主要物理属性(如温度、湿度、气压等)基本均一的占有广大空间的气块。其水平范围可达几百到几千千米,垂直高度可伸展到对流层顶。气团的形成必须具有范围大、性质均匀的下垫面,还须有合适的环流条件。

大气处在不断的运动中,当气团在广阔的源地上获得大致与源地相同的物理属性后,在大气环流操纵下,离开源地移至与源地性质不同的下垫面时,气团与下垫面间就会再次发生热量与水分的交换,气团的物理属性会逐渐发生变化,这个过程称为气团的变性。

(二)气团的分类

根据气团形成的源地可分为北极气团、极地气团、热带气团、赤道气团四大类,又可分为海洋气团与陆地气团两大类;按气团的热力特性可分为冷气团和暖气团两大类,凡是气团温度低于流经地区下垫面温度的,叫冷气团,凡是气团温度高于流经地区下垫面温度的,叫暖气团;按气团的干湿性状可分为干气团和湿气团,一般的海洋性气团为湿气团,大陆性气团为干气团。

(三)影响我国的气团

我国大部分处于中纬度地区,冷、暖气流交绥频繁,缺少气团形成的环流条件;同时,地表性质复杂,没有大范围均匀的下垫面条件,故不是气团源地。因而,活动在我国境内的气团,均为从其他地区移来的变性气团或过境气团,其中最主要的是极地大陆气团和热带海洋气团。不同的气团具有不同的温度、湿度和压力等物理特性,在它们控制下的地区分别具有不同的天气特点。

冬季,主要受干冷的变性极地大陆气团影响,其源地在西伯利亚和蒙古,我们称之为西伯利亚气团,是冬季影响我国天气势力最强大、范围最广、持续时间最长的一种冷气团,在它控制下,天气干冷、晴朗,温度日变化大。此外,来自北太平洋副热带地区的热带海洋气团可影响到华南、华东和云南等地。

夏季,主要受湿热的变性热带海洋气团影响,在它的控制下,早晨晴朗,午后对流旺盛,常发生雷阵雨,若此气团长期控制我国,将造成大面积干旱。此外,热带大陆气团常影响我国西部地区,被它持久控制的地区,就会出现严重干旱和酷暑;高温高湿的赤道气团盛夏时可影响我国华南地区,天气湿热,常有雷阵雨,还可造成长江以南地区大量降水。西伯利亚气团在我国长城以北和西北地区活动频繁,我国东部沿海地区主要受变性的热带海洋气团影响。以上两种气团的交汇,是构成我国盛夏区域性降水的主要原因。

春季,西伯利亚气团和热带海洋气团两者势力相当,互有进退,形成我国春季冷暖气团频繁交汇最盛的时期。

秋季，变性的西伯利亚气团占主要地位，热带海洋气团退居东南海上，我国东部地区在单一的气团控制下，出现秋高气爽的天气。

二、锋

（一）锋的概念

当性质不同的两个气团，在移动过程中相遇时，它们之间就会出现一个狭窄而倾斜的过渡带。锋是一个具有三维空间的重要天气系统，在水平方向伸展的范围与气团的尺度相当，长达几百到几千千米，其垂直伸展高度十多千米（对流层顶），冷暖气团之间过渡层的厚度与长度相比相差很大，在天气图上所占的距离很小，所以常把锋近似看成一个面，并称为“锋面”，锋面与地面的交线称为锋线（图 6-1）。由于冷空气密度大于暖空气，冷暖空气交绥，暖空气可沿冷空气上升，故锋面总是向冷空气一方倾斜，且由于暖空气携带较多的水汽上升凝结，锋面附近极易形成云雨天气。又由于锋两侧分别是不同的气团，气象要素差异显著，如锋面附近水平距离 50～100 km 范围内，温度可相差达 10～15 ℃，使锋面过境时会引起激烈的天气变化。

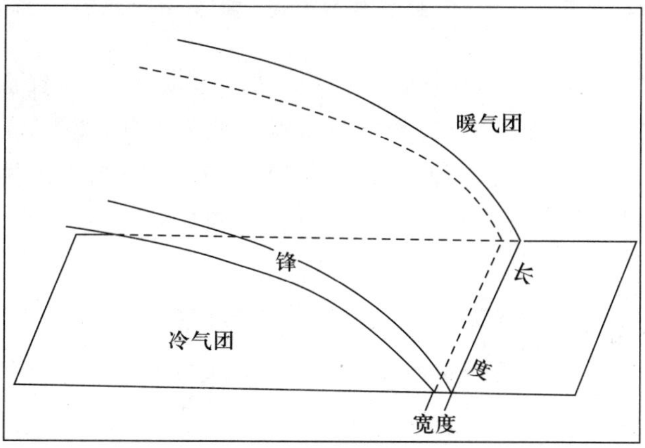

图 6-1　锋面结构示意图

（二）锋的分类与锋面天气

根据锋的移向、速度和结构，可把锋分为暖锋、冷锋、准静止锋等。我国大部分地区处在中纬度，是冷暖气团交汇的重要场所，所以我国锋面活动活跃，以冷锋最为显著。我国地形复杂，锋面特点和锋面天气具有明显的地区差异。

1. 暖锋

暖气团推动锋面向冷气团一侧移动的锋称暖锋（图 6-2）。暖锋移动时暖空气上升绝热冷却，在锋面上形成广阔的云系和降水区。暖锋到来时，气压下降，锋前离锋线最远端相继出现卷云、卷层云、高层云和雨层云，产生锋前连续性降水，雨区宽度一般可达 300～400 km。夏季暖空气不稳定，锋面上偶尔有积雨云。锋面过境后，气压少变，气温升高，雨过天晴。

暖锋冬半年在东北地区和江淮流域一带多见，夏半年则多见于黄河流域和渤海湾附近。

2. 冷锋

冷气团推动锋面向暖气团一侧移动的锋称冷锋。根据冷锋移动速度和天气特征又可将冷锋分为：

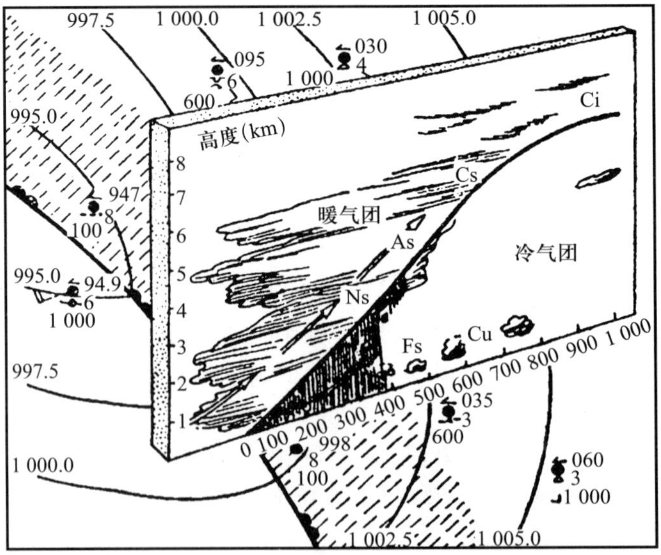

图 6-2 暖锋天气示意图

(1)第一型冷锋(缓行冷锋) 第一型冷锋移动速度慢,暖空气沿锋面缓慢滑升,锋面坡较小。当暖空气比较稳定,水汽充沛时,会形成与暖锋相似的范围比较广的云系,云系及雨区出现在锋线后面,云系的分布次序与暖锋云系相反(图 6-3),降雨多为连续性,雨区宽度一般为 200～300 km。锋面过境后,气压升高,气温下降,风力减弱,降水停止。夏季当锋前暖气团不稳定时,在冷锋附近产生积雨云,出现雷雨天气。

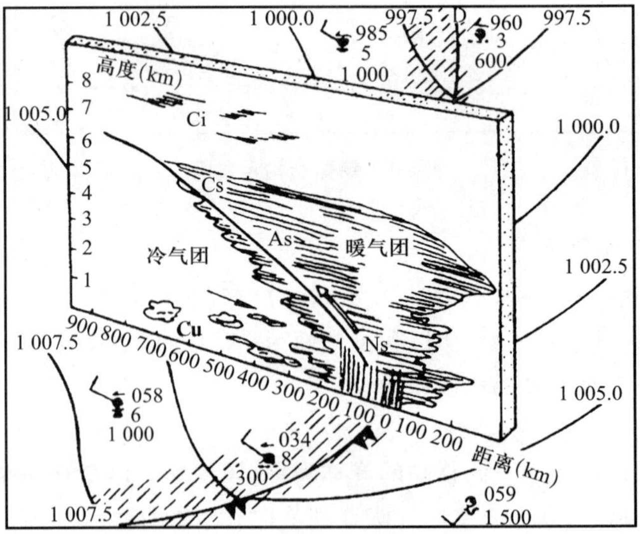

图 6-3 第一型冷锋示意图

夏季在我国北方,冬季在我国南方,所见冷锋多属此类。

(2)第二型冷锋(急行冷锋) 第二型冷锋移动速度较快,锋面坡较大,锋前暖空气急剧抬升,出现狭长的积状云带。夏季,暖气团潮湿不稳定,一般会产生强烈发展的积雨云,出现雷暴、甚至冰雹、飑线等对流性不稳定天气。这种冷锋过境时,锋线附近往往乌云翻滚,狂风大作，电闪雷鸣，大雨倾盆。雨区很窄，一般仅有几十千米（图 6-4），由于锋移动快，对流性天气持续时间短。锋过境后，雨过天晴。冬半年，在北方干旱地区，空气较为干燥，第二型冷锋过境时常无降雨现象，主要表现为刮西北大风、降温，并伴有沙尘天气。

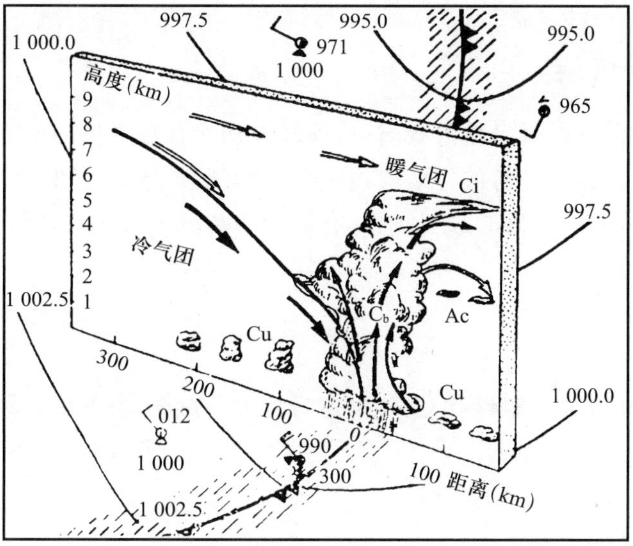

图 6-4　第二型冷锋示意图

（3）准静止锋　当冷暖气团势均力敌或由于地形阻滞作用，锋面移动缓慢或来回小幅摆动，这种锋称为准静止锋，出现的云系与暖锋云系大致相同（图 6-5）。由于准静止锋的坡度比暖锋还小，沿锋面上滑的暖空气可以伸展到距离锋线很远的地方，所以云区和降水区比暖锋更为宽广。但是降水强度小，持续时间长，经常绵绵细雨连日不断，可维持十天或半月之久。准静止锋是我国南方形成连阴雨的重要天气系统之一。

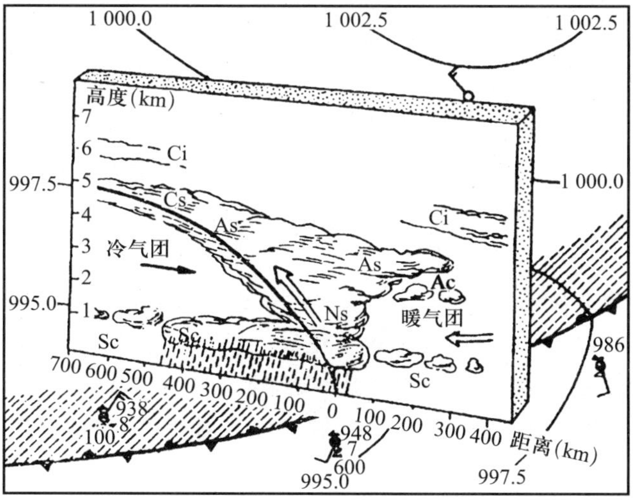

图 6-5　准静止锋示意图

我国准静止锋主要有华南静止锋、江淮静止锋、昆明静止锋、天山静止锋。前两种静止锋是由于冷暖气团势均力敌形成的，后两种则是由于地形阻滞作用形成的。华南静止锋是造成冬半年华南及长江流域连阴雨的主要天气系统。位于昆明准静止锋以东的贵阳，在锋面控制下，云雾笼罩，阴雨冷湿，冬半年有“天无三日晴”之说；位于准静止锋以西的昆明，位于暖空气一侧，天气晴朗温暖。昆明因地势比较高，夏季时也不酷热，因此四季如春，极为宜人，是我国著名的“春城”。

三、气旋和反气旋

大气运动就像江河里的水呈波浪状前进，同时叠加着各种各样的旋涡，有的呈逆时针方向旋转，有的呈顺时针方向旋转；有的一面旋转一面向前运动，有的却少动。这些旋涡在气象学上称为气旋和反气旋，它是常见的天气系统，它们的活动对高低纬度之间的热量交换和各地的天气变化有很大的影响。

(一)气旋

1. 气旋的概念

气旋即低压。在北半球，气旋内的空气呈逆时针方向旋转，空气由四周向中心辐合上升，当大气中水汽含量较大，容易产生云雨天气。气旋直径一般在 1 000 km 左右，大的可达 3 000 km。气旋中心气压一般为 970～1 010 hPa。

2. 气旋分类

气旋分类的方法很多，通常按气旋形成和活动的主要地区或热力结构进行分类。按地区不同，可分为极地气旋、温带气旋、热带气旋等；按热力结构的不同，可分为冷性气旋和热低压等。温带气旋大多数属锋面气旋。热带气旋属暖性低压。发生在热带洋面上强烈的气旋，当中心气压和风力达到一定程度时，就称为台风或飓风。

3. 影响我国天气的主要气旋

影响我国的温带气旋主要包括蒙古气旋、黄河气旋、江淮气旋等，这些天气系统往往出现大风大雨，甚至暴雨天气；热带气旋主要为台风。

(二)反气旋

1. 反气旋的概念

反气旋即高压。在北半球，反气旋内的空气呈顺时针方向旋转，空气从中心向四周辐散，引起空气下沉，天气晴好。反气旋的水平尺度比气旋的水平尺度大，直径常超过 2 000 km。中心气压值一般在 1 020～1 030 hPa。

2. 反气旋的分类

根据反气旋形成和活动的主要地理区域，可分为极地反气旋、温带反气旋和副热带反气旋。按其热力结构，则可分为冷性反气旋和暖性反气旋。冷性反气旋主要是指冷空气堆积所形成的反气旋，在中、高纬度地区，陆地对流层下部的反气旋多属此类，习惯上多称为冷高压。暖性反气旋是指中心温度高于四周的反气旋，它是深厚系统，如出现在广大副热带地区的副热带高压就属于此类。

3. 影响我国天气的主要反气旋

影响我国天气的反气旋主要有蒙古冷高压和西太平洋副热带高压。冷锋过后，在蒙古冷高压控制下，风速减小，出现晴朗、寒冷、少云天气；西太平洋副热带高压简称副高，它是一个强大、稳定、少动、极其深厚的暖高压，具有大范围的下沉气流，在它的控制下，天气晴朗。当副高活动出现异常，稳定少动控制某地时，则造成雨区与脊线附近的干热天气持续，出现"南旱北涝"或"南涝北旱"的反常天气。

[任务思考与练习]

1. 什么是气团？我国冬、夏季主要受什么气团影响？天气特点如何？
2. 什么是锋、冷锋、暖锋、准静止锋？各自天气特征如何？
3. 气旋、反气旋控制下天气特征如何？为什么？
4. 副高各部分天气表现如何？副高的变化对我国天气有何影响？

子任务 2　农用天气预报

天气预报是指根据气象观(探)测资料，对某区域或某地点未来一定时段的天气状况做出定性或定量的预测。

一、天气预报分类

(一)按预报内容分

1. 天气形势预报

天气形势预报是对天气系统(高压、低压、槽脊、锋面等等)的移动、强度变化和生成、消亡的预报。天气形势着眼于流场的称环流形势，着眼于气压场的称气压形势。一般指大范围地区的天气形势，如北半球天气形势、欧亚天气形势等。天气形势在地面上的表现称为地面天气形势，在高空的表现称为高空天气形势。

天气形势的基本特征及其变化主要取决于行星尺度和天气尺度的环流系统，对天气形势的分析和预报是制作天气预报的重要依据。比如高空天气形势按大范围流场特征可概括为纬向环流型、经向环流型和阻塞环流型等。每种环流型为各种天气过程的出现提供重要的背景形势，当一种天气形势稳定维持时，与之对应的天气过程就容易；若天气形势发生显著变化或突然调整时，天气也将随之发生变化甚至剧烈变化。

2. 气象要素预报

气象要素预报是对气温、气压、湿度、能见度、风等气象要素，以及雨雪、雾、雷电等天气现象的预报。天气形势预报是气象要素预报的基础，天气形势对气象要素的时空分布起决定性作用，气象要素的变化都是随着天气形势的变化而变化的，气象要素对天气形势虽然也有影响，但没有天气形势对气象要素那样明显。知道了未来的天气形势就可以根据这样的形势推测未来的气象要素。

(二)按预报时效分

天气预报按其预报时效可分为：临近预报(0～2 h)、短时预报(0～12 h)、短期预报(1～3 d)、中期预报(3～10 d)与长期预报(10 d 以上)。临近预报和短时预报又统称短时临近预报，短时临近预报着重关注短时强降水、冰雹、雷雨大风、龙卷风、雷电、大雾等灾害性天气的监测预报预警，是气象灾害防御中非常重要的一环；短期和中期预报合称中短期预报(1～10 d)，预报对象主要是雨、雪等天气现象以及逐日最高、最低气温；10 d 以上的长期天气预报又称为短期气候预测，按关注时间长短和预报时效又可细分为延伸期预测（10～30 d）、次季节预测（15～45 d）、季度预测和年度预测等，其侧重于未来长时间段内降水量和平均气温较常年同期相比的趋势和空间分布预测预报。

我国各级气象台站按时通过广播电台、电视台和报纸发布 24 h 天气预报，发布台风、寒潮和高温等灾害性天气预报和警报，并向有关部门提供所需的特殊天气预报服务或专项天气预报服务。

二、天气预报的方法

天气预报一般分为四个步骤：气象探测、数据收集、综合分析和预报会商。目前制作天气预报主要采用天气学预报、统计学预报和数值预报等方法，以及由多种基本预报方法相互结合形成的综合天气预报方法。

（一）天气学预报方法（天气图方法）

即以天气学原理为基础的天气预报，是目前常用的一种天气预报方法。天气学预报方法以天气图为主要工具，辅助使用卫星云图、雷达资料等，用天气学原理来分析和推导未来天气形势和气象要素的变化，从而制作天气预报。天气学预报方法依赖于天气形势的研判，并且对于预报员的主观经验要求较高，预报时效基本在 48 h 以内，例如高空天气图中若温度槽落后于高度槽，则高空槽在未来 24 h 内将发展。

（二）数值预报方法（动力学预报方法）

数值预报法就是在给定的初始条件和边界条件下，采用数值方法来求解大气控制方程组的计算解，由已知初始时刻的大气运动状态来预报未来的大气运动状态，对可能发生的天气气候事件进行预报预测的方法，是目前气象预报业务的主要工具和手段。

数值预报法的最大优点是客观化和定量化，可以对未来较长时间段内的天气形势和气象要素进行客观定量化的预报。气象学家洛伦兹在 1963 年指出天气系统属于非线性的混沌系统，初始的一个微小误差随着时间的推移会造成巨大的差别，即初始条件的误差使得天气预报越往后越不准。在实际应用中不仅实际大气的真正状态永远也不可能被完全精确地描述出来引起初始条件存在误差，而且大气控制方程组的简化、物理过程参数化和次网格过程等都会导致模式系统误差的存在，进而使得模式预报能力随着预报时效的增加而迅速降低，所以目前中期数值预报模式确定性预报的时效上限约为 10 d。

为了减小单一确定性预报中存在的初始误差、系统误差以及非线性系统的不稳定性，目前不少模式针对同一起报时次，利用繁殖向量法（BVs）、奇异向量法（SVs）等数理方法形成扰动初始场进行预报，形成集合预报。集合预报不仅可提供一个比单一确定性预报更准确的集合平均预报，同时还能为预报员提供一个预报可靠性估计，也为概率预报提供定量的基础，是未来数值预报模式发展的重要方向。

（三）统计预报方法

统计预报又称为数理统计预报，是通过对历史资料进行统计分析，找出预报量与已知量间的关系，进而归纳出预报模式而做出定量或定性预报的方法。统计预报把概率论作为理论基础，把预报对象看成随机现象。因而统计预报的结论只是概率上达到某种可以置信的程度，而并不保证鲁棒性。它属于非确定性预报，与数值预报法有本质区别。

统计预报成败的关键在于预报因子的选择。一般来说，好的预报因子不但与预报量在统计上有较高的相关关系，而且从天气学理论上说，与预报量之间也应有比较明确的物理关系。统计预报除了将预报量资料与预报因子资料做相关性统计外，对预报资料还要进行一系列气候统计，包括预报对象在历史上的平均值、极大值、极小值，在某一时期内出现的频数、频率，最大可能出现的时间等等，从而了解该预报对象出现的一般可能性。

近年来，把统计预报法与数值预报法相结合，做出气象要素预报，取得较好效果，这种方法称为模式输出统计预报，简称 MOS 法。天气预报和人工智能有着天然耦合的关系，随着计算机和气象大数据等技术发展，深度学习、机器学习等人工智能技术作为新一代统计预报方法被引进气象预报预测中，人工智能出色的大数据处理能力成为助力天气进一步精准预报的重要工具。国内外已实现基于深度神经网络和气象卫星观测资料的数据同化算法研发，在一定的准确率容忍范围内，与传统方法相比，人工智能方法的计算效率可大幅提高。近年来，欧洲中期天气预报中心较为全面地评估了人工智能技术在天气预报数值模式中各个技术环节的应用潜力，对人工智能的应用给出乐观的预期，并已在部分环节如物理过程参数化中开展技术试验。

进入 21 世纪，天气预报方式实现了重大变革，我国基本建成比较完善的数值预报预测业务系统，形成了以数值预报产品为基础、以人机交互处理系统为平台、综合应用多种技术方法的预报业务技术体制，为各级气象台站的预报预测和服务提供了有力的技术支撑。国家气象中心已成为世界气象组织的区域专业气象中心。我国对区域性暴雨和台风路径的预报有了长足进步，24 h、48 h 预报准确率接近国际先进水平。开展了沙尘暴、雪灾等重大灾害性天气中短期预报，突发气象灾害的临近和短时预报正在形成业务能力。气候业务建设快速发展，国家气候中心已成为世界气象组织 14 个能发布季、年短期气候预测产品的机构之一，能够提供区域和全球月、季、年时间尺度的气候系统监测、诊断、预测和影响评估等服务产品。

三、农用天气预报

国际著名大气科学家曾庆存院士

农业是中国经济发展的一项支柱性产业，农业生产与天气息息相关。现代农用天气预报，即基于现代农业生产需求，应用先进的气象评估、天气预报技术来开展天气报告工作。农用天气预报旨在为农户提供有益支持，起到防灾减灾、增产增收的作用，是一种具有针对性的气象预报，是当前天气预报业务的发展重点。现代农用天气预报按预报内容主要分为以下几种。

(一)主要农事气象预报

依据行业进行划分，农业生产活动气象预报分为：

(1)粮棉油生产农事活动气象预报　涵盖备耕、播种、灌溉、施肥、喷药、收获等农业生产活动中气候条件适宜性预报。

(2)林业生产活动气象预报　涵盖育苗播种、栽培、修剪、采摘、喷药、灌溉、森林防火及林内放养等农事活动气候条件适宜性预报等。

(3)畜牧业生产活动气象预报　涉及牧草收获、草原防火及牛羊转场等气候条件适宜性预报。

(4)设施农业气象预报　涉及扣棚、育苗、移栽、病虫害防治及温湿度调控等农业生产活动过程中气候条件适宜性分析及预报，也涉及设施内部环境要素预报及影响分析。

(5)渔业气象预报　涉及投苗、投料、出海、捕捞、远洋作业运输等气候条件适宜性预报。

(6)农产品经营活动气象预报　涉及水果、蔬菜、水产品等农产品存储、晾晒及上市销售等相关活动过程中气候条件适宜性预报。

(二)农业灾害性天气预报

农业生产中常会发生高温、干旱、霜冻、沙尘、大风、暴雨洪涝等，这些农业灾害性天气预报是农用天气预报重要部分。

(三)农用生物天气预报

各类作物或牲畜生长关键期对气象要素变化特别敏感，针对不同农业生物生长关键期进行天气预报，有助于提前采取科学有效的农业措施，减少不利气象条件对农业生产造成的不利影响。

四、天气预报用语

在日常天气预报用语上有范围、时间、天空状况、降水等区别，有专业的特定表述。

(一)范围用语

个别地区：一般指预报服务范围内小于5%的区域；

局部地区：一般指预报服务范围内小于10%的区域；

部分地区：一般指预报服务范围内有10%～30%的区域；

大部分地区：指预报服务范围内大于50%的区域。

(二)时间用语

白天是指8—20时；上午是指8—12时；下午是指12—20时。夜里是指20—次日8时；上半夜是指20—24时；下半夜是指0—4时；中午前后是指10—14时；傍晚前后是指16—20时；午后到上半夜则是指12—24时。

(三)天空状况用语

由天空云量多少决定，分晴天、少云、多云、阴天四种情况。晴天是指天空无云，或有中、低云量不到一成，高云量在四成以下；少云是说天空中有1～3成的中、低云层，或有4～5成的高云；多云则为天空中有4～7成的中、低云层，或有6～10层的高云；阴天是天空阴暗，密布云层，或有云隙，感到阴暗。

(四)降水强度用语

以24 h降水量决定，分为小雨、中雨、大雨、暴雨等(详见本书项目四：作物生长的水分环境及调控)。

(五)降水性质用语

零星小雨指降水时间短，降水量不超过0.1 mm；有时有小雨是说天气阴沉，有时会有短时降水出现；阵雨指的是降水开始和终止都很突然，一阵大，一阵小，雨量较大；雷阵雨则是指下雨时大时小，伴着雷鸣电闪，雨量较大；局部地区有雨指小范围地区有降水发生，分布没有规律。

(六)风力用语

风的预报分风向和风速,风向常以8个方位来表示,如北风、西北风、偏西风等。风速按风级来表示,可以跨一级,如4～5级西北风。

(七)天气预警用语

天气预警信号分为11类,每个天气预警图标和他们的颜色都有不同的功能和作用,每一种图标都有不同的预警级别,总体分为四级,用蓝、黄、橙、红表示,红色为最高级别预警信号。我们较为常见预警信号为台风、暴雨、高温、暴雪、大风等,当同时出现多种气象灾害时,气象台会按照相对应的标准发布多种天气预警信号。

此外,在收看天气预报电视节目时,还要了解常用天气符号及含意。同时要学会简单识别卫星云图的特征及对本地区天气状况的影响。在观看卫星云图图像时,白色表示反射率大的云,其余为晴空。在晴空区内,蓝色表示海洋,绿色表示陆地。当本地上空有云带出现时,地面多为阴雨天气;当本地处于密蔽云区,地面多有强降水;当本地上空无云时,一般为晴好天气。

[任务思考与练习]

1. 天气预报主要有哪些分类?具体如何划分?
2. 天气预报的技术方法主要有哪些?
3. 什么是农用天气预报?按预报内容主要分为哪些方面?

天气和天气预报

子任务3　农业气象灾害

农业气象灾害是指不利气象条件给农业生产造成的灾害。由温度因子引起的有热害、低温害;由水分因子引起的有干旱、洪涝、湿害、雪害和雹害;由风引起的有风害;由气象因子综合作用引起的有干热风、冷雨和连阴雨等。不同地理区域的主要农业气象灾害不同。我国旱灾有从东南沿海向西北内陆加重的趋势,华北地区春旱最重,两湖盆地伏旱发生最为频繁;东部和南部地区发生涝害的次数较多;全国各地都有冷害发生,以东北地区最为严重;冬小麦的越冬冻害只发生在北部冬麦区;干热风对冬小麦的危害发生在东起江苏北部和山东,西到新疆的一个长条地带,其中以冀、鲁、豫、河西走廊及汾河谷地较多;冰雹多数发生在山区和山前平原地区;每年夏秋季节,我国沿海地区频受台风袭击,广东、台湾、海南、福建、浙江等省是受台风袭击最多的省份。研究农业气象灾害的发生发展规律及其防御方法,是减灾防灾,确保农业高产、优质、低耗和可持续发展的重要保障。

一、低温

(一)寒潮

《冷空气等级》国家标准中规定:某一地区冷空气过境后,日最低气温24 h内下降8 ℃及以上,或48 h内下降10 ℃及以上,或72 h内下降12 ℃及以上,并且日最低气温下降到4 ℃或以下时,可认为寒潮发生。

我国幅员辽阔，地形复杂，气候多样，各省(区)气象局为了更好地服务农业生产，根据各地具体情况，制定了各地的寒潮标准。如广西寒潮标准主要依据对热带亚热带作物的寒害温度指标而定。广西寒潮过程分为桂北、桂南和全区性寒潮三类标准，桂北寒潮过程是指由于冷空气入侵，使桂北(指桂林、柳州、河池、贺州、来宾等市，下同)有≥20 个台站 48 h 内的日平均气温下降幅度≥8 ℃、同时最低日平均气温≤7 ℃的天气过程；桂南寒潮过程指由于冷空气入侵，使桂南(指百色、玉林、贵港、南宁、钦州、北海、防城港、梧州、崇左等市，下同)有≥25 个台站 48 h 内的日平均气温下降幅度≥8 ℃、同时最低日平均气温≤8 ℃的天气过程；寒潮侵入广西时，造成广西气温骤降，并伴有大风，而后出现低温，可出现降雪、雨凇、雾凇、霜冻、冰冻等灾害天气。

(二)冻害

冻害是指 0 ℃以下的低温使作物体内结冰，对作物造成的伤害。常发生的有越冬作物冻害、果树冻害和经济林木冻害等。冻害对农业威胁很大，在我国主要发生在西北、华北、华东、中南地区，主要的受害对象是冬小麦、油菜、蔬菜及葡萄、柑橘、油茶、茶树等经济果木。

1. 冻害的危害

低温引起植物细胞间隙水分结冰，细胞内水分不断外渗，造成细胞原生质脱水，或强烈的低温直接造成细胞原生质结冰，使原生质的结构遭到破坏，原生质坏死。植株受冻害后，表现为叶绿素减少，叶片黄白干枯，叶尖、叶缘出现水渍状斑块，叶组织变成褐色或深褐色，严重的导致落叶、落花和落果，主茎和大分蘖冻死，心叶干枯。

农业生物遭冻害的伤害程度除决定于低温强度外，还与降温速率、冻后复温速率、变温幅度、冻后脱水程度及植物抗寒锻炼等有关。

2. 冻害指标

不同作物，或同一作物不同品种、不同发育时期，不同外界条件下植株抗冻力不同。植株受冻死亡 50%以上时临界温度可作为其冻害指标，即衡量植株抗冻力的指标。抗冻性较强品种其冻害临界温度是－19～－17 ℃，抗冻性弱的品种是－19～－15 ℃。成龄果树发生严重冻害的临界温度分别为：柑橘为－9～－7 ℃；葡萄为－20～－16 ℃。一般生长不良的植株比健壮植株的冻害指标低 1～3 ℃。

3. 冻害类型

我国的越冬作物，如冬小麦、冬大麦、冬油菜、越冬叶菜及某些宿根饲料和牧草等常有冻害发生，其中主要是冬小麦。冬小麦冻害类型主要有：

(1)冬季严寒型　冬季严寒型是指冬季麦田 3 cm 深处地温降到－25～－5 ℃时发生的冻害。由于冬季持续低温并多次出现强寒潮，风多雪少，从而加剧了土壤干旱，并且小麦分蘖节处在冷暖骤变的上层，致使小麦严重死苗、死蘖，甚至导致地上部严重枯萎，成片死苗。

(2)初冬温度骤降型　在小麦刚进入越冬期，日平均气温降至 0 ℃以下，最低气温达－10 ℃以下时，麦苗因为没有经过抗寒锻炼，所以叶片迅速青枯，早播旺苗还可能被冻伤幼穗生长锥。

(3)越冬交替冻融型　越冬交替冻融型多发生在 12 月下旬至翌年 1 月底。小麦正常进入越冬期后，虽有较强的抗寒能力，但一旦出现回暖天气，气温增高，土壤解冻，幼苗又开始缓慢生长，致使抗寒性减弱。暖期过后，若遇大幅度降温，当气温降至－15～－13 ℃时，就会发生较严重的冻害。一般越冬冻害较少发生，程度较轻。

4. 冻害的防御

(1)选用抗寒品种，搞好品种合理布局。根据当地温度条件，选用抗寒品种，并确定不同作物的种植北界和海拔上限(目前一般以年绝对最低气温－24～－20 ℃为北界或上界指标)，结合当地历年冻害发生的类型、频率和程度及茬口早晚情况，调整品种布局。

(2)改善农田生态条件，培育壮苗越冬。提高播前整地质量，适时适量适深播种，培肥土壤、改良土壤性质和结构，施足有机肥和无机肥、合理运筹肥水和播种技术，培育壮苗越冬。

(3)调节农田小气候，提高防寒抗冻能力。在低温来临前及降温期间，采用覆盖、培土和喷施化学药剂等方法调节农田小气候，提高防寒抗冻能力。

(三)霜冻

霜冻是指在温暖季节里(日平均气温在 0 ℃以上)土壤表面或植物表面温度下降到引起植物遭到伤害或死亡的短时间低温冻害。

1. 霜冻与霜的区别

霜冻与霜是两个不同概念。霜是近地面水汽凝结现象，是一种天气现象，出现霜时植物不一定遭受霜冻伤害，霜冻是否发生是与植物是否遭受伤害联系在一起的，故霜冻是一种生物学现象，有霜的霜冻称“白霜”，无霜的霜冻称“黑霜”，黑霜对植物危害往往比白霜严重，因白霜形成时放出凝结潜热，可使植物表面温度缓慢下降。由于有霜时大多数作物受害，故白霜比黑霜较为常见。

2. 霜冻的危害

霜冻危害的机理：低温使植物细胞间隙中的水分结成冰晶，细胞内原生质与液泡逐渐脱水，冰晶不断扩大，对细胞壁产生机械压力，当脱水和机械压力超过一定限度时，原生质就会发生不可逆的凝固，使细胞死亡。此时如果温度再继续下降，出现胞内结冰，引起原生质凝固致死。解冻时如果温度上升太快，细胞间隙中的冰晶迅速融化成水，还没有来得及被原生质吸收就很快蒸发，因原生质失水而使植物干死。所以，当霜冻发生时，植株遭受霜冻危害的程度不仅取决于作物自身的抗寒性、降温的速度及低温强度，还与解冻时升温快慢有关，这就解释了为何东坡作物霜冻危害要重于西坡。

3. 霜冻指标

大多数植物当地面或叶面最低温度降到 0 ℃以下时往往就会受到冻害，所以中央气象台采用地表最低温度降到 0 ℃或以下作为预报霜冻发生的气象指标。不同作物、品种以及同一作物不同生育期抗霜冻能力是不同的，见表 6-1 及表 6-2。

表 6-1　不同作物霜冻危害的指标　　℃

农作物	轻微受害指标	严重受害指标
香蕉	5.0	2.5
柑橘	2.0	−5.0
甘蔗	−1.1	−1.5
荔枝	−2.0	−4.0
龙眼	−0.5	−4.0

表 6-2 同一作物不同生育期霜冻危害的指标 ℃

农作物	开始受伤和部分死亡的临界温度			大多数植株死亡的临界温度		
	苗期	开花期	乳熟期	苗期	开花期	乳熟期
大麦	−8～−7	−2～−1	−2～−1	−11～−9	−2	−4
大豆	−3～−2	−1～0	−1～0	−4～−3	−3～−2	−2～−1
谷子	−3～−2	−1～0	−1～0	−4～−3	−3～−2	−3～−2
高粱	−3～−2	−1～0	−1～0	−4～−3	−3～−2	−3～−2
马铃薯	−2	−2		−3～−2	−3～−2	
水稻	−1～0	−0.5～0	−0.5～0	−1～0	−1～0.5	−1～−0.5

4. 霜冻的成因与类型

霜冻按形成原因可分为辐射型霜冻、平流型霜冻和平流辐射型霜冻。

(1)平流型霜冻　指由于出现强烈冷平流天气引起剧烈降温而发生的霜冻。这种霜冻发生时常伴随强风，所以又称为“风霜”。平流型霜冻发生时气温比地面温度还低。平流型霜冻发生范围广，持续时间长(一般 3～4 d)。

三面环山、开口朝北的地形，冷空气易进难出，霜冻严重；开口朝南，则冷空气易出难进，危害就小。高地和北坡易受北风影响，平流霜冻比南坡重。

(2)辐射型霜冻　指在冷性高气压控制下，夜间晴朗无风或微风时，地面或物体表面强烈辐射降温而形成的霜冻，又称为“静霜”或“晴霜”。辐射型霜冻地面温度比气温还低，有人又称之为“地霜”。辐射型霜冻发生范围小，持续时间短(一般 1～2 d)。

辐射型霜冻的发生与地面的状况关系密切，低洼地、谷地和盆地等容易积聚冷空气，形成“冷湖”，辐射霜冻最严重，故有“风打山梁霜打洼”之说；缓坡比陡坡重；干松的沙土，因导热不良，深层的热量不易上传，夜间温度可能降得很低，霜冻较重，反之，坚实而湿润的土及黏土霜冻较轻；临近水体的地方霜冻较轻。

(3)平流辐射型霜冻　指冷平流和辐射冷却共同作用下发生的霜冻。通常是先有冷空气侵入，温度明显下降，到夜间天空转晴，地面有效辐射很强，植株体温进一步降低而发生霜冻。实际上常见的霜冻多属于这种类型。

5. 霜冻的防御措施

(1)合理布局作物，避开霜冻害。根据作物种类选择适宜的种植地点和播期，以避开霜冻害。充分利用地区农业地形气候的有利条件，合理配置作物和品种。掌握适宜的播种期，使作物在终霜冻后出苗，初霜冻前成熟，做到既能躲过终霜冻，又能避开初霜冻。

(2)选种耐寒作物和品种，加强植株抗寒锻炼。根据地区气候特点，选种耐寒作物和品种。用人工或自然的方法，对萌动的种子或幼苗进行适度的低温处理，提高其抗寒性。

(3)建立人工保护设施。设置风障，防护林带，或使用暖房、阳畦、温室大棚等进行育苗及栽培作物。

(4)施肥升温。在寒潮来临前早施有机肥，特别是用半腐熟的有机肥做基肥，可改善土壤结构，增强其吸热保暖的性能；也可利用半腐熟的有机肥在继续腐熟的过程中散发出热量，提高土温。入冬后可用暖性肥料壅培林木植物，有明显的防冻效果。暖性肥料常用的有马粪、羊粪、纯猪粪、蚕粪、禽粪、秸秆堆肥和草木灰等。这种方法简单易行，但要掌握好本地的气候规律，应在霜冻来临前 3～4 d 施用。

(5)灌水升温。灌水可增加近地面层空气湿度，保护地面热量，提高空气温度(可使空气升温 2 ℃左右)。在霜冻来临前 1～2 d 进行田间灌水，对果园可在夜间每隔 15～30 min 进行雾状喷射。由于水温较土温高，灌水可直接增加土壤热量；灌水后土壤热容量和导热率增大，夜间土温下降缓慢；灌水后贴地气层空气湿度增大，减小了地面有效辐射，促进了水汽凝结放热，提高周围空气的温度。

(6)熏烟升温。熏烟法和烟雾法都是利用可燃物燃烧所产生的烟雾来防霜冻，这两种做法防霜冻的原理在于：燃烧物产生的烟幕能减小地面有效辐射；燃烧时直接放出热量；水汽在烟粒上凝结放热。

熏烟法是利用秸秆、谷壳、锯末、杂草、枯枝落叶等为燃烧物燃烧发烟。

烟雾法是利用可燃的化学物质作为燃烧物直接燃烧(如每公顷燃烧红磷 3 kg)，或制作烟雾弹发烟防霜冻。人工制作烟雾弹法发烟量大，烟雾高度可达 5～7 m，甚至 10 m，适用于高大的成龄果树园。制作烟幕弹的配方较多，主要是根据材料源而定。例如：①锯末 57%，硝铵 30%，硫黄 10%，黑火药 3%；②硝铵 30%，锯末 35%，烟煤粉 25%，柴油 10%。；③沥青 15%，锯末 48%，硝铵 32%，柴油 5%。制作时将按比例配好的燃料碾碎混合，取重约 1 kg 混合物用牛皮纸封装包好，内放引火线供点火用，纸袋周围戳孔发烟。每亩施用 1～2 个。使用该法可在 1.5 m 高处增温约 2 ℃，0.5 m 处增温约 1.0 ℃左右。这种方法仅适用于风力小于 1～2 级的辐射类霜冻。应加以注意的是，这种方法不宜大面积使用，会引起轻度的空气污染。

熏烟法和烟雾法的点火方法：用烟雾法防霜的点火时间应选择在温度降到距霜冻指标 1 ℃以上时，如龙眼幼苗霜冻指标为 0 ℃，则观测到气温降到 1 ℃时点火(注意：不同作物霜冻指标不同)，一直持续到日出后 1～2 h 为止，以避免太阳直射后的剧烈增温，此法有利于作物受冻后恢复生长。

(7)覆盖保温。用草帘、秸秆、厩肥、草木灰及塑料薄膜等覆盖作物或培土，可减少地面热量散失；用稻草或塑料薄膜等包裹树干；用塑料袋套果体(如香蕉)等。

在实际生产中，防御霜冻要综合使用各种方法。除以上防御方法外，还可采用喷洒果树防冻剂、树干涂白等。此外，国外还采用加热法、扰动法、泡沫法等防霜冻，也有比较好的效果。

6. 霜冻灾后补救

要及时积极加强田间管理。对已发生冻害的蔬菜幼苗，应在晴天清除受冻残体，注意茄果类蔬菜灰霉病、早疫病的发生与防治。对于果园，可采取以下措施：花期受冻后，在花托未受害的情况下，喷赤霉素，可以促进单性结实，弥补一定产量损失；实行人工辅助授粉或喷施肥料，促进坐果，提高坐果率；加强土肥水综合管理，养根壮树，促进果实发育，增加单果重，挽回产量；加强病虫害综合防控：果树遭受晚霜冻害后，树体衰弱，抵抗力差，容易发生病虫害。

(四)寒害

寒害是指当冬季强冷空气爆发南下时，温度降低到热带、亚热带作物生理机能发生障碍的低温危害。危害温度一般在 0 ℃以上。

1. 寒害危害

我国广东、云南、广西、福建、台湾、海南等省区的一些地区，属热带和南亚热带季风气候区，是我国发展热带经济作物的独特的农业区域，适宜发展橡胶、椰子、咖啡、腰果、香蕉、菠萝等经济作物。但由于季风气候的影响，冬季强冷空气爆发南下，冷空气抵达这些地区虽是强弩之末，也可以出现明显的降温过程，作物常受到寒害危害。不同作物受寒害的症状不同：橡胶树受寒后，顶芽、叶片、嫩梢焦枯，树枝或树干爆皮流胶、干枯及根部死亡；椰子树受害后出现叶枯、果凋以致全株死亡。

2. 寒害的指标

不同植物寒害指标不同，主要热带作物的寒害指标（最低温度）如表6-3所示。

表6-3　主要热带作物的寒害指标 ℃

寒害程度	橡胶	椰子	腰果	胡椒	剑麻	香蕉	菠萝	红薯
轻微寒害	10	8	15	10	10	5	5	5.0
严重寒害	0	2	4	3	0	2.5	1	3.0

3. 寒害的类型

（1）平流型寒害　平流型寒害主要是树冠、树干、树皮受害，自上而下发展以致全枯。我国东部季风区（广东、广西、福建、云南文山地区）的主要受害类型是平流型寒害。平流型寒害是在冷锋和准静止锋控制下，阴冷持久，风寒交加，由较低的平均气温累积影响所致，阴冷期在10～20 d。这期间若平均气温在10 ℃以下，则发生严重寒害。

（2）辐射型寒害　辐射型寒害受害部位主要是基部，由下而上影响全株。西部季风区（滇西、滇南）的主要受害类型是辐射型寒害。辐射型寒害是在持续的辐射天气下，由于局部环境的荫蔽（如山地阴坡、浓雾笼罩谷地），白天缺乏光、热与夜间的近地面低温综合影响所致，当最低气温低于5 ℃，气温日较差在10～15 ℃就可发生寒害。

4. 寒害的防御

（1）选择避寒宜林地，合理配置较耐寒品种。

（2）营造防护林，设置风障。

（3）苗圃加盖防寒棚或防寒罩，幼苗包扎塑料薄膜，果树主干包草。

（4）主干基部培土，修枝，割面涂封、树脚涂封等。

（5）冬前增施钾肥及有机肥，提高植株抗寒力。

（五）冷害

冷害是指农作物生育期间遭受到0 ℃以上（有时甚至是20 ℃左右）的低温危害，引起农作物生育期延迟，或使生殖器官的生理活动受阻，造成农业减产的农业气象灾害。

1. 冷害的危害

低温冷害对作物的影响主要是降低作物光合作用强度，减少根系对养分的吸收，影响养分在植物体内的运转，造成减产。冷害发生时，作物外观无明显变化，因有“哑巴灾”之称。冷害在春、夏、秋季都可以出现，主要危害水稻、玉米、高粱、谷子、豆类、果树、桑树及蔬菜等。

2. 冷害的类型

（1）根据冷害对农作物危害的特点划分

①延迟型冷害　在作物生育期遇到较长时间的低温，使作物生育期延迟，导致不能正常成熟而减产。如东北地区水稻、高粱、玉米，长江流域后季稻，华北的麦茬稻，云南高原的单季早粳稻等容易出现这种冷害。

②障碍型冷害　在作物生殖生长期，主要是孕穗期、抽穗开花期，遭受短时间低温，使花器

的生理机能受到破坏,造成颖花不育,结实率降低,收获时空壳增多,导致减产。南方水稻的"寒露风"属此类型。东北东部山区、半山区的水稻、高粱,云贵高原双季早稻孕穗期和晚稻结实期也有这类冷害发生。

③混合型冷害　就是上述两种冷害在同一生长季中相继出现或同时发生,给作物生长发育和产量形成带来危害。

(2)根据形成冷害的天气特征划分

①东北地区冷害类型　低温多雨型,低温与多雨涝湿相结合,对东北中部地区涝洼地高粱危害最大,严重延迟高粱成熟,造成贪青减产;低温干旱型,低温与干旱相结合,这种冷害对降水偏少的西部地区和怕干旱的大豆威胁最大;低温早霜型,低温与特殊早霜相结合,这种冷害使晚熟的水稻、高粱大幅度减产;低温寡照型,低温与日照少相结合,对东部山区水稻危害最大。

②南方双季稻区冷害类型　华南地区水稻冷害主要是春季的低温阴雨及秋季的晚稻寒露风(湖南湖北等省称为秋季低温冷害)。"倒春寒"是指冬春过渡季节,气温逐渐上升,但有的年份,冬末比较温暖,入春后,常因较强的冷空气袭击导致气温剧降,而明显低于常年同期平均值的前暖后冷的天气。寒露风分为:干冷型,以晴冷天气为特征,降温明显,并无阴雨天气出现,表现为气温日较差大,空气干燥,有时伴有3级以上偏北风;湿冷型,以低温阴雨天气为特征,由于秋季冷空气南下,带来明显的降温,并伴有连绵阴雨天气。

3. 冷害指标

由于作物对低温的抵抗能力及地域性气候差异,因作物种类、品种、生育期及地域性不同而冷害指标有较大差异。

(1)东北地区　以6—9月生长季≥10 ℃的活动积温比多年平均值低100 ℃和200 ℃作为一般冷害年和严重冷害年的冷害指标。

(2)长江流域及华南地区　早稻烂秧冷害指标:在春季早稻播栽期以日平均气温连续3 d<10 ℃、<11 ℃分别为粳稻、籼稻烂秧的冷害指标;广西以日平均气温连续3~4d≤12 ℃和连续7~8 d≤14 ℃分别为粳稻、籼稻烂秧的冷害指标。广西晚稻寒露风冷害指标:在晚稻孕穗期,以日平均气温连续3 d<20 ℃或日最低气温≤17 ℃作为冷害的指标;在抽穗开花期,以日平均气温连续3d≤20 ℃、≤21 ℃、≤22 ℃分别作为粳稻、籼稻、杂交水稻的冷害指标。

4. 冷害的防御

(1)根据各地热量资源对作物进行合理布局。搞好品种区划,适区种植,根据冷害的规律合理选择和搭配早、中、晚熟品种。利用有利地形的小气候资源合理布局作物品种。

(2)选育抗寒品种,增强作物抗冻能力。

(3)加强田间管理,促进作物早熟。在冷害将要发生或已经发生时,应采取综合农业技术措施,促进作物早熟,战胜冷害。

(4)建立保护设施。利用地膜覆盖、建防风墙、设防风障等措施提高土温和气温防御冷害。

(5)应急措施。冷害应急防御措施可仿效防霜冻的物理化学方法,如南方稻区遇寒露风时,可通过建晒水池、延长水路或在冷空气侵入时用温度较高的河水、塘水(不可用山水、地下水),日排夜灌和灌深水提高田间温度与空气湿度;喷施化学保温剂保温;喷施激素促进早抽穗等措施应急防御冷害。

(六)四种低温害的区别

根据崔读昌1999年的论述,从最基本区别的温度条件看,冻害发生时温度必须在0 ℃以下,作物遭受伤害;寒害发生时温度在0 ℃以上低温,作物遭受伤害;冷害是在温暖期间作物遭受10 ℃以上的低温影响。从发生季节看,冻害发生在冬季严寒期;寒害发生在温暖气候条件的低温季节;冷害发生在温暖季节。从发生的地区看,冻害以北方温带为主,南方亚热带有些年份也出现冻害;寒害主要发生在热带、亚热带地区少数年份;冷害发生在全国各地,但主要是在东北地区和南方初秋季节。从危害的作物看,冻害主要危害越冬作物如冬小麦、果树和部分亚热带作物如柑橘等;寒害主要危害热带亚热带作物如橡胶、香蕉、菠萝等;冷害主要危害喜温作物如水稻、玉米、豆类等。从危害作物生育时期看,冻害发生在作物越冬休眠期;寒害发生在生长缓慢或停止生长期;冷害发生在作物孕穗、抽穗、开花、灌浆期。从作物受害机理看,冻害是植物组织脱水而结冰,造成植株组织伤害;寒害是造成植物生理的机能障碍,严重的可导致植株死亡;冷害造成作物生长发育的机能障碍,导致作物减产。从受害的时间过程看,冻害可以是长寒死亡,也可以是短期0 ℃以下受害;寒害受害过程时间较长,一般需有2 d以上的低温天气过程,如橡胶树辐射型寒害在2 d以上<10 ℃的低温受害,平流型寒害在5～10 d的低温条件受害;冷害受害过程的时间长,一般在3 d以上的低温天气,如南方的籼稻冷害指标是气温≤21 ℃连续3 d以上。

霜冻是发生在较温暖时期短时间下降到0 ℃以下温度造成的作物伤害。寒潮冻害与霜冻不同,寒潮冻害发生在寒冷时期,霜冻发生在较温暖的气候条件下。寒潮冻害的温度较低,一般在－5 ℃以下;霜冻冻害的温度较高,一般在－5 ℃以上。现将冻害、寒害、冷害、霜冻的区别分列于表6-4。

表6-4　冻害、寒害、冷害、霜冻的区别

类型	温度条件	发生时期	生理反应	危害作物	危害后果
冻害	<0 ℃	冬季或早春、深秋	细胞脱水结冰	冬作物、果树	植株部分或全株死亡,减产或绝收
寒害	0～10 ℃	冬季	生理机能障碍	热带、亚热带作物	植株伤害,减产或严重减产
冷害	10～23 ℃	温暖期	生长发育障碍	喜温作物	花器官受害或延迟生育,减产
霜冻	<0 ℃	较温暖期	短时间脱水结冰	冬作物、果树、蔬菜	植株、花果受冻减产或严重减产

二、热害

(一)热害的概念

高温对农业动、植物的新陈代谢、生长发育和产量形成所造成的危害,统称为热害,包括高温逼熟和日灼。高温逼熟是高温天气对成熟期作物产生的热害。日灼是因强烈太阳辐射所引起的果树枝干、果实伤害,亦称日烧或灼伤。

(二)热害的危害

形成热害的原因是高温,因为高温使植株叶绿素失去活性,阻滞光合作用的暗反应,降低光合效率，呼吸消耗大大增强；高温使细胞内蛋白质凝聚变性，细胞膜半透性丧失，植物的器官组织受到损伤；高温还能使光合同化物输送到穗和粒的能力下降，酶的活性降低，致使灌浆期缩短，籽粒不饱满，产量下降。

热害在我国不同地区和不同农业对象上的表现形式是多种多样的。水稻开花灌浆时期遭受热害，表现为空壳、秕粒率增加，粒重减轻，成熟提早，产量下降。小麦生育后期的热害表现为植株早衰，叶片变黄，灌浆期缩短，严重的会导致青枯早死或籽粒干瘪而减产。马铃薯受害后表现退化、薯块变小。苹果、梨、桃和葡萄等果树的热害表现为果面起斑和树皮坏死脱落，从而降低果品质量，为病菌侵入树干提供便利，严重的会使幼苗死亡。蔬菜热害主要表现是：影响花芽分化，如黄瓜雌花芽分化晚而少；青椒、辣椒花粉发育不良而脱落；烈日灼伤西红柿、黄瓜、辣椒等叶缘后，严重影响蔬菜的正常生长，导致蔬菜生长延缓或停止；果实普遍着色不好，品质降低，效益差。夏季日灼果实上出现淡紫色或淡褐色干陷斑，严重时出现裂果，如苹果、桃、梨和葡萄等果树上均有发生；冬季日灼造成冻融交替使树干皮层细胞死亡，树皮脱落，病害寄生和树干朽心。

（三）热害的指标

不同作物、品种以及同一作物不同生育期耐热能力是不同的。水稻受害指标是日最高温度连续 3 d 以上≥35 ℃，敏感期在乳熟期前后，即抽穗后 6～15 d；棉花受害指标为日最高温度 34～35 ℃；番茄在开花初期遇到 40 ℃以上的高温会引起落花，持续时间越长，坐果率越低；菜豆在 30 ℃以上受粉率大大降低；黄瓜在 32 ℃以上净同化率下降，35 ℃以上呼吸消耗大于光合积累，如连续 3 h 在 45 ℃条件下，则叶色变淡，雄花不开，花粉发芽不良，出现畸形果，根系在 25 ℃以上易于衰老；番茄向阳面在烈日曝晒下易产生日光灼伤，如烈日与暴雨交替，易发生裂果；茄子在 25～30 ℃下短花柱花较多，结实率低；马铃薯生长适温为 15.6～18.3 ℃，高于 21.1 ℃则生长率下降，温度在 26.7～29.4 ℃以上，马铃薯块茎停止膨大。大白菜贮藏期间也怕高温，温度持续高于 3 ℃以上，易热伤脱帮。

（四）热害的防御

（1）根据当地气候，选择适宜的作物、品种和播（栽）期，使作物对高温的敏感期尽可能避开气候上的高温时段。

（2）选用耐热作物和品种。

（3）改善作物种植生态环境。植树造林，减少温度日较差；通过浇水、覆盖、遮阴等措施降低局部气温。

（4）合理密植及间作套种，改善田间小气候。合理密植，降低田间温度及增加空气湿度；利用高秆作物遮阴，降低矮作物体温。

（5）适时浇水降温。浇水可提高田间蒸发而散热降温。在干旱季节喷灌效果更佳。应避免在午后高温时浇水或浇温差太大的地下水，因为突然降温会给蔬菜生长造成生理障碍。

（6）根外追肥。在高温季节，用人尿、猪牛尿、磷酸二氢钾溶液或过磷酸钙及草木灰浸出液连续多次进行叶面喷施，既有利于降温增湿，又能够补充蔬菜生长发育必需的水分及营养。

（7）物理化学方法。喷洒植物生长调节剂或其他药剂，提高作物耐热性或抗热性。如在果面上喷洒波尔多液或石灰水。

（8）加强针对减轻果树日灼的维护。修剪时在向阳方向多留些枝条，以遮挡太阳直射光；

冬季涂白树干以缓和树皮温度骤变。

三、干旱

(一)干旱的概念

干旱是指没有农田灌溉或灌溉条件不足的情况下，由于长期无雨或少雨，造成作物对水分的需求得不到满足，致使作物生长受到抑制或死亡的现象。

旱灾是世界性的灾害，全球有36%的土地处在缺水的干旱、半干旱地区，常常发生旱灾。其他地区在农作物生长季节也会发生不同程度的干旱，造成旱灾。

(二)干旱的类型与危害

干旱是中国和世界农业生产上最严重和最常见的农业气象灾害，是因长期降水偏少，造成空气干燥、土壤缺水、水源枯竭，影响农作物和牲畜正常生长发育而减产的现象。我国华南地区有冬旱，长江中下游地区有伏旱和秋旱，华北和东北一带有春旱，西南地区有冬春连旱，西北地区干旱最严重，全年都可能出现干旱。

1. 按干旱发生的原因分类

(1)土壤干旱　在长期无雨或少雨的情况下，土壤含水量少，土壤颗粒对水分的吸收力加大，植物根系难以从土壤中吸收到足够的水分来补偿蒸腾的消耗，造成植株体内水分收支失去平衡，从而影响生理活动的正常进行，植物生长受抑制，甚至枯死。

(2)大气干旱　空气干燥、大气蒸发力强，促使植物蒸腾过快，根系从土壤吸收的水分难以补偿，水分收支失衡而造成的危害。

(3)生理干旱　由于土壤环境条件不良，使根系的生理活动遇到障碍，导致植物体内水分失去平衡而发生的危害。例如作物被淹根系，缺氧不能正常吸收水分而发生萎蔫；早春回暖果树蒸腾失水加剧，根系不能从未化冻的土壤吸收水分，因而发生抽条；盐碱地常因幼苗根系渗透压低于土壤溶液而不能吸收水分。

2. 按干旱发生的季节分类

按干旱发生的季节可分为春旱、夏旱、秋旱和季节连旱等类型。春旱往往造成春播作物缺苗短垄，影响越冬作物返青后的正常生长，延迟果树的发芽时间和降低发芽势等。初夏旱往往阻碍玉米抽穗，影响夏种作物的出苗和生长。7—8月发生的伏旱，影响玉米、高粱的正常生长和发育，造成棉花蕾铃脱落。秋旱会影响秋收作物的产量及越冬作物的播种出苗，并使土壤底墒不足而加剧翌年的春旱。季节连旱，尤其是秋冬春连旱对作物危害最为严重。

干旱不但使农作物受到很大危害，人畜也感到干热难熬。长期干旱，草原上牧草生长不良，甚至大量枯萎死亡，影响牲畜的放牧和冬季饲料的贮存，同时地下水位迅速下降，井水干枯，泉水断流，造成人畜饮水困难，严重持续的干旱还直接影响工业生产、人民生活和生态环境，甚至引发土地荒漠化、地面沉降等多种自然灾害。

(三)干旱的防御措施

干旱的防御措施有很多，归纳起来应用性广、实用性强、科技含量高的主要有以下几种。

(1)做好干旱监测预报工作，以防为主。准确的监测预报是预防干旱、减轻旱灾的有效措施之一。气象部门应利用先进的预报技术，加强监测预测，建立农业生产气象保障和调控系统，做好干旱监测预报工作，为抗旱减灾提供服务。

(2)搞好绿化工程建设，保护植被。在山区与高原地区退耕还林，绿化荒山；土地沙化地区植树，营造乔木、灌木混交的复层林；在平原和半平原农业区，道路、沟渠、河流两岸绿化，实施农林间作；在干旱和半干旱区的牧区与沙地，植草种树。

(3)加强“三田”建设和雨水集流工程的建设，发展径流农业和径流林业。干旱、半干旱山区，雨水资源利用潜力巨大，雨水可就近拦蓄存贮，采用有限补充灌溉。农村中修建的截蓄水工程规模大点的有山间小水库、塘坝和配套灌渠、各种水平梯田、沟谷中的小低栏水坝和大水窖、山坡上的蓄水窖；规模小点的有庭院小水窖、鱼鳞坑与水平沟等。从山地到平地各个层次都进行蓄水，不仅涵养了土壤水、地下水，实现降水—地表水—土壤水—地下水的联合运用，池窖中的存水还可以解决农村人畜生存用水问题，发展径流农业和径流林业。

(4)调整农业产业结构，建立节水型农业种植体系。节水型农业种植体系就是在合理调控节水灌溉农田子系统的基础上，从当地的水资源有效容量和承载力出发，因地制宜选择和种植低耗水性和市场竞争性强的作物品种，以形成与水资源承载能力相适应的农业生产体系，实现水资源的合理配置和高效利用。调整产业结构，发展特色农业，适当压缩粮、棉、油等高耗水性作物的种植面积，大力发展低耗水性、市场竞争性强和经济效益相对较高的农产品，发展马铃薯产业、制种产业、苹果产业、中药材产业、花卉蔬菜产业、酿造原料基地等，提倡选育抗旱节水作物品种。大力发展节水灌溉技术如喷灌、滴灌、雾灌等方式，提高对水资源的开发利用。加强灌溉渠系的改造和重建、维护和管理，提高有效利用率，逐步建立高效节水型农业种植体系，是水资源实现可持续利用的关键。

(5)发展高效旱地农业与生态农业。采取增加降水入渗率的蓄水耕作(深耕、深松)和保护耕作(少耕、免耕)制度；实施合理轮作制度；选择耗水量少的品种种植；选择适合本地区气候特点的抗旱农作物、经济作物、园林树木和花草；培育导入抗旱基因技术的抗旱品种，引种推广耐旱抗旱型的小麦及经济作物；对小麦、玉米、棉花等作物进行“蹲苗”等抗旱锻炼；以改土治水为中心，加强农田基本建设，改善农业生态环境，建设高产稳产农田；抗旱播种(抢墒早播、坐水种、适当深播、镇压提墒播、催芽播和育苗移栽)；搞好早春镇压提墒，耙耱保墒，苗期中耕保墒等传统抗旱增产措施；调整作物播种期，使农作物主要需水期与关键期避开当地少雨干旱时段，减轻干旱的危害。

(6)积极开展人工增雨(雪)工作。人工增雨是人工影响局部天气，变被动抗旱为主动抗旱的重要科技措施之一。利用飞机、火箭、高炮和焰弹等多种作业手段，针对不同天气条件不同云系，建立人工影响天气的综合作业体系。人工增雨为农业生产的稳定发展创造良好的水资源条件，同时还可以充分利用空中的云水资源，增加用水总量。

(7)推广地膜覆盖种植，提高水分利用效率。地膜覆盖具有良好的增温保墒作用，可防止作物附近的水分蒸发，显著增强小麦、玉米等作物抵抗旱灾的能力。穴播、膜侧种植、双垄沟集流增墒种植、周年覆膜、全程覆膜等种植方法已成为普遍的抗旱生产手段。塑料温室大棚有助于科学用水、保温、保湿，使所种植的蔬菜、经济作物、水果、花卉效益极高，在我国北方很多干旱地区得到普遍推广。秸秆覆盖技术不仅能培肥地力，还有增温保墒的作用，在干旱、半干旱区应大力推广。

(8)采用物理、化学方法抑制蒸发。在减少土壤、植物水分消耗的化学控制方面，抗旱剂、保水剂、土壤保墒增温剂、吸水剂(高吸水性树脂)、抑蒸剂等调控农田水分和作物耗水，对减缓干旱有广阔的发展前景。另据科学实验表明，一种高新技术产品“干水”可有效解决缺水情况下种树难的问题，有望在西部生态建设中得到广泛应用。

四、洪涝

洪涝是我国农业生产中仅次于干旱的一种重要自然灾害，年均受涝面积和经济损失占自然灾害受害面积和经济损失的25%左右。

(一)洪涝的概念

洪涝是指由于短期内出现大量降水，形成巨大的地面径流，引起山洪暴发或河流泛滥，使低洼农田积水，作物被淹后正常生理机能遭受破坏的现象。洪涝也叫水涝。

(二)洪涝的危害

洪涝的危害主要是洪水泛滥引起的机械性破坏及湿害。洪水冲坏水利设施，冲毁农田，撕破作物叶片，折断作物茎秆，冲走作物等。这种物理性的破坏一般是毁坏性的，当季很难恢复。另外，洪水能冲走肥沃的土壤，并夹带大量泥沙掩盖农田，还可破坏土壤的团粒结构，造成养分流失。

洪涝使农作物受淹，土壤水分长期处于饱和状态，土中缺氧，使作物生理活动受到抑制，影响水、肥的吸收，缺氧又会使嫌气过程加强，产生硫化氢、甲烷等有毒物质毒害作物根系，造成烂根死苗，或使花果霉烂、籽粒发芽。同时，土壤水分过多，使田间空气温度过大，植株生态环境恶化。湿害程度与雨量、连阴雨天数、地形、土壤特性和地下水位等有关，不同作物及不同发育期耐湿害的能力也不同。玉米在土壤水分超过田间持水量的90%以上时，会因湿害造成严重减产，幼苗期遭受湿害，减产更重，有时甚至绝收。油菜受湿害后，常引起烂根、早衰、倒伏，结实率和千粒重降低，并且容易发生病虫害。棉花受害时常引起棉苗烂根、死苗、抗逆力减弱，后期受害引起落铃、烂桃，影响产量和品质。

(三)洪涝的防御

(1)加强洪水预警。建立洪涝监测预警系统，健全各级洪水预警机制。

(2)选用耐涝作物和品种。摸清水涝发生规律，在易涝区或季节选种耐涝作物。

(3)开沟排水。田内挖深沟与田外排水渠要配套，以降低土壤湿度和地下水位。

(4)改善土壤物理性状。深耕和大量施用有机肥，能改善土壤物理性状，提高土壤渗水能力。

(5)植树造林，改善生态环境。植树造林能减少地表径流和水土流失，从而起到防御洪涝灾害的作用。

(6)兴修水利，加强农田基本建设。修建堤坝、水库，蓄洪拦水；田间合理开沟，修筑排水渠，畅通排水，降低地下水位。

(7)加强涝后管理，减轻涝灾危害。洪涝灾害发生后，要及时清除植株表面的泥沙，扶正植株。如农田中大部分植株已死亡，则应补种其他作物。此外，要进行中耕松土，施速效肥，注意防止病虫害，促进作物生长。

五、大风

(一)大风的标准

大风是指风力大到足以危害农业生产及其他经济建设的风。我国气象部门以平均风力达到6级以上或瞬时风力达到8级以上作为发布大风的标准。在我国不同地区不同季节大风的影响不同,大风在各地的标准也不完全相同。在农作物的旺盛生长时期,4～5级的风就能给农作物带来危害,6级以上大风对农业生产、塑料大棚、高层建筑施工、交通、通信等有一定影响,特别是8级以上大风,将对国民经济建设和人民生命财产造成较大危害。

(二)大风的类型

大风的形成,就天气系统来说,主要有:①冷锋后偏北大风;②局部雷暴大风;③地面低压系统发展时中心附近的大风;④高压后偏南大风;⑤台风影响时的大风;⑥龙卷风;⑦沙尘暴大风等。

我国的大风,大致北部多于南部,北部的大风也较南部的强。夏半年由台风引起的大风,则南部与沿海各地较北部和内陆多。除台风外,一般春季大风最多。

(三)大风的危害

大风所造成的危害是多方面的,对农林、渔业、畜牧业、交通运输和基本建设都有影响,特别对农业生产危害最大。直接危害主要是造成土壤风蚀沙化、对作物造成机械损伤和生理危害,同时也影响农事活动和破坏农业生产设施;间接危害是传播病虫害和扩散污染物质。

1. 造成土壤风蚀沙化

春季是大风天气的多发期。每到春季气温回升,土壤解冻,植物还未长出,地表裸露,气候干燥。此时的大风,加速土壤水分的蒸发,加剧干旱的威胁,造成跑墒,影响播种。干松的土壤,遇到大风时,表土易被吹走,形成风蚀。风速越大,表土刮走越多,风蚀越严重,以致播下的种子暴露,或连同表土一起被刮走。同时,大风还携带沙土,掩埋农田幼苗。农田受到严重风蚀和沙土掩埋的结果,就会逐渐变得贫瘠,以致不能种植庄稼。

2. 造成机械性损伤和破坏

强风可造成林木和作物倒伏、折秆、断枝、落叶、拔根、擦扰花器、落粒落果等。夏季大风,常使作物倒伏或茎秆折断、叶片撕裂,花器官损伤。秋季大风,又能摇落作物和果树的果实。冬季的“白毛风”(牧区7级以上的大风加雪),常把畜群吹散,造成迷途或冻死。

3. 生理危害

风能加速林木的蒸腾作用,使耗水过多,造成叶片气孔关闭,光合作用降低,致使林木枯顶,甚至造成枯萎,特别是林缘附近和林分强度稀疏的地段更为严重。春夏季大风可加剧农作物的旱害,冬季大风可加重越冬作物冻害。

(四)大风的防御措施

(1)做好大风的监测预报工作。利用气象卫星、自动气象站、气象雷达等先进气象设备和技术可以对大风进行监测,向公众发布预报,提前做好防风准备。

(2)植树造林,防御风沙。在林带保护下,风速减小,风蚀和流沙可被控制。各地在风口之处营造防风林,在风沙危害地区营造防沙林、固沙林、护田林等能削弱风力破坏作用,收到显著的防风沙效果。近30多年来,我国从黑龙江沿岸直到甘肃一带的沙漠高原,在长达3 000多千米,面积约一亿公顷的弧形地带,建立了防风固沙、改造气候的绿色长城,现在已经产生了显著的效果。

(3)建造小型防风工程,封沙育林,保护植被。筑防风障、打防风墙、挖防风坑等,可减弱风力，阻挡风沙。风蚀沙化区可进行封沙育草，封沙育林，保护草场。种草能增加地表面的粗糙度，增大地表面摩擦力，也能有效地削弱风速，减弱风力的破坏作用。同时还可防御风对地表土壤的风蚀，保护地表沙土不易被大风吹起。在山区实行轮牧养草，禁止陡坡开荒，禁止滥伐森林和破坏地面草皮等，可以防止风蚀。

(4)选用抗风、矮秆作物品种，科学种植。对高秆作物培土，将抗风力强的作物和果树种在迎风坡，用卵石压土等都可起到减轻风害的作用。谷类作物可选择矮秆、抗倒伏、不易落粒的优良品种，并及时收割，减少因大风造成的落粒损失。另外，作物种植行向，应与地区盛行风向一致。合理密植与宽窄行播种，可以促进作物茎秆粗壮，增强抗风能力。

(5)及时关注天气预报，合理灌溉。及时关注气象台天气预报，适时浇灌，以防灌水后大风造成植株倒伏。

(6)做好果树的田间管理。果树类可进行修剪、整形、矮化、密植，种植耐风品种，设立支柱，或使用落果防止剂等。

六、台风

(一)台风的概念

台风是一种热带气旋。热带气旋是指形成在热带或副热带洋面上、具有暖中心结构的强烈的气旋性涡旋。按照国际命名标准，将中心附近最大风力达到或超过 12 级的热带气旋称台风。台风也称“飓风”或“旋风”，在北太平洋西部和南海国家习惯上称为台风(typhoon)；在大西洋或北太平洋东部国家则称热带气旋为飓风(hurricane)；在南半球称旋风。也就是说在美国一带称飓风，在菲律宾、中国、日本、东亚一带叫台风。

(二)热带气旋的等级划分

自 1989 年 1 月 1 日起，我国按照世界气象组织台风委员会对热带气旋划分的等级规定，将热带气旋划分为热带低压、热带风暴、强热带风暴和台风 4 个等级。现用等级标准是中国气象局 2006 年 6 月 15 日起开始实施的新标准。新标准将热带气旋分为 6 级，仍然保留热带低压、热带风暴、强热带风暴不变，将台风进一步划分成 3 个等级(表 6-5)。

表 6-5　热带气旋等级划分

(引自中国气象局网)

热带气旋等级名称	底层中心附近最大风力/级	底层中心附近最大平均风速/(m/s)
热带低压(TD)	6～7	10.8～17.1
热带风暴(TS)	8～9	17.2～24.4
强热带风暴(STS)	10～11	24.5～32.6
台风(TY)	12～13	32.7～41.4
强台风(STY)	14～15	41.5～50.9
超强台风(Super TY)	16 级或以上	≥51.0

(三)台风的结构与天气

台风的水平尺度约几百千米至上千千米，铅直尺度可从地面直达平流层低层，是一种深厚的天气系统。台风中心气压很低，一般在 870～990 hPa 之间，中心附近地面最大风速一般为 30～50 m/s，有时可超过 80 m/s。一个发展成熟的台风，按其结构和带来的天气，分为台风眼、涡旋风雨区、外围大风区三部分，从中心向外呈同心圆状排列(图 6-6)。

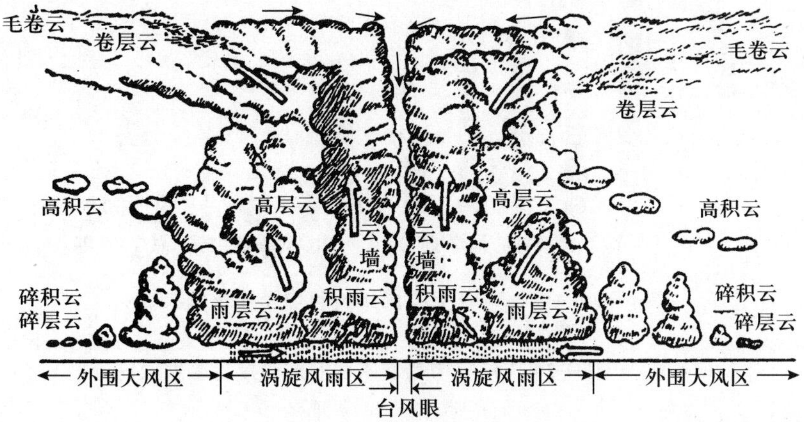

图 6-6　台风结构示意图

1. **台风眼**

为台风中心，直径一般为 10～60 km，大多呈圆形，也有呈椭圆形的，大小和形状多变。该区气压极低，风速迅速减小到 3 级以下甚至静风。台风眼中有下沉气流，通常少云或晴天。在海洋上，台风愈强台风眼愈清晰；台风登陆后，台风眼很快就模糊甚至消失。

2. **涡旋风雨区**

围绕台风眼周围，宽度为 100～200 km，盛行强烈的辐合上升气流，形成高达十几千米的螺旋状对流云云墙，云墙下常产生狂风暴雨，海浪滔天，所以又称为狂风暴雨区，是台风中天气最恶劣的区域，破坏力极大。

3. **外围大风区**

台风涡旋区之外，其直径通常为 400～600 km，有时可达 800～1 000 km，各个台风相差很大。该区外围风力可达 15 m/s，向内风速急增。该区主要云系有卷云、卷层云、高层云和高积云等。

(四)台风的活动

全球每年平均可发生 83 个台风，2/3 出现在北半球，其中以西北太平洋(包括南海)区域发生最多，占 36%以上。据中央气象台台风网数据统计，1949—2019 年，共有 498 个台风登陆我国，年均 7 个，登陆地点主要集中在我国东南沿海，登陆时段集中在夏秋季；台风登陆最频时段集中在 7—9 月，这三个月的登陆频数(5.5 个)约占全年的 80%，1—3 月无台风登陆；台风登陆地前三甲分别为广东、台湾、海南，台风登陆最频繁的广东省年均有 2.72 次台风登陆，这与华南地区台风活跃以及广东省绵长的海岸线不无关系；各地年均登陆个数如图 6-7 所示。

就登陆强度而言，登陆最多的是强热带风暴，其他依次是台风、热带风暴、强台风、超强台风(表 6-6)。

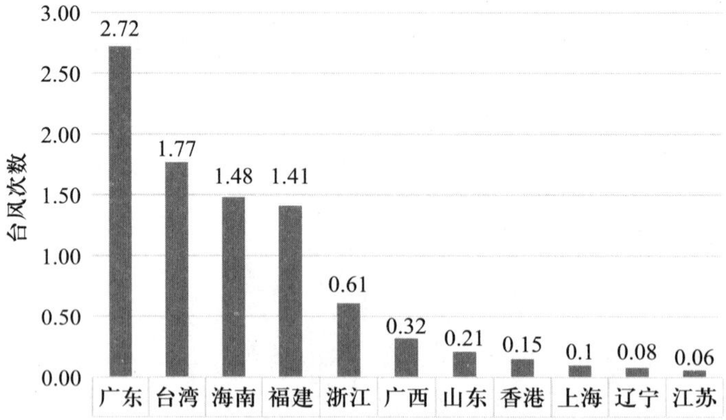

图 6-7　1949—2019 年我国各地年均登陆台风次数

表 6-6　1949—2013 年热带气旋不同登陆强度发生次数统计

（黄昌兴等，2014 年）

项目	热带风暴	强热带风暴	台风	强台风	超强台风
发生次数	139	196	173	61	15
百分比/%	23.8	33.6	29.6	10.4	2.6

(五)台风的利与弊

1. 台风的益处

(1)台风能为人类送来大量的淡水资源。据测算，一个直径不算太大的台风，登陆时可带来近 30 亿 t 的降水。每年，台风给中国、日本、印度、菲律宾、越南以及美国沿海地区带来的水量，往往要占这些地区年降水量的 25%以上。在炎热的季节里，台风暴雨的光临，可以缓解旱情，使作物焕发生机。

(2)台风调节地球表面热平衡。假如没有台风，世界各地冷热将更不均匀。赤道地区日照最多，气候炎热，由于台风的活动，热带地区的热量被驱散到高纬度地区，使寒带地区的热量得到补偿。如果没有台风来驱散热带地区的热量，热带便会更热，寒带也会更冷，而温带将从地球上消失。假如没有台风，地球能量将失去热平衡。

2. 台风的危害

我国是世界上受台风影响最严重的国家之一。台风的危害性主要有三个方面：

(1)大风　台风中心附近最大风力一般为 8 级以上。2005 年，“卡特里娜”台风摧毁了美国美丽的新奥尔良，百万市民弃城而去。“卡特里娜”的最大风速达到约 78 m/s。2006 年 8 月 10 日 17 时 25 分，超强台风“桑美”在我国浙江省苍南县马站镇登陆，登陆时中心气压 920 hPa，近中心最大风速 60 m/s，苍南霞关的气象风速计在记录到 68 m/s 的阵风风速后几秒内被摧毁，“桑美”成为近 50 年来登陆我国大陆最强的台风，据不完全统计，福建浙江等省在这次强台风中逾 600 人遇难。

(2)暴雨　台风是最强的暴雨天气系统之一，在台风经过的地区，一般能产生 150～300 mm 降雨，少数台风能产生 1 000 mm 以上的特大暴雨。我国 1949—2019 年，过程降水量最大的台风是第 8 号台风“莫拉克”(Morakot)，该台风于 2009 年 8 月 7 日登陆台湾花莲，台湾中南部出现极端强降水。其中8月5日01时至8月10日24时阿里山6 d累计降水量高达3 059.5 mm；日降水量最大的台风是1996年第8号台风“贺伯”(Herb)，该台风于1996年7月31日晚登陆台湾基隆，在西南气流和台湾特殊地形的共同作用下，7月31日至8月1日，台湾阿里山的24 h最大降水量高达1 748.5 mm。

(3)风暴潮　强台风的风暴潮可使沿海水位上升5～6 m。如果风暴潮与天文大潮高潮位相遇，将产生高频率的潮位，导致潮水漫溢，海堤溃决，冲毁房屋和各类建筑设施，淹没城镇和农田。1969年登陆美国墨西哥湾沿岸的“卡米尔”飓风曾引起了7.5 m的风暴潮，是迄今为止世界第一位的风暴潮记录。2006年台风“桑美”在我国浙江省登陆时适逢天文大潮期，浙江鳌江最大增水达4 m，造成了浙江、福建沿海的特大风暴潮灾害，福建、浙江两省共损失70亿元人民币。

气象部门加强台风的监测，准确分析台风的动向，预测登陆的地点和时间；通过网络、电视、广播和手机短信等媒介及时向公众发布台风各级预警；各级政府做好防御台风的应急措施等是减轻台风灾害的重要途径。

七、干热风

(一)干热风的概念

干热风指高温、低湿并伴有一定风力的大气干旱现象，也称“干旱风”“热风”“火风”等。干热风天气主要发生在我国北方的华北平原、河西走廊、新疆三个区，以河北、山东、河南、甘肃、江苏最为严重。它是影响我国北方小麦产区的主要灾害天气。

(二)干热风的类型

(1)高温低湿型　特点是大气燥热，热风使小麦干尖、炸芒，或植株枯黄、秕粒。它是北方麦区干热风的主要类型。

(2)雨后枯熟型　特点是雨后高温或雨后猛晴造成小麦青枯或枯熟，就是所说的小麦“腾死“，多发生在华北、西北等地。

(3)旱风型　特点是空气干燥，风速大，常发生于苏北、皖北等地区。

(三)干热风的危害

干热风发生时，高温低湿的空气伴着较大风速，使植株蒸腾作用加剧，植株体内水分大量散失，造成体内水分平衡失调，使叶片凋萎、脱落，严重时可以青枯死亡，同时，高温引起作物逼熟。受干热风危害的小麦颖壳发白，有芒品种芒尖干枯或炸芒，叶片、茎秆和穗变黄，在雨后暴热的条件下，茎叶青枯，受害的麦粒干秕、种皮厚、腹沟深，千粒重一般下降1～3 g，严重的下降5～6 g。水稻受干热风危害后，穗呈灰白色，秕粒率增加，严重者整穗枯死，不结实。盛夏干热风持续5 d以上，可使植株呈草木灰色，落叶如秋，棉花蕾铃脱落，虫害严重。

(四)干热风指标

干热风天气指标，通常采用“三三”标准，即日最高气温≥30 ℃，日最小相对湿度≤30%，14时风速≥3 m/s(或3级以上)。具体到某个地区，可根据本地区特点，制定相应的指标。如淮北地区，若日最高气温≥32 ℃，日最小相对湿度<25%，14时风速≥3 m/s，即可确定为干热风。

(五)干热风的防御

(1)选用抗干热风优良品种。选用抗干热风优良品种是抗干热风根本措施。高粱是一种能抗御干热风侵害的作物。对小麦品种而言，抗干热风能力表现为矮秆品种优于高秆品种，有芒品种优于无芒品种，抗寒性弱的品种优于抗寒性强品种，耐盐性强的品种有较强的抗干热风能力。

(2)选育早熟或中熟品种，适时早播。种植早熟和中熟品种并适时早播，尽量扩大早、中茬面积，使作物在干热风来临前成熟，同时为提高复种指数创造条件。

(3)营造防护林。防护林带可减小风速，减轻风沙，调节气温，减少蒸散，提高土壤和空气湿度。

(4)适时浇水。在干热风来临前适时浇水，酌情浇好麦黄水。对高肥水麦田，浇麦黄水易引起减产。所以，对这类麦田只要在小麦灌浆期没下透雨，就应在小雨后把水浇足，以免再浇麦黄水。对保水力差的地块，当土壤缺水时，可在麦收前 8～10 d 浇一次麦黄水。根据气象预报，如果浇后 2～3 d 内，可能有 5 级以上大风时，则不要进行浇水。

(5)合理施肥，提高作物抗干热风能力。为了提高麦秆内磷、钾含量，增强抗御干热风的能力，可在小麦孕穗、抽穗和扬花期，各喷一次磷酸二氢钾溶液；在小麦起身、拔节期喷洒草木灰水，可以增强叶片细胞的吸水力，有利提高小麦的灌浆速度和增强植株对干热风的抵抗力。

八、冰雹

(一)冰雹的概念

冰雹是从发展强盛的积雨云中降落到地面的冰球或冰块，也叫“雹”，俗称雹子，有的地区叫“冷子”，常见的冰雹小如绿豆、黄豆，大似栗子、鸡蛋，特大的可达 30 cm 以上。。

(二)冰雹的危害

冰雹是一种严重的灾害性天气。冰雹灾害是由强对流天气系统引起的一种剧烈的气象灾害，它出现的范围虽然较小，时间也比较短促，但来势猛、强度大，并常常伴随着狂风、强降水、急剧降温等阵发性灾害性天气过程。我国除广东、湖南、湖北、福建、江西等省冰雹较少外，各地每年都会受到不同程度的雹灾。尤其是北方的山区及丘陵地区，地形复杂，天气多变，冰雹多，受害重。降雹的危害取决于雹粒直径的大小及降雹的持续时间。冰雹降落在植物的茎、叶、果实上，会造成很大的机械损伤。对于处于开花期或成熟期的作物来说，严重的冰雹会造成毁灭性的灾害。果树、乔木受到雹灾，当年和其后的生长均受影响，植物受到冰雹的创伤后，也易遭病虫害。此外，猛烈的冰雹还损坏房屋，伤害人畜，所以冰雹是一种严重的自然灾害。

(三)冰雹的发生规律

冰雹发生于对流天气中，故容易发生对流天气的地区及时间发生冰雹的概率就高。降雹富于阵性和局地性，并伴有大风，有时伴有暴雨。降雹持续时间为 5～15 min，也有达几十分钟的。随着降雹云带的移动，降雹区一般呈断续的狭长带状分布，长度一般为 150～300 km，宽度一般只有 1～2 km，移速可达 50 km/h，故有“雹打一条线”之说。

1. 冰雹的地理分布

我国冰雹的地理分布特点：山地多于平原，内陆多于沿海，北方多于南方，西部多于东部，长江以南沿海地区较少。

我国多雹区位于高原和大山脉地区，青藏高原是我国冰雹最多的地区。西藏黑河雹日为 35 d，唐古拉山周围在 20 d 以上，大雪山两侧为 13～23 d，祁连山东段为 10～15 d，天山地区为 3～10 d，阴山及燕山地区为 2～4 d，云贵高原和黄土高原为 1～2 d。我国东部平原年雹日数一般在 0.5 d 以下，荒漠地区更少。

2. 冰雹的时间分布

一年中，我国降雹多发生在 4—9 月份，尤以 5—6 月份较多。一天中，多出现于午后到傍晚，尤以14—17时发生的机会最多，午夜以后，很少出现，故有“夜不行冰雹”的说法。

（四）冰雹的防御

雹害是由于冰雹从云中落下来打伤作物而造成的，因此，防御冰雹灾害的方法不外乎是设法用遮盖物将作物挡住，或设法使雹粒不降落下来或即使降落下来也不会造成损害。人工设置遮盖物的范围及强度是有限的，防御冰雹主要还是靠人工消雹。人工消雹主要方法有：

1. 轰击法

根据“雹打一条线，旧道年年来”的规律，在“雹线”附近地区用高炮、土火箭等轰击冰雹云，由爆炸产生的冲击波，破坏云中气流扰动规律和积雨云的发展过程，从而阻止冰雹的形成。

2. 催化法

即把碘化银、碘化铝或食盐之类的催化剂，用火箭、高炮发射，或用飞机撒布，或在地面燃烧升空而进入冰雹云中，使冰雹云中涌现大量的碘化银、碘化铝或食盐等冰核。由于云中的水分有限，冰核密度增大，发生“争食”水分的现象，可使冰雹无法形成或形成后个体不能长得很大。雹粒如果直径很小，就不会落下，即使下落，在中途也会融化掉。如果降落小冰雹，危害也可大大减轻。实践证明，在一定条件下，人工消雹是有效的，如果作业得法，可以减少雹灾50%～77%。

受雹灾后要加强田间管理，如及时中耕除草，追速效性化肥等，以促进作物恢复生机。同时要加强防治病虫害。对受到雹灾毁灭性作物，要及时补种早熟作物，把损失尽量减到最小。

[任务思考与练习]

1. 低温害的种类有哪些？它们之间有何区别？如何防御？
2. 什么是霜冻？霜冻与霜有何区别？霜冻的发生有何规律？
3. 什么是热害？如何防御？
4. 根据干旱发生的原因，干旱可划分为哪些类型？如何防御？
5. 如何防御洪涝灾害？
6. 干热风的“三三”标准是指什么？如何防御干热风？
7. 冰雹的发生有何规律？如何进行人工消雹？
8. 热带气旋的等级如何划分？
9. 台风的结构与天气如何？其危害主要表现在哪些方面？

[综合技能]

查阅文献资料并结合实地调研，综述1种当地常见农作物主要的农业气象灾害表现，并提出农业气象灾害防御基本措施。

农业气象灾害
（低温害与热害）

农业气象灾害
（干旱、洪涝与低温阴雨）

农业气象灾害
（大风与冰雹）

子任务4 气候与中国气候

一、气候

气候是指一个地区多年的大气平均统计状态。在描述某一地区的气候特点时，常常用各种气象要素的统计量如平均值、极值、变率和保证率以及其出现的时间和分布情况等来表示。影响气候形成的自然因素主要有太阳辐射、大气环流和下垫面状况。随着工业化的发展和人口的增多，人类的活动对大气及下垫面的影响越来越显著地影响着气候，成为气候形成的人为因素。

（一）气候的成因

1. 太阳辐射

太阳辐射是大气和下垫面最主要的能量源泉，是大气活动的基本动力，它制约着大气的增热和冷却过程、大气的运动和变化过程以及自然界水分的循环过程，从而决定着各种气候要素（如温度、湿度、气压、降水和风等）的时空变化过程，故太阳辐射是气候形成的各个因素中起主导作用的因素。太阳辐射在地表的不均匀分布及随时间的变化形成了气候的区域性和季节性。

在不考虑大气影响的情况下，北半球的太阳辐射总量随纬度及冬夏季节的不同有如下分布特点：

(1)太阳辐射年总量　太阳辐射年总量最多的是赤道，太阳辐射年总量随着纬度的升高逐渐减少，最小值在极点，仅占赤道的40%。

(2)夏半年太阳辐射总量　夏半年获得太阳辐射能最多的是在20°～25°N一带，由此向北或向南辐射量都逐渐减少；最小值出现在极点，占25°N的76%。

(3)冬半年太阳辐射总量　冬半年获得太阳辐射最多的是赤道，且随着纬度的升高，辐射量迅速地减少，到极点为零。

(4)冬、夏半年太阳辐射总量的差异　冬、夏半年太阳辐射总量的差异值随纬度升高而增大，北极最大，赤道为零。造成这种差异的原因主要是：冬季纬度越高白昼越短，且太阳高度角越小，则南北太阳辐射差值越大；夏季纬度越高白昼越长，虽然太阳高度角越小，但南北太阳辐射差值不大。这种冬夏季节不同的太阳辐射差值，直接导致冬季南北温差大而夏季南北温差小的气候差异。

(5)太阳辐射总量随纬圈的分布　同一纬度上，相同时段（如日、季或年）太阳辐射总量都是相同的，也就是说，太阳辐射总量具有与纬圈平行呈带状分布的特点。

以上太阳辐射总量的分布特点直接影响了温度在北半球各纬度随季节的分布（表6-7）。

表6-7　北半球各纬圈上温度平均值

（吴章文，2002）　℃

时间	90°N	80°N	70°N	60°N	50°N	40°N	30°N	20°N	10°N	赤道
1月	−36.0	−32.2	−26.9	−26.4	7.7	4.6	13.8	21.8	25.4	25.3
7月	0.0	2.0	7.2	14.0	18.1	23.9	26.9	27.3	26.1	25.3
年	−19.0	−17.2	−10.4	−0.6	5.4	14.0	20.4	25.0	26.0	25.4

2. **大气环流**

围绕地球的大气是永不停顿地流动着，在高低纬度和海陆之间，由于冷热不均导致气压差异，引起大气环流。通过大气环流，在高低纬度和海陆之间进行热量与水汽的输送和交换，使各地热量与水汽得以转移和重新分配。因此，大气环流是形成气候的第二个重要因素。例如，我国的长江流域和非洲的撒哈拉大沙漠，都处在副热带地区，纬度相近，也同样邻近海洋。但我国的长江流域由于夏季的海洋季风带来了大量的雨水，所以雨量充沛，成为良田沃野；而非洲的撒哈拉地区终年在副热带高压控制下，干旱少雨，形成了广阔的沙漠。又如，我国冬季广大地区主要受干冷的变性极地大陆气团影响，气候寒冷而干燥；夏季广大地区主要受湿热的变性热带海洋气团影响，气候高温多雨。

对于一个地区来说，当大气环流形势趋于长年平均的状态时，其作用下的天气气候情况也是正常的；当大气环流形势在个别年份或季节出现极端状态时，则出现气候异常，会出现旱和涝、严寒和酷热等反常的气候。如 2008 年初大气环流异常造成我国南方大部地区出现 50 年一遇，少部分地区出现 100 年一遇的持续低温雨雪冰冻的极端天气。

3. **下垫面性质**

下垫面性质主要是指地球表面特征（包括海陆分布、地形、洋流等）和地表状况（冰雪、植被、岩石和土壤等）特征。下垫面性质不仅影响着辐射过程，还决定了气团的物理性质，从而对气候产生不同的影响。因此，下垫面性质也是形成气候的基本因素。

（1）海陆分布　海洋的热容量与导热率都较陆地大，使海洋成为巨大的太阳热能储藏器，海洋升、降温都较大陆缓慢，而且这种温度的变化对大气的温度起着显著的调节作用。如我国东南沿海地区在这种调节作用下，四季之间及一日之中冷暖变化趋于缓和，气温日、年较差小，春季升温比内陆慢，秋季降温也不及内陆迅速，故秋温高于春温。而远离海洋的西北内陆地区，气温日、年较差则较大，且秋温低于春温。海洋蒸发量大，水汽丰富，一年四季多云雨。大陆则相反，陆地蒸发量小、水汽少、多晴天，年降水量少且主要集中在对流旺盛的夏季；海面对大气的摩擦作用小于陆面，使得海上风速大于陆上。这种海陆特性的不同，使水热的分布存在明显差异，以致形成不同的海洋性气候和大陆性气候类型（见本节气候型）。

（2）洋流　洋流是指大规模海水的水平定向流动。由低纬度流向高纬度者称为暖流；由高纬度流向低纬度者称为寒流。受暖流影响的地区，冬季较温暖，降水增多。受寒流影响的地区，冬季较寒冷，降水减少。

影响我国近海的洋流有“黑潮”和“亲潮”。夏半年主要受“黑潮”的影响，“黑潮”是经菲律宾、中国台湾附近洋面向北流去的暖洋流；它来自低纬度，使我国东南沿海受暖流的影响，气候湿润，有丰沛的降水。“亲潮”是经日本海向西南返流的冷洋流，来自高纬度，夏季仅影响我国北方沿海地区，起到调节温度的作用，使该地区夏季凉爽。

（3）地形　地形是多种多样的，包括高山、高原、丘陵、盆地、峡谷等。地形对气候的影响是极其复杂的，它既可形成其本身独特的气候特点，又可改变邻近地区的气候状况，以致对辐射、温度、湿度、降水、风等多种气候要素造成影响。

①地形对温度的影响　地形对温度的影响有多方面的表现。首先，高山温度变化平缓，而谷地变化剧烈。这是因为高山上的空气与山顶地表面接触面积小，受地面温度变化的影响少，地形开阔、湍流交换强，再加上夜间高山附近的冷空气可以沿山坡下沉，换来大气中较暖的空气，所以气温的日较差和年较差均比平地的小。例如，泰山和华山的气温日较差均比其附近平

原的小 3～4 ℃。而谷地的空气与地面接触面积大，受地面温度变化的影响大，并且气流不畅通，湍流交换弱，加之山上冷空气下沉积聚到谷地，所以气温的日较差和年较差都比较大。其次，高大山脉两侧温度差异大。这是因为高大山脉(尤其是山走向与盛行风向垂直的山脉)对环流的屏障作用所致。例如，我国秦岭是南北气候的分界线，其南北两侧的温差非常大，山南的汉中 1 月份平均温度为 2.0 ℃，而山北的西安则为－1.3 ℃。还有，气温随高度的增高而急剧降低。一般地讲，高度每上升 100 m，气温降低 0.6 ℃左右。而在水平方向，每增加一个纬度，温度只下降 1 ℃(相当于 1 ℃/111 km)。

②地形对降水的影响　地形对降水的影响主要表现为迎风坡雨量大，背风坡雨量小。这是因为山地对气流有抬升作用，空气上升降温，水汽达饱和发生水汽凝结，成云致雨。另外，山脉对气旋或锋面有阻挡作用，导致降水增强和延长。例如，我国秦岭南坡因迎着夏季风，雨量大，汉中年降水量为 890 mm；而北坡因背着夏季风，雨量小，西安年降水量仅为 604 mm；又如，天山北坡的年降水量为 500～800 mm，而其南坡许多地方的降水量普遍在 100 mm 以下，若羌仅有 45 mm；再如，喜马拉雅山的南坡为西南季风的迎风坡，是世界上降水最多的地区之一，乞拉朋齐年降水量 11 429 mm，而北坡一般只有 250～500 mm。

③地形对局地环流的影响　地形对局地环流的影响主要表现在对气流方向、速度和性质的改变上。例如，青藏高原的存在使西风环流发生分支，并造成运动系统的受阻；在东北，由于长白山的阻挡，使辽东湾冬季理应盛行的西北风，变为实际盛行的东北风；台湾海峡的名片狭管效应，使风力增大 1～2 级，成为有名的大风区；偏西气流越过太行山下沉增温时，其东麓的石家庄日平均温度可升高 10 ℃左右，形成又干又热的焚风。

④地表状况　由于地表状况不同，导致其辐射特性和蒸发过程不同，因而对气候的影响也不相同。水面与陆面相比，水面有充足的水源，故空气潮湿；由于水能流动和混合，故水面的温度变化比陆面平缓得多；土壤干燥和植被稀少的地区，其气候变化较为剧烈，而土壤湿润和植被茂盛的地区，其气候就趋向温润。沙漠是没有任何植被覆盖的极端干旱地区，形成了独特的恶劣的沙漠气候。

4. 人类活动

近年来，随着人类经济活动的日益扩大，人类活动对气候的影响正在迅速增长。人类活动对气候的影响是多方面的，按其影响途径可归纳为以下几方面：

(1)下垫面性质的改变　人们为了耕种、放牧或其他生产活动，大量滥伐森林、破坏草地，造成了地表状况的剧烈改变，使气候日益恶化，以致有些土地沦为沙漠或半沙漠。在城市，由于楼房的建造和道路的铺设，严重地改变了下垫面的性质和状况，使其粗糙度、反射率、辐射性质和水热状况等与农村有显著的不同，以致形成城市污染重、烟雾多、日照短、温度高、雨量大、风速小等基本的气候特征。

(2)大气成分的变化

①CO_2 增多形成温室效应　随着世界工业的飞速发展和人口的急剧增长，CO_2 等气体排放量增多，二氧化碳能够透过太阳短波辐射，到达地表增加地面温度；同时它又能吸收地面长波辐射后使气温升高，再以逆辐射形式射向地面，如同温室玻璃一样，起保温作用，加剧了大气的温室效应，使全球气候明显变暖。据估计，当 CO_2 浓度倍增时，气温将升高 2～3 ℃。但同时烟尘和废气的排放，又可使空气变得混浊，从而削弱到达地面的太阳辐射量，造成温度的降低。

②烟尘增多形成阳伞效应　大气中，除自然产生的微尘外，人为因素产生的尘埃日益增多。人造尘埃主要是由工厂、交通运输工具、家庭炉灶及焚烧垃圾等排放出的烟尘和废气产生的；其次是由于土地开垦不当，自然植被受到破坏，尘暴增多。大气尘埃把太阳辐射反射回宇宙空间，减弱了到达地面的太阳辐射能，使地面降温；另外，吸湿性微尘又可作为凝结核，促使水汽在它上面凝结，使雾和低云相应地增加，这些雾和低云的增加，削弱了到达地面的太阳辐射，使地面和底层大气的温度降低。这种现象类似于遮阳伞的作用，故称"阳伞效应"。阳伞效应的产生使地面接收太阳辐射能减少且阴天、雾天增多，影响城市交通等。

③海洋石油污染形成的油膜效应　在地球上，每年都有大量石油注入海洋，这一方面会黏附在海岸，破坏沿海环境；另一方面石油会形成油膜漂浮在海面上。油膜，特别是大面积的油膜，把海水与空气隔开，如同塑料薄膜一样，抑制了海水的蒸发，使"污染区"上空空气干燥；同时导致海洋潜热转移量减少，使海水温度及"污染区"上空大气温度年、日较差变大。油膜效应的产生，使海洋失去调节作用，导致"污染区"及周围地区降水减少，天气异常。

(3)人为热量释放　人类在生产和生活过程中向大气中释放大量的热量，可直接增暖大气，尤其是在工业区和大都市，每天产生大量的热，使气温升高；同时，晚间工厂排出的大量烟尘微粒和CO_2，如同被子一样阻止城市热量的扩散，致使城市比郊区气温高，局地的增温作用更加显著，产生"城市热岛效应"。

但是，人类活动也可以改善局地小气候，例如，建造大型水库，使库区周围水分循环活跃，增高了湿度，降水量也可以增加；灌溉可使干旱地区蒸发的水汽量增加，空气湿度增大，风沙减少，温差变小；种树造林可增加降水，防风固沙；等等。

(二)气候带与气候型

1. 气候带

气候带是根据气候要素或气候因子带状分布特征而划分的纬向地带，即围绕地球具有比较一致的气候特征的地带，它是最大的气候区域单位。按纬度划分可将南北半球各划分为六大气候带(图 6-8)。各气候带的气候特征见表 6-8。在同一气候带内，气候在某些方面具有近似的特性。如同在热带都具有长夏无冬的特性；同在温带都具有四季分明的特性。

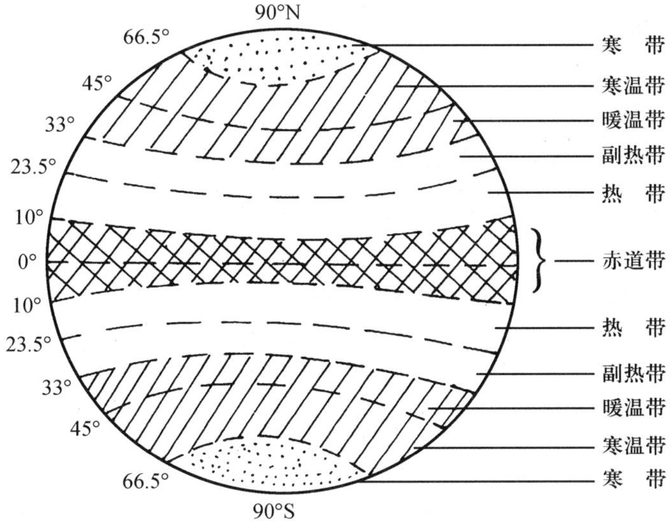

图 6-8　地球上的气候带

表 6-8 各气候带的主要特征

名称	位置	气候特征	自然植被
赤道气候带	10°S～10°N	终年高温，年平均气温 25～30 ℃，气温年较差小于日较差；年降水量为 1 000～2 000 mm	植物生长终年不停，多层林相，季节更替不明显
热带气候带	10°～23.5°N 回归线 10°～23.5°S 回归线	气温接近赤道气候，年较差不大，有热、雨、凉三个季节之分，年降水量 1 000～1 500 mm，年际变化大，易旱涝	植被为疏林单原，夏季为两季，盛产稻、棉等喜温作物
副热带气候带	23.5°～33°N 23.5°～33°S	气温日、年较差均大，冬温不低，夏温很高，可达 50 ℃以上；降水量在 100 mm 以下，沙漠边缘 250 mm 以上	灌木，荒漠或纯沙漠
暖温带气候带	33°～45°N 33°～45°S	温暖多雨，大陆西岸夏干冬湿，是地中海气候，大陆东岸夏湿冬干，是季风气候	大陆西岸矮小乔木和灌木混交林，东岸阔叶和针叶混交林，农业东岸优于西岸
寒温带气候带	45°～66.5°N 45°～66.5°S	大陆西岸湿润多雨，夏不热，冬不冷，气候具有海洋性、大陆性，大陆东岸夏热冬冷，降水稀少	南部落叶林为主，农业玉米为主；北部针叶林为主，种春小麦
寒带气候带	66.5°～90°N 66.5°～90°S	最热月平均气温在 10 ℃以下，在 0 ℃以下为冻原气候，在 0～10 ℃之间为苔原气候	植被缺乏，苔原气候内生长苔原植物

2. 气候型

在同一气候带内，由于地理环境的不同，可以形成不同的气候特点，称气候型；相反，在不同的气候带内，由于地理环境近似，也可以出现相类似的气候型。下面介绍几种主要的气候型及其气候特点。

(1)海洋气候与大陆气候　这两个不同类型的气候，在气候特点上几乎完全相反。

海洋性气候的特点：温度日、年较差小，冬暖夏凉，秋温高于春温，最热月为 8 月，最冷月为 2 月；年降水量充沛且季节分配较均匀，冬半年略多于夏半年；全年湿度高、云雾多、日照少，风速较大。

大陆性气候的特点：温度日、年较差较大，冬寒夏热，春温高于秋温，最热月为 7 月，最冷月为 1 月；年降水量少且多集中在夏季；全年湿度低、多晴天、日照丰富，风速较小。

离海洋越远，越深入内陆，大陆性气候越显著。我国受大陆的影响远大于受海洋的影响，主要是由于我国疆土三面环陆，一面临海，使我国除在东面沿海狭窄地区气候的海洋性较强外，其他大部分地区大陆的影响超过海洋，位于欧亚大陆腹地的新疆是典型的大陆性气候。

大陆性气候和海洋性气候的植物显著不同。前者植物生长期短，根系发达，谷物含蛋白质和糖分高，植株矮小，森林分布的纬度高；后者则相反，植物生长期长，根系不发达，淀粉含量高，营养器官发达，森林分布的纬度低。

(2)季风气候和地中海气候　季风气候的特点：是大陆性气候与海洋性气候的混合型。风向具有明显的季节变化，夏季高温多雨，富有海洋性；冬季寒冷干燥，具有大陆性。典型的季风气候区在副热带和暖温带的大陆东岸，尤以亚洲东南部最为显著，我国是典型的季风气候。

地中海气候的特点：是出现在南北纬 30°～40°之间的大陆西岸的一种海洋性气候。夏季高温干燥，冬季温暖多雨。典型的地中海气候区，在副热带和暖温带的大陆西岸以欧亚非三洲之间的地中海周围地区最为鲜明。地中海气候的形成，主要取决于副热带高压和西风带在一年中的交替控制，夏季受副热带高压影响，干燥炎热；冬季盛行西风，海洋气团活跃，气旋活动频繁，降水充沛，故冬季温和湿润。

季风气候，林木繁茂，盛产稻、棉、茶、麻、竹和桐油等，冬季冷而干燥，林木以落叶林为主；地中海气候，植物常绿不凋，越冬作物少冻害，盛产柑橘、柠檬、橄榄等。

(3)草原气候和沙漠气候　这两种气候型，在性质上均具有大陆性，并比一般大陆性强，其中沙漠气候更是大陆性的极端化。二者的共同点是：降水少且集中在夏季；干燥度大，蒸发快；雨效低；日照充足，太阳辐射强；温差变化大。

草原按气候特点可分为热带草原和温带草原。前者夏热多雨，冬暖干燥，年降水量为 500～1 000 mm；后者冬寒夏暖，年降水量为 200～450 mm，冬季有积雪覆盖层。热带草原为喜温作物，如水稻、棉花、香蕉、甘蔗、咖啡等的产地。温带草原主要生长小麦等旱作作物。

沙漠气候空气干燥，蒸发极盛，降水稀少，年降水小于 250 mm；白天太阳辐射和夜间地面有效辐射都很强；空气特别干燥，昼夜温差大。沙漠气候自然植被贫乏。

(4)山地气候和高原气候　这两种气候型同是以海拔高、气压低、太阳辐射强、风速大、天气变化剧烈为其特点。

山地气候是因山地高度和地貌的影响而形成的特殊气候。山地气温高于同纬度同高度的气温；在一定高度上，山地云雾和降水比平地多，水汽压随高度的增加和气温的下降而减小，但相对湿度随高度的增加却是增加的，因为气温随高度的增加而下降，这种情况夏季表现得尤为明显；由于气流受山地阻挡被抬升，故迎风坡地形多雨，而背风坡因气流下沉增温具有焚风效应，干燥而炎热。另外，高大山系阻滞气团和锋面移动，可延长降水时间和增加降水强度。山地气候水平分布复杂，垂直分带明显。山谷热、坝区暖、山区凉、高山寒，形成自山麓到山顶的垂直气候和立体景观，有如从低纬到高纬相似的气候及相对应的植被分布。

高原气候是因高原地形影响而形成的气候。由于高原陆地面积广，夏季或昼间，太阳辐射强，成为同高度大气层的热源，冬季或夜间，地面有效辐射强，成为同高度大气层的冷源。因此高原上温差大，高原中心因海洋水汽不易进入常很干燥、少雨。但一般在迎湿润气流的高原边缘有一个多雨带。高原还具有光照强，风力大，多大风、雷暴和冰雹等气候特点。

二、中国气候的基本特征

我国陆地面积 960 万 km^2，约占亚洲面积的 1/4，比整个欧洲还大，经度范围为 73°40′～135°10′E，纬度范围为 3°59′～53°32′，南北跨纬度 49°33′，海岸线长 11 012 km，略呈弧形；南面中南半岛与印度洋相距不远，西面和北面与大陆接壤。西部深居内陆，东部临海的地理位置使我国南北方、东西部气候差异极大。这使我国具有从赤道气候到冷温带气候之间的多种气候带。

我国地势西高东低，大致呈阶梯状分布，并且延伸到海洋，这有利于海洋上的湿润气流深入内地，从而带来丰沛水汽。我国地形地貌复杂，高山、高原、丘陵、盆地、平原、河流、湖泊等无一不有，复杂的地形必然带来气候的多样性。

中国的气候特征可以概括为三个方面：季风性显著、大陆性强和气候类型复杂，下面分别加以阐述。

(一)季风性显著

我国位于世界最大的大陆——亚欧大陆的东南部，最大的大洋——太平洋的西岸。由于海陆之间热力差异而造成的季风气候特别显著，使中国成为世界上季风最为显著的国家之一。以全国而论，每年的10月到翌年3月是冬季风的控制时期；5—8月是夏季风控制的时期，其他月份是冬夏季风的交替时期，但不同地区冬夏季风控制时间的长短不同。越向北，冬季风控制的时间越长；越往南，夏季风控制的时间越长。冬季风较夏季风强。一年中，随着季风在我国各地的推进，各地的天气和气候也发生明显同步性变化。

1. 季风性对风的影响

冬季，亚欧大陆为强大的蒙古高压所控制，全国大部分盛行西北、北和东北方向的冬季风。东北地区位于高压东部，盛行风向以西及西北风为主；110°E以东、40°N以南处于高压东南部，以北和东北风为主；110°E以西，地形干扰特别明显，风向比较紊湍，但仍以偏北风为主。春季，是冬夏季风交替时期，全国风向比较紊湍。夏季，在副高和印度低压控制下，全国大部分地区盛行东南、南、西南的夏季风。秋季，是冬季风的复振时期，其南下较夏季风北上为快。

2. 季风性对温度的影响

冬季，干寒的冬季风从西伯利亚和蒙古高原吹来，由北向南势力逐渐减弱，形成寒冷干燥、南北温差很大的状况，使我国成为世界上同纬度上最冷的国家。夏季，暖湿的夏季风从海洋上吹来，形成普遍高温多雨、南北温差很小的状况，又使我国成为世界上同纬度除沙漠干旱地区外最热的国家(表6-9)。中国季风带来的气候特征，具体表现在：每当冬夏季风出现一次明显的进退时，气温便有一次明显的下降或上升。

表6-9 北京与世界同纬度地方平均气温比较 ℃

地方与纬度	1月	7月	年	年较差
北京北纬39°57′	−4.8	26.1	11.8	30.9
全球北纬40°平均	5.5	24.0	14.1	18.5

3. 季风性对降水的影响

夏季风是我国降水的主要输送者，夏季风开始，雨季即开始；夏季风撤退，雨季即结束。我国各地的雨季起止日期与夏季风的进退日期基本一致(表6-10)。我国绝大部分地区的降水多集中于夏季，由于越往南，夏季风控制的时间越长，夏季风蕴含水汽越丰富，故我国降水有自东南沿海向西北内陆递减的特点。夏季风控制最强的东部沿海年降水量可达1 600 mm以上，台湾高达2 400 mm以上；夏季风最难影响到的西北内陆，如塔里木盆地、柴达木盆地边缘许多地区年降水量则少于20 mm，沙漠中间甚至终年不雨。

我国各地雨季的早晚和正常与否，大都直接与季风的进退有关，一旦季风规律反常，就会出现较大范围的旱涝灾害。例如，1991年由于副热带高压突然增强，夏季风迅速北进，5月下旬雨带移至江淮地区，致使长江中下游及淮河流域大部地区出现700～1 000 mm降水区。江淮大部地区比常年同期降水量偏多2倍。相反，华南地区的雨季不明显，而且受副热带高压控制，4—6月降水量比常年同期偏少4～6成，有的地区偏少7～9成，造成严重旱灾。

表6-10 雨季起止日期与季风的进退日期的比较 日/月

项目	华南起止日期	华中起止日期	华北起止日期
雨季	30/4—21/9	9/6—5/9	10/7—28/8
夏季风盛行	26/4—27/9	10/6—12/9	10/7—2/9

（二）大陆性强

由于我国背负着欧亚大陆，因而气候受大陆的影响远远大于海洋，两种气候的分界线大体在淮河、秦岭一线或附近，夏季风较强且持续时间愈长的地区，海洋性气候愈显著，如华南地区和南海区域；反之，大陆性气候特别强，如东北、内蒙古、河西走廊和新疆。

1. 大陆性在温度上的表现

（1）气温日、年较差大。我国西北内陆，年平均气温日较差可在14 ℃以上，最大可超20 ℃，“早穿棉，午穿纱，围着火炉吃西瓜”，正是对大陆性气候真实而生动的写照。全国各地冬寒夏热，年较差比世界上同纬度其他国家或地区大，如北京年较差比世界同纬度平均值高达12 ℃。气温年较差在我国的分布呈现从南向北增加，从沿海向内陆增加的规律（表6-11）。

表6-11 我国气温年较差随纬度的变化 ℃

项目	漠河	哈尔滨	北京	上海	广州	西沙
7月平均气温	18.4	22.7	26.0	27.9	28.3	28.9
1月平均气温	−30.6	−19.7	−4.7	3.3	13.4	22.8
气温年较差	49.0	42.4	30.7	24.6	14.9	6.1

（2）全国最热月几乎均出现在7月，最冷月均出现在1月。

（3）春温高于秋温。我国西北、华北等多数地区春温高于秋温，且自东向西增大，至新疆东部和南部达最大，吐鲁番盆地春温高出秋温达6 ℃以上，只有少数沿海地区秋温高于春温。

2. 大陆性在降水上的表现

大陆性对降水的影响主要表现在多对流性热雷雨、雨量集中在夏季等方面。夏季大陆午后增温剧烈，容易出现热力对流不稳定及水汽蒸发大的状况，较易产生对流性热雷雨。我国雷雨分布的特征是南部多于北部，山地多于平原，内陆多于沿海，夏季多于冬季。夏季三个月的降水量，秦岭以南占全年的35%～45%，秦岭以北，愈向北愈集中于夏季，华北、东北约占全年的60%，内蒙古和河西走廊达到全年的70%。

（三）气候类型复杂

我国既有多种多样的温度带，又有多种多样的干湿地区，加上我国地势高低悬殊，地形多样，更增加了我国气候的复杂多样性。依照温度指标，从南到北可划分为赤道带、热带、亚热带、暖温带、温带、寒温带六个温度带；根据水分条件，从东南到西北可划分为湿润、半湿润、半干旱、干旱四类地区，分别占全国陆地总面积的32%、15%、22%、31%。

三、本省（区）气候概况（以广西为例）

(一)地貌的基本特征

1. 地处南疆

广西地理位置位于104°29′～112°04′E,20°54′～26°21′N。南临北部湾,东邻广东,北为南岭山地(湖南、贵州),西北靠云贵高原,西南与越南毗邻,北回归线横贯中部,属热带亚热带地区,境内河流纵横,故广西西、北部具有山地气候特征,桂南沿海又具有温暖湿润的海洋气候特色。

2. 境内四面环山,略成盆地形态

广西四面环山,略成周高中低的盆地,地学界“广西盆地”(桂林猫儿山2 142 m)。盆地缺口甚多,最主要的是桂东北的湘桂走廊(全州、兴安、灵川、桂林、临桂),是冷空气进入广西的主要通道。广西盆地受中部弧形山脉(大瑶山～大明山)的分隔,弧形内外天气气候差异明显。弧形山脉内缘为桂中盆地,冬季降温明显,雨水偏少,为广西著名旱区之一。弧形山脉外缘,冬季温暖,雨水丰沛,为广西发达区。

3. 山岭分布广

海拔500 m以上的山地占全区总面积的53.1%,加上海拔250～500 m的山丘,则占63.9%。广西不仅山多,还比较高大,许多山脉海拔在1 500 m上下,海拔达2 000 m的山峰也不少。全区山地丘陵占74.8%,台地占8%,河流水库占2.8%,平原仅占14.4%。岩溶地貌广布,占全区面积的41%,石多土少,易旱易涝。

(二)气候特征

1. 热量丰富,两寒明显

(1)年平均气温　年平均气温16～23 ℃,历年来各地出现的极端最高气温多在36～42 ℃,极端最低气温一般在－6～0 ℃。分布:桂南地区和右江河谷地带为21 ℃以上,桂中20 ℃左右,桂北低于19 ℃。其中以右江河谷的百色最高,达22.1 ℃,高寒山区的资源、南丹、乐业、金秀等最低,为16～17 ℃。规律为由河谷平原向丘陵山区递减,自南向北逐渐降低,由东向西逐渐增高;年均温最低的资源县与最高的北海市相比,相差6.2 ℃。21 ℃等温线大致与桂西地区的北纬24度线和桂东南区的北回归线一致。此线以南基本属于南亚热带气候区,其中南部沿海地区和左、右江河谷年均温大于22 ℃;21 ℃等温线以北则多属中亚热带气候区。

(2)最冷最热月　最冷月一月均温5.5～15.2 ℃,桂北高寒山区和湘桂走廊在8 ℃以下,其中资源最低,只有5.5 ℃。玉林、钦州两地区南部,左、右江河谷等地为13～14 ℃,是广西最暖的地方。其余地区在8～13 ℃之间。极端最低温为－8.4 ℃,出现于1963年1月15日桂林市资源县。

最热月七月均温大部分地区为27～29 ℃,自全州向西南到桂林、柳州、宜州、都安、百色、龙州一线以东28 ℃左右,以西≤27 ℃,其中南丹、乐业、那坡、靖西、金秀为24～25 ℃。极端最高温为42.5 ℃,出现于1958年4月23日百色市。

(3)积温　日均温≥10 ℃积温5 000～8 300 ℃,持续日数240～358 d。每南移1纬度积温增加600 ℃。≥10 ℃积温南部沿海地区和左、右江河谷等地高达8 000 ℃以上,涠洲岛最高达8 306 ℃;桂北山区以资源、乐业、南丹等较低,在6 200 ℃以下,最低为4 975 ℃,相差3 300 ℃。

其分布特点与年均温相似，桂南高于桂北，桂西高于桂东，河谷平原高于丘陵山区。≥10 ℃日均温初终日间隔日数的分布具有相应的特点，即南长北短，西长东短，河谷平原长，丘陵山区短。其中桂南合浦长达 340 d，比桂北的桂林市多 77 天，桂西的百色比桂东的梧州长 44 d，同纬度的柳州盆地比金秀山区长 25 d。

(4)无霜期　各地无霜期差异也较大，在 284～365 d 之间，其分布规律与年均温一致。其中钦州、玉林、南宁 3 地区大部和河池地区西南部、百色地区东南部等地无霜期在 340 d 以上，尤其是钦州、玉林两地区南部，都安东南部和左、右江河谷等地无霜期长达 360 d 左右，基本无冬季。金秀、资源、灌阳、兴安、贺州、乐业等地无霜期较短，但也达 284～298 d。其余地区多为 300～340 d。

(5)季节划分　夏长冬短，春秋相当(一般为 2～3 个月)。广西从梧州—藤县—平南—武宣—来宾—忻城—河池—巴马—凌云—田林一线以南地区，除靖西、那坡、德保外，长夏(180～220 d)无冬，春秋相连。此线以北，夏季缩短(柳州 175 d，桂林 160 d，资源 110 d)，冬季出现(柳州 10 d，桂林 75 d，资源 115 d)。钦州地区、玉林地区南部、南宁地区西南部和右江河谷等地，夏季长达半年之久，冬季仅有 10～34 d。这些地区有利于提高复种指数和发展对热量条件要求较高的热带、亚热带经济作物。桂林、柳州、河池三地区北部，百色地区南、北山区，夏季持续期缩短到 4 个月左右，冬季持续期相应增长到 2～3 个月，气候温凉湿润，有利于发展喜凉的林木、果树、药材、牧草和食草牲畜等。

(6)两寒天气　春季早稻烂秧及秋季寒露风几乎每年出现，危害双季稻区。春季低温烂秧天气和秋季寒露风天气是广西主要农业气象灾害。在春季 2—4 月，北方有较强的冷空气南下，与南方暖湿气流交汇，造成较长时间的低温阴雨天气，影响早稻适时播种，甚至造成大量烂秧。据统计，中等以上烂秧天气 10 年 8 遇。在寒露节前后，北方冷空气开始南侵，遇有较强冷空气时，也会造成低温天气(称寒露风)，影响晚稻的正常抽穗、开花和灌浆，增加空壳率。对籼稻常规品种而言，受寒露风影响的始现日期，桂北在 9 月中旬至 10 月上旬末，桂中在 10 月中旬，桂南一般在 10 月中、下旬。

2. 雨量充沛，常有旱涝

(1)各地降水地理分布差异大　各地年降水量为 1 100～2 800 mm，最少田阳 1 100 mm，最多防城港东兴 2 822.7 mm。集中在 1 250～1 850 mm。分布为东多西少；夏季风的迎风坡多，背风坡少；丘陵山区多，河谷平原少。

三个多雨中心：年降雨量为 2 000 mm 以上，其附近地带年雨量也在 1 750～2 000 mm 之间。①十万大山东南侧的东兴至钦州一带。东兴位于钦州地区沿海，十万大山南侧，南来暖湿气流沿山坡抬升，湿绝热冷却成云致雨。同时东兴属于南来的低压系统前部，系统与十万大山相遇所产生的抬升作用，使辐合上升气流增强，造成多雨。②大瑶山东侧以昭平为中心的金秀、蒙山一带。昭平位于大瑶山东侧，处于东路冷空气影响广西的迎风坡，对来自东南的暖湿气流的爬坡抬升作用十分有利，从而多雨。③越城岭至大苗山东南侧以永福为中心的兴安、灵川、桂林、监桂、融安、融水等地一带。这一带是冷空气从湘桂走廊侵入广西的主要通道，永福处于驾桥岭西北侧，北来的冷空气易受阻停留，并在此活动，故形成桂东北多雨区。

三个少雨区：年降雨量 1 100～1 250 mm。①以田阳为中心的右江河谷及其上游的“三林”(隆林、西林、田林)一带。这一带地处桂西至桂西北，其北边是云贵高原，东西分别有秦王老山、都阳山和大明山，使东路和中路南下的冷空气不易到达这个地区；而西路南下的冷空气，由于云贵高原东面侧的下沉气流增温影响，难于成云致雨，故形成少雨区。②以宁明为中心的明江、左江河谷至邕宁一带。较弱冷空气不易到达这个地区，另外，除台风影响外，一般偏南的暖湿气流也难于到达十万大山北侧的上思、崇左、扶绥等地的左江流域上游地区，即使到达，由于暖湿空气翻越过山后，有下沉增温作用，湿度明显减小，故造成少雨区。③以武宣为中心的黔江河谷。

(2)降水时空分布差异大　各地的降水日数(日降水量大于或等于 0.1 mm)有差异，降雨量季节分配不匀。

桂北一般平均 180 多 d，而右江河谷和南部沿海不足 140 d。在降水日数中，大雨日数占 10%～18%，暴雨日数为 2%～8%。降水量的季节分配也不均匀。5—9 月是雨季，降水量占全年的 75%。10 月至次年 4 月是旱季，降水量只占全年的 25%。夏季(6—8 月)最多，40%～60%；春季(3—5 月)次多，20%～40%；秋季(9—11 月)较少，20%左右；冬季(12 月至次年 2 月)最少，4%～14%。特点：春季和冬季，桂东大于桂西，桂北大于桂南。夏季和秋季相反。由于年、季降水变化较大，常有旱涝灾害发生，干旱年平均 3 年 2 遇。百色地区和南宁、钦州两地区西部及南宁市，春旱在 10 年 8 遇以上，其中百色和田阳春旱为 10 年 10 遇。桂东北多秋旱，10 年 5～7 遇。雨季期间，特别是 6—8 月，每年又有洪涝发生。桂南沿海，融安、融水、永福和巴马、都安等地，堪称广西 3 大洪涝中心，平均每年 2～6 次。桂西地区多春旱(地处云贵高原东南部，冷空气背风坡下沉增温，阴雨少，加上东南季风难以深入该地区，春季降水仅为 17%～24%)，出现频率高达 60%～90%，对冬作物后期生长和春作物适时播插危害较重。桂东地区多秋旱，出现频率 50%～70%，对秋种、秋收作物危害较大。雨季期间，大、暴雨往往过于集中，江河两岸常出现洪涝灾害，石山洼地也常有内涝。桂南沿海和融江流域是广西多洪涝地区，平均每年出现 2～6 次之多。

3. 辐射较强，日照偏少

广西地处低纬，北回归线以南地区一年有两次太阳过天顶，太阳高度角较大，单位时间内得到的太阳辐射能较多，即太阳辐射强度较强。大多数地方年日照时数为 1 500～1 800 h，右江河谷、桂东南及南部沿海地区较多，达 1 800～1 900 h，北海涠洲岛最多达 2 253 h。桂北的资源、龙胜、三江、南丹、天峨和桂中的金秀等地由于冬、春阴雨日数较多，年日照时数仅有 1 300 h 左右，是全区日照较少的地方。与广东、云南比较，广西属日照偏少地区，但比四川、贵州、湖南等省略偏多。

4. 局部风能资源丰富

据有关分析结果，在大苗山、大明山、十万大山一线以东，与大瑶山至大容山一线以西的湘桂至黎湛铁路沿线两侧地带，地势较平坦开阔，是冬季风南下和夏季风北上的主要通道，是广西风能资源的高值地带，其中以钦州沿海和湘桂走廊较为丰富，具有利用风能发电、农副产品加工和提水等价值。大苗山、大明山、十万大山一线以西地区，处在云贵高原的东南部，地形较闭塞，风力资源较贫乏，一般无开发利用价值。只有在右江河谷的田阳、田东和都安、那坡等地，由于地形的狭管效应作用，风能资源具有一定的开发价值。此外，在一些山区的山隘或山顶等局部有利地形，风速较大，也具有一定的利用价值。

5. 山区湿润，冬温夏凉

由于山地的动力和热力作用，致使山地的降水量、降水日数和湿润度随海拔升高而增加。山区湿润气候有利喜湿林木、药材和牧草生长。冬季，由于云贵高原的屏障作用，西部和西北部相当温暖,如海拔 438 m 的凌云气象站一月均温 11.3 ℃,竟比纬度相同,海拔高度只有 100 m 左右的柳州高出 1 ℃。靖西、那坡、南丹、乐业和金秀等气象站海拔 670～970 m,7 月均温只有 23～25 ℃,海拔 1 000～1 500 m 山区只有 20～23 ℃,夏季是温凉的。山地冬温夏凉的气候有利牲畜物质代谢和增重,是发展畜牧业的一大气候优势。

综上所述,广西气候有优越的条件,也有不利的因素。因此,在发展大农业生产过程中,应从当地的气候条件出发,因地因气候制宜,趋利避害,合理开发利用气候资源,是实施经济建设,特别是发展"三高"农业必须重视的重要环节。广西气候资源丰富,生态环境多样,在合理调整产业结构,不放松粮食生产的前提下,宜积极发展多种经营,重点发展当地的名、优、特产品,发展创汇农业,建立经济作物基地,以创造更高的大农业经济效益。

[任务思考与练习]

1. 什么是气候？气候形成的因素有哪些？
2. 人类活动对气候的影响表现在哪些方面？
3. 试述中国气候的基本特征。
4. 本省(区)的气候特点有哪些？
5. 本省(区)主要有哪些农业气象灾害？如何进行防御？

气候与中国气候　　广西气候概况

子任务 5　农业气候资源的合理利用

农业气候资源是指一个地区的气候条件对农业生产所提供的自然物质和能源,是对农业生产发展的潜在支持能力。它包括光、热、水、气等资源。气候资源是自然资源的组成部分,但它与矿产资源和土地资源不同的是,它是再生资源,合理利用农业气候资源,是全社会能源建设的重要组成部分。

一、农业气候资源的特点

农业气候资源是一种重要的自然资源,对农业生产有重要的影响,农业气候资源的特点可以概述如下：

1. 无限的循环性

地球上寒来暑往,循环不已,形成了气候的无限循环性。由于农业气候资源年复一年地不断更新和循环,用之不竭。但一个地区的太阳辐射、热量、降水在某一具体时段内又是有限的,因为每年的农事生产都受季节的限制。所以说农业气候资源也是过时不候的非再生资源。

2. 差异性

农业气候资源不仅在时间分配上存在着差异,而且在空间分布上也不均衡,如我国的降水分布由东南沿海向西北内陆逐渐减少,在时间上很多地方降水主要集中在夏季,占年降水的 50％以上,冬季降水不足 10％。这种特性给生产带来不利的影响,甚至是灾害。

3. 相互依存和不可替代性

农业气候资源各因子之间相互制约、相互影响对农业生产起综合作用。一方面,在光、热、水因子中,一种因子的变化会引起另一因子的变化,一般来说,降水少的地区,太阳辐射较高,气温就较高。另一方面对农业生产来说，某一因子不能因其有利而代替另一不利因子。比如在干旱地区，热量条件充足，水分缺乏，但并不会因热量充足就能代替水分的不足而对农业生产有利。

4. 可改造性

农业气候资源具有可改造性，随着科技的发展，人类改变和调控自然的能力增强，在一定程度上可以改善局部或小范围的环境条件，气候资源的潜力能更有效地利用。如在干旱地区，改善水利条件；北方冬季保护地栽培措施的改进，日光温室、塑料大棚的应用等。

5. 二重性

动植物的生态类型不同，对农业气候资源各要素的要求也不一样。一般来说，一时一地的农业气候资源对一些动植物有利，对另一些动植物则不利，这就是农业气候资源所具有的二重性。

二、合理利用农业气候资源

农业气候资源是取之不竭、用之不尽的，可永久利用的自然资源。合理利用农业气候资源，协调农业生产与气候条件之间的关系，是获得农业可持续发展的重要前提。我国夏季炎热，热量资源丰富，使我国北至黑龙江都能种植水稻、棉花等喜温作物，是世界种植水稻的最北限；同时降水量主要集中在夏季，使雨热同季，为农业生产提供了有利的水热条件。但由于季风性气候不稳定，常有低温、旱涝等灾害性天气，且我国气候类型复杂，各地气候资源各异，针对各地气候特点，合理利用气候资源，趋利避害，是获得高质、高产农产品及使农业可持续发展的重要保障。

(一)利用农业气候区划，调整农业产业结构

我国东西横跨愈60个经度，南北纵跨50个纬度，且地形地貌复杂，气候多样，具有多种农业气候类型。只有尊重客观规律，从作物的气候适应性出发，选择适宜的地区，种植适宜的作物和品种，即通过气候区划和气候风险分析，进行农业气候区划研究，实行区域化种植，宜农则农，宜牧则牧，宜林则林，合理布局，调整农业产业结构，才能充分及合理利用气候资源，获得稳定的产量和优良的品质。美国、日本根据气候和土壤条件实行区域性种植就是较为成功的例子。美国将一半以上的小麦种植集中于两个小麦适宜种植带内，2/3的玉米种植集中于适宜种植玉米的地带内；日本利用丘陵起伏地形集中发展柑橘，仅佐贺县一个县的柑橘年产量就接近于我国柑橘的总产量。

广西是我国甘蔗的主产区之一，但并非广西各地气候条件均利于甘蔗生产。据涂方旭等2003年用小网格气候分析的方法，将广西甘蔗生产划分为4个气候区：最适宜气候区、适宜气候区、次适宜气候区和不适宜气候区。最适宜气候区主要分布在桂南；适宜气候区主要分布在桂南偏北及桂中地区；次适宜气候区主要分布在桂北平原、丘陵、低山地区，桂中海拔600～800 m山区；不适宜气候区主要分布在桂北高寒山区。显然，根据甘蔗的气候区划规划甘蔗生产，是广西合理利用甘蔗农业气候资源，获取优质高产甘蔗产品的前提。

(二)依据农业气候相似的原理，进行科学引种

成功地引进优质品种是提高农业经济效益的有效途径，在引进外地优良品种时，一定要遵循客观规律，讲科学，不能盲目引进。因为影响一种作物生长发育的气象因子是很多的，但这

些因子在作物整个生长发育过程中所起的作用不同，在进行农业气候相似程度分析时，一定要选择对引种作物生长发育影响最大的气候要素为对比分析因子。同时，由于物种在迁移、适应、突变和变异，把适产地优良品种引到“农业气候相似”而气候条件不是相似的地方，也有成功的可能。如亩产 500 kg 以上的西藏高原肥麦（丹麦 1 号），原产地北欧丹麦海拔 10 m 以下，平均气温 8.5 ℃，从气候上分析两地相差甚远，但从肥麦产量形成期间的农业条件看两地十分相似，所以适宜引种，并取得了成功。但从某种程度说，农业气候相似原理只是加快优良品种引进的进程，并不能替代试种。

（三）依据各地农业气候资源，合理安排种植制度

种植制度是指作物的种类、品种、熟制及种植方式，与当地农业资源和生产条件相适应的地域配置。合理安排种植制度对全面开发一地农业气候资源和科学技术成果，解决农业生产中争季节、争土地、争水肥、争劳力等方面的矛盾，因地制宜地发展农业生产有重要意义。一个地区种植制度的确定，涉及气候、土壤、地貌、水肥和社会经济条件等诸多因素，但其中气候资源状况在很大程度上起制约作用。农业气候条件保证率≥80％的年份能否满足某种熟制的要求，是可否实行某种种植制度的基本保证。

1. 光照

一年内熟制的多少虽然首先决定于热量而不是日照，但日照的多少及其季节分布，对熟制作物（品种）的安排、产量的高低、品质的优劣以及增产潜力将有明显的影响，对种植类型的确定亦有关系。如冬季日照少的地区对叶菜类作物生长有利，而对开花结果作物生长发育则不利，产量亦较低。

2. 温度

分析多熟种植制温度条件的主要指标是生长期、积温和最热（冷）月平均气温等。

在我国的条件下，一般≥10 ℃持续日数（生长期）小于 180 d 的地区多为一年一熟，180～250 d 为一年两熟，250～360 d 为一年三熟。

日平均气温≥10 ℃活动积温表示喜温作物生长期内可利用的热量资源，一般地，≥10 ℃活动积温＜3 000 ℃为一年一熟，4 000～5 000 ℃为一年两熟制，一年三熟则要求≥10 ℃积温＞5 000 ℃。在生产上实行多熟制还要考虑前茬收获后到后茬作物播、栽前农事操作所需的农耗积温，故要有 80％保证率的积温和生长期日数。

此外，安排多熟制还要考虑最热（冷）月的平均气温，如喜温作物水稻、棉花、玉米等在营养生长期与开花授粉期要求最适温度为 25～28 ℃，故要求夏季白天平均气温＞20 ℃以上的日数＞60 d，才能种植以上喜温作物。最冷月平均气温＞15 ℃的地区才能种植冬红薯和冬玉米。

3. 水分

多熟制比一熟制耗水量大，高产作物又比中、低产作物耗水量大。从中国大范围的农业布局看，在热量条件满足的情况下，年降水量＜200 mm 的地区只能在灌溉的条件下才有农业；年降水量 600 mm 地区旱地多为小麦—谷子（豆子）两熟；年降水量 800 mm 可以有较大面积的麦稻两熟；种植双季稻则要求年降水量＞1 000 mm。由此可见，在热量保证的情况下，实行多熟制必须有水的保证。如长江中下游和珠江流域的平原地区，地势平坦，雨热同季，大于 0 ℃积温在 5 500 ℃以上，年降水量在 1 000 mm 以上，是历史上精耕细作的农业区，一年两熟或三熟，适宜种植水稻等喜温作物，是我国商品粮的重要基地。

三、挖掘农业气候资源潜力

合理地间作套种，能使植物整个生育过程处于较好的光热条件下，避开不利的气象条件，使光、热、水资源得到充分的利用；采用温室、大棚等农业生产措施可以增温保温，充分利用气候资源，实现反季节种植，延长年种植时间；通过生态农业、立体农业的合理规划等，挖掘农业气候资源潜力，提高农业生产效率。

[任务思考与练习]

本省（区）农业气候资源有何特点？如何合理利用？

子任务6　农业气候资料的统计与分析

[目的要求]

掌握常用农业气候资料的统计方法及其在农业上的应用。

[实训内容]

农业气候资料特征量一般包括平均值、极值、变率、保证率等。

1. 平均值

平均值是表示气候要素平均状态的指标。一般计算日、候、旬、月、年的平均值。可由下式求算：

$$\overline{X}=\frac{1}{n}\sum_{i=1}^{n}X_i$$

式中：$\overline{X}$ 为气候要素平均值，X_i 为气候要素第 i 个值，n 为气候要素值的总数。

2. 极值

某气候要素在某一时段内出现的最大（高）值和最小（低）值称为极值。极值反映了某气候要素在某时段内的变动范围。

3. 较差

某气候要素在一定时段内最大（高）值和最小（低）值之差称为较差，根据分析时段不同可分为日较差、年较差。较差反映了某气候要素在某时段内变动的大小。

4. 频率

频率是指在若干次观测中，某一现象出现的次数与观测总次数的百分比。

$$P=m/n\times100\%$$

式中：P 为频率，m 为出现次数，n 为总次数。例如，某地6月份出现雨日15日，则该月雨日出现的频率为 $15/30\times100\%=50\%$。

5. 变率

变率表示要素值偏离其平均值的数量或程度。常用的变率有四种，即绝对变率、平均绝对变率、相对变率和平均相对变率。变率通常应用于气温、降水、湿度、风、日照等气候要素的统计。

(1)绝对变率　就是统计学中的离差(或称距平),即数列中某年的记录 X_i 与气候要素平均值 $\overline{X}$ 之差,表示个别年份(第 i 年)气候要素的距平大小。计算式为:

$$d_i = X_i - \overline{X} \quad (i=1,2,\cdots,n)$$

对于有 n 年的记录数列,就有 n 个绝对变率值,因此绝对变率不能反映整个数列的总体情况,仅适用于气候要素在不同年份的相互比较。

(2)平均绝对变率　统计学中的平均差(或称平均距平),是某个气候要素的绝对变率的多年平均值。平均绝对变率的大小,表示气候要素在多年内可能发生的平均变动值的大小,反映的是一个地区气候要素的多年平均变动的情况,其值只有一个。计算式为:

$$\bar{d} = \frac{1}{n}\sum_{i=1}^{n} | X_i - \overline{X} | = \frac{1}{n}\sum_{i=1}^{n} | d_i |$$

(3)相对变率　相对变率是指气候要素的绝对变率 d_i 与气候要素平均值 $\overline{X}$ 的百分比。计算式为:

$$D_i = \frac{d_i}{\overline{X}} \times 100\%$$

(4)平均相对变率 $\overline{D}$　为了便于不同地区进行比较,通常用平均相对变率 $\overline{D}$ 来表示各地某气候要素的年际波动情况。$\overline{D}$ 指气候要素的平均绝对变率 $\bar{d}$ 与该组气候要素平均值 $\overline{X}$ 的百分比。计算式为:

$$\overline{D} = \frac{\bar{d}}{\overline{X}} \times 100\%$$

6. 保证率

保证率是指在某统计时段(至少 30 年以上)内,某一气象要素值高于或低于某一界限的频率。保证率可以用来评价某项气候要素资源的保障程度。一般用于温度、降水、风和雷暴等要素的统计上。保证率越大,说明该地区历史资料中某气象要素出现大于(或小于)某一数值的频率越大,某要素的保障程度越高。如烤烟移栽期气温稳定通过 12 ℃的保证率必须达到 80%以上,若某地区气温稳定通过 12 ℃的保证率不足 80%,则不宜进行烟草移栽,但如果保证率≥80%,且保证率越大,说明从温度条件考虑烟草移栽成功率越高。

(1)保证率的统计步骤

①从统计数列中挑出最大值和最小值,以了解数列的变动范围。

②确定组数和组距。在农业气象资料整理中,常用公式 $N=5\lg n$ 确定组数,N 表示分组数,n 表示记录的次数,再用最大值与最小值之差除以组数 N 得到组距。根据经验,一般分为 6～8 组为宜。

③进行分组。当求高于某界限(组界中的下限)的保证率时,数列由大到小分组,这种统计一般适用于有利于农业生产的因素统计,如积温的保证率统计,反之,当求低于某界限(组界中的上限)的保证率时,数列由小到大分组,这种统计一般适用于不利于农业生产的因素统计,如旱灾保证率统计;开始组和末组须将最大值和最小值包括在内;要求各组组距相等,组距

尽可能取整数;各组组界(组的上、下限)彼此衔接,不可中断,上下限取值精确度与资料所给要一致;组界取值尽可能取容易查找的数值,如组距为 1 000,组界取值为 2 000~2 999、3 000~3 999…

④统计频数和频率。某组频数是指符合该组范围内的样本次数。

⑤计算保证率。将各组频率依组序依次累加即得到各组保证率。累积的最后结果不一定是 100%,这是计算过程中四舍五入造成的误差,事实上,最后一组保证率应该是 100%。可见,端点数据是不一定准确的。

【例】求算北京市 30 年≥10 ℃活动积温的保证率。

先从表 6-12 中挑选最大值和最小值分别为 4 584 ℃和 3 965 ℃,数列的变动范围为 4 584 ℃－3 965 ℃＝619 ℃,分 7 组,组距为 100 ℃,统计各组频数、频率,计算保证率,结果见表 6-13。

表 6-12　北京市 30 年≥10 ℃活动积温资料　　℃

年份	积温	年份	积温	年份	积温
1922	4 438	1936	4 280	1949	4 303
1923	4 070	1940	4 286	1950	4 165
1924	4 148	1941	4 277	1951	4 136
1925	4 261	1942	4 439	1952	4 240
1930	4 440	1943	4 518	1953	4 299
1931	4 211	1944	4 330	1954	4 015
1932	4 295	1945	4 581	1955	4 515
1933	4 098	1946	4 463	1956	3 965
1934	4 070	1947	4 131	1957	4 115
1935	4 584	1948	4 318	1958	4 150

表 6-13　北京市 30 年大于等于 10 ℃活动积温保证率统计

组序	1	2	3	4	5	6	7	总数
组界(上限~下限)/℃	4 600~4 501	4 500~4 401	4 400~4 301	4 300~4 201	4 200~4 101	4 100~4 001	4 000~3 901	—
出现年数	4	4	3	8	6	4	1	30
频率/%	13	13	10	27	20	13	3	—
保证率/%	13	26	36	63	83	96	99	—

(2)保证率曲线图的绘制及应用　以高于某界限的保证率绘图时,将各组下限值作为横坐标,反之,将各组上限值作为横坐标,以保证率作为纵坐标在直角坐标系上绘光滑的曲线图。以表中下限值和对应的保证率作为坐标值,即以(3 901,99%),(4 001,96%),…,(4 401,26%),(4 501,13%),加上端点(4 601,0%)来进行描点,将各点连成一光滑曲线,就得到了保证率曲线(图 6-9)。

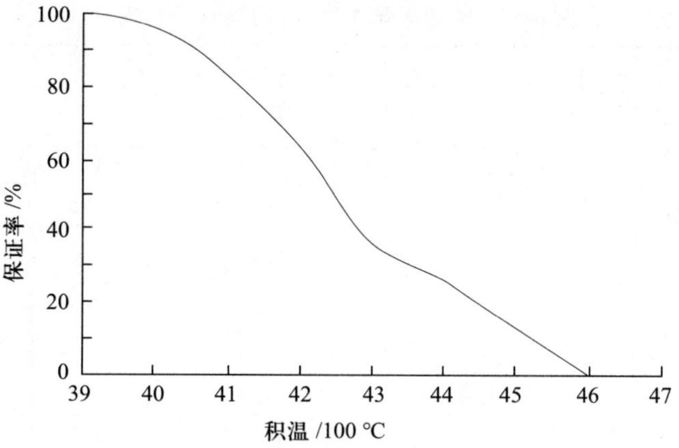

图 6-9　北京市 30 年积温保证率变化曲线

由保证率变化曲线图上，可得出某一保证率所对应的积温下限。先在纵坐标上找出某一保证率对应的点，由此点作横坐标的平行线，平行线与保证率变化曲线相交于一点，再由此交点作纵坐标的平行线，平行线与横坐标相交于一点，此点所对应的积温即为该保证率所对应的积温下限。可进一步制成不同保证率的年积温简表，见表 6-14。

表 6-14　北京市 30 年内不同保证率(%)的积温　　℃

平均值	最大值	保证率/%											最小值
		5	10	20	30	40	50	60	70	80	90	95	
4 271	4 584	4 562	4 523	4 448	4 350	4 282	4 247	4 214	4 169	4 120	4 053	4 010	3 965

7. 农业界限温度的起止日期及持续天数

春秋季节天气多变，气温常有波动，常出现某一界限温度值上下来回升降几次。为了合理解决这一问题，通常采用“稳定通过”的方法来确定界限温度的初、终日和持续天数，并计算其积温。农业界限温度起止日期的统计法主要包括偏差法、候平均稳定通过法、五日滑动平均法、日平均气温通过法及直方图法五种，各种方法各有利弊，其中五日滑动平均法是中国气象局规定全国各气象台站计算界限温度起止日期统一使用的方法。

五日滑动平均法是在某一年一个长序列的逐日资料中，按日序从第 1 天到第 5 天，第 2 天到第 6 天，第 3 天到第 7 天，第 4 天到第 8 天……依此类推，每相邻 5 d 的资料计算其平均值。由此得到 5 d 滑动平均值的序列。然后利用此序列来确定该年稳定通过界限值的初、终日期的方法。

利用 5 日滑动平均法挑选农业界限温度的起止日期的具体方法是：在一年中，任意连续 5 日滑动平均值大于等于某界限温度的最长序列内，挑取第一个 5 日中首个日平均气温≥某界限温度的日期为起始日，挑取最后一个 5 日中最末一个日均气温≥某界限温度的日期为终止日。起止日期之间的天数即为持续天数。

下面以某地某年 3 月、11 月逐日平均气温资料(表 6-15)求该地该年日平均气温稳定通过 10 ℃的起止日期和持续天数为例，说明五日滑动平均法计算方法。

表 6-15　某地某年 3 月、11 月逐日平均气温

日期/(日/月)	日平均气温/℃	日期/(日/月)	日平均气温/℃	日期/(日/月)	日平均气温/℃	日期/(日/月)	日平均气温/℃
<4/3	<10.0	13/3	8.2	<5/11	>10.0	14/11	8.0
4/3	5.2	14/3	10.5	5/11	15.2	15/11	7.6
5/3	7.5	15/3	10.2	6/11	13.8	16/11	8.1
6/3	8.6	16/3	9.5	7/11	14.0	17/11	10.2
7/3	10.2	17/3	11.2	8/11	13.6	18/11	9.8
8/3	11.3	18/3	12.5	9/11	9.9	19/11	7.3
9/3	11.5	19/3	13.2	10/11	9.6	20/11	5.2
10/3	6.8	20/3	15.1	11/11	10.4	21/11	1.4
11/3	7.3	>21/3	>10.0	12/11	11.6	23/11	<10.0
12/3	7.8			13/11	12.8		

(1)找出一年中,任意连续 5 日滑动平均值≥10 ℃的最长序列。

第一步,找出一年中日平均气温连续≥10 ℃的时段,该例中此时段为 3 月 17 日至 11 月 8 日,可以肯定的是该时段中任意 5 日滑动平均值均≥10 ℃,且该时段的 5 日滑动平均值序列从 3 月 17—21 日至 11 月 4—8 日一定包含在一年中最长的序列里。不能肯定的是,3 月 17—21 日和 11 月 4—8 日是否就是最长序列中的第一个和最后一个 5 日。

第二步,从 3 月 17—21 日往前计算五日滑动平均值,直至出现首个 5 日滑动平均值<10 ℃为止,如例首个 5 日滑动平均值<10 ℃的是 3 月 13—17 日,则可判断一年中任意连续 5 日滑动平均值≥10 ℃的最长序列自 3 月 13-17 日这个位置断开了,则紧接其后的 5 日(3 月 14—18 日)即为这个最长序列中的第一个 5 日。同样道理,从 11 月 4—8 日往后计算 5 日滑动平均值,直至出现 5 日滑动平均值<10 ℃为止,如 11 月 12—16 日,则可判断一年中任意连续 5 日滑动平均值≥10 ℃的最长序列自 11 月 12—16 日这个位置断开了,则紧接其前的 5 日(11 月 11—15 日)即为这个最长序列中的末个 5 日。这样,一年中,任意连续 5 日滑动平均值≥10 ℃的最长序列 3 月 14—18 日至 11 月 11—15 日就找到了。计算过程列表 6-16。

表 6-16　某地某年稳定通过 10 ℃的起止日期计算表

日期/(日/月)	日平均气温/℃	时段	5 日滑动平均气温/℃	日期/(日/月)	日平均气温/℃	时段	5 日滑动平均气温/℃
>21/3	>10.0			<5/11	>10.0	4/11—8/11	>10.0
20/3	15.1			5/11	15.2	5/11—9/11	13.3
19/3	13.2			6/11	13.8	6/11—10/11	12.2
18/3	12.5			7/11	14.0	7/11—11/11	11.5
17/3	11.2	17/3—21/3	>10.0	8/11	13.6	8/11—12/11	11.0
16/3	9.5	16/3—20/3	12.3	9/11	9.9	9/11—13/11	10.9
15/3	10.2	15/3—19/3	11.3	10/11	9.6	10/11—14/11	10.5

续表6-16

日期/(日/月)	日平均气温/℃	时段	5日滑动平均气温/℃	日期/(日/月)	日平均气温/℃	时段	5日滑动平均气温/℃
14/3	10.5	14/3—18/3	10.8	11/11	10.4	11/11—15/11	10.1
13/3	8.2	13/3—17/3	9.9	12/11	11.6	12/11—16/11	9.6
				13/11	12.8		
				14/11	8.0		
				15/11	7.6		
				16/11	8.1		

(2)确定日平均气温稳定通过10 ℃的起止日期。

由上面计算结果可知，一年中，任意连续5日滑动平均值≥10 ℃的最长序列是14/3—18/3，15/3—19/3，…，10/11—14/11，11/11—15/11，则挑取第一个5日(3月14—18日)中首个日平均气温≥10 ℃的日期3月14日为起始日，挑取最后一个5日(11月11—15日)中末个日平均气温≥10 ℃的日期11月13日为终止日。

从3月14日起到11月13日止，日平均气温稳定通过10 ℃的持续天数为245 d。

8. 积温

如上例≥10 ℃活动积温的求算，即将求出的该地该年日平均气温稳定通过10 ℃的3月14日起至11月13日止，该245 d持续日数中≥10 ℃的日平均气温值相加，注意其中<10 ℃的日平均气温作零处理。有效积温结果即为活动积温减去持续日数中≥10 ℃的天数乘10。

[实训]

1. 根据表6-17所列资料，列表统计各界限降水频率和保证率，绘制降水保证率曲线，并根据曲线求降水保证率为80%的界限降水量。

表6-17　某市1960—1989年降水资料　mm

年份	1960	1961	1962	1963	1964	1965	1966	1967	1968	1969
降雨量	1 188.7	1 550.4	1 203.1	1 115.0	1 012.3	1 423.4	1 331.6	1 539.2	1 126.8	1 367.8
年份	1970	1971	1972	1973	1974	1975	1976	1977	1978	1979
降雨量	1 398.1	1 443.5	18 044.0	1 631.1	1 453.6	1 195.9	1 276.4	1 406.9	1 450.1	1 193.3
年份	1980	1981	1982	1983	1984	1985	1986	1987	1988	1989
降雨量	1 304.9	1 377.6	1 446.9	1 221.8	1 023.4	1 657.0	1 797.1	1 455.4	1 207.0	827.9

2. 根据表6-18所列某地某年逐日平均气温资料计算日平均气温稳定通过15 ℃的起止日期、持续天数和积温。

表 6-18　某市某年逐日平均气温资料　　℃

日	月份											
	1	2	3	4	5	6	7	8	9	10	11	12
1	15.5	12.1	14.9	19.1	23.7	23.8	30.4	27.1	24.0	28.2	24.8	22.6
2	16.2	9.5	16.8	23.3	23.9	24.2	27.2	25.0	24.5	26.2	26.1	22.6
3	14.6	9.1	17.2	24.8	24.4	25.6	25.5	25.3	25.5	24.4	25.8	22.6
4	12.9	13.1	17.6	21.8	25.2	24.8	28.9	27.2	25.4	24.6	22.5	23.2
5	15.9	14.1	18.1	21.3	26.3	27.4	30.8	29.8	26.2	24.6	20.7	23.4
6	19.5	18.0	20.8	20.6	28.3	26.4	32.3	30.5	27.6	25.7	19.6	14.6
7	21.0	16.1	19.4	21.7	29.7	25.7	27.3	31.0	27.9	25.6	19.6	11.7
8	21.9	11.7	14.3	26.3	26.5	27.6	26.4	31.0	29.1	24.9	20.8	16.4
9	13.9	9.4	13.3	27.5	24.2	28.9	28.6	31.3	28.9	20.9	20.4	17.2
10	10.5	10.3	12.7	26.6	23.2	27.3	30.0	30.4	28.5	23.0	19.4	12.9
11	13.0	10.7	13.1	17.4	26.3	26.1	30.3	28.5	28.8	24.8	20.0	11.8
12	13.3	13.4	15.9	18.2	27.5	26.9	31.0	27.3	28.5	26.8	19.9	12.5
13	14.2	12.4	16.3	20.0	27.5	27.3	30.4	27.2	28.9	26.6	22.3	10.9
14	14.1	13.0	17.7	20.0	27.9	28.1	28.3	28.1	29.8	26.7	16.7	10.1
15	9.7	13.7	21.5	19.7	26.4	28.9	26.9	28.3	30.2	27.4	15.9	10.9
16	9.5	15.4	23.8	18.8	24.1	28.8	26.2	28.7	30.6	25.6	15.4	12.3
17	11.0	16.1	21.7	20.7	23.1	29.6	26.6	29.3	30.9	24.0	15.9	12.2
18	13.9	18.4	18.0	23.6	24.9	29.8	28.4	30.0	30.1	23.7	16.5	11.4
19	18.5	19.1	17.8	26.8	27.4	30.0	29.4	29.7	29.9	25.3	17.0	11.5
20	18.6	21.6	18.6	28.3	28.5	29.5	29.5	30.1	29.9	25.8	17.2	11.1
21	16.9	20.7	21.0	25.9	26.9	28.2	28.5	30.8	27.4	26.8	16.5	11.9
22	22.4	21.7	23.7	18.1	27.9	27.3	27.5	31.0	24.5	26.7	16.2	11.4
23	23.4	22.4	25.5	16.7	30.0	29.3	28.1	30.7	27.3	26.6	16.3	10.9
24	22.2	18.6	25.4	17.9	29.6	30.2	29.9	30.6	27.5	26.6	17.5	10.9
25	12.4	11.8	21.9	18.2	26.5	29.0	30.4	28.0	28.1	26.7	16.9	12.3
26	10.9	10.5	19.0	18.4	26.0	29.5	28.8	28.7	28.0	25.3	17.1	13.6
27	10.8	12.1	19.8	22.0	24.1	27.8	25.6	28.5	27.7	24.5	18.2	15.3
28	12.3	14.1	21.8	25.6	23.2	26.0	27.2	30.1	27.3	23.4	18.8	14.4
29	12.9		19.6	26.4	25.4	27.9	29.2	29.8	28.1	23.0	22.1	12.3
30	13.5		20.3	28.0	26.3	29.2	30.2	29.3	28.3	21.1	22.9	13.0
31	12.1		19.9		26.9		30.5	25.2		21.8		12.8

保证率的统计

【实践案例】

香蕉防霜冻技术

保护香蕉过冬的方法：

(1)嫩苗过冬。应在穴外深翻晒土，穴内施足基肥，施肥时不能开深穴。防止铲断蕉根，回土时应高于蕉头节位 3 寸以上。蕉苗一般在 18 ℃以下不出新根，所以这项工作，最好在 9 月前完成。

(2)老苗过冬。老苗很快开蕾，开蕾后蕉头不再出新根，所以千万不能深翻晒土。在保持原有蕉根的基础上，只有重施肥，高培土，最好采用有机质新土。施肥的同时每株加食盐四两，长期保持湿润，促使再长一层新根，就能安全过冬。

对已经有几成蕉果的蕉株，过冬管理方法与老苗相同，只是要用稻草把蕉果密封好，防止寒风和霜冻。旱天可用 0.6%盐水每 10 d 淋一次，若遇冷湿天，应用小刀在每块叶枕底部向上刺一坑，直至排干冷水为宜，这样蕉果亦能丰满。此外，蕉芽的千衣、干叶要拴在蕉树身上，待明春后再全部割掉。这样既能防寒又可除去蕉树上的越冬害虫卵。春暖后立即施回暖肥，使香蕉苗恢复生机，加速生长。

香蕉植株受霜冻以后，可以采取以下几种挽救措施。

(1)喷水洗霜。有水源的地方，应在第二天太阳未出之前喷水洗霜。受冻叶片会逐渐腐烂蔓延，春暖后要及时割除被冻坏的叶片，特别是未张开的幼叶，以免向下蔓延。再用千分之一的托布津或多菌灵进行喷洒，可使植株迅速恢复生长。

(2)改变留芽方法。

①早出早留芽：母株被冻死的，春暖后就要早留芽早定芽，先出先留，以赶上当年收获。

②适当留双芽：香蕉受冻害后只有部分植株死亡，除在缺株位置上补植一棵外，可在旁边母株上留双芽。

③肥水较足，管理水平较高的蕉园，可采取留芽法。这种留芽方法，除母株外，可留上一年 9 月抽生的吸芽，在当年 6、7 月再留一个第二年的正造芽，这样可以两年 3 收，增加产量。

(3)及早松土培土。蕉园的松土能提高土壤的理化性能，使土壤疏松透气，结构良好。松土时间要早，春暖后及时清坑，同时清除冻死的残株。5 月以后植株进入旺盛生长时，可进行上泥工作。

(4)及时追肥。香蕉受冻后新的吸芽抽生时，就要及早追肥。在季节上要掌握好几个环节："惊蛰"前后要施催芽肥，主要培施土杂肥或牛栏肥；"芒种"施催花肥；"立秋"施壮果肥。按香蕉生长特性，施肥前期要勤，重肥要准。香蕉生长至 37 片叶片时，即可抽蕾开花，早期勤施肥，植株生长快，出叶多，抽蕾开花快。重肥应在"芒种"至"夏至"即香蕉形成"把头"之前施下。

摘自：搜狐香蕉产业联盟 https://www.sohu.com/a/200280416_772897

【知识拓展】

中国气候特点

中国气象精密观测预报

农业气象灾害的相关知识及预防

【思政案例】

叶笃正——中国大气物理学创始人

叶笃正(1916.2.21—2013.10.16),又名叶平斋,出生于天津,祖籍安徽省安庆市,气象学家,中国现代气象学主要奠基人之一、中国大气物理学创始人、全球气候变化研究的开拓者。

叶笃正1940年毕业于西南联合大学;1943年,在浙江大学获硕士学位;1948年11月,在美国芝加哥大学获博士学位;1980年,任中国科学院大气物理研究所所长,并当选中国科学院学部委员(院士);1981年至1985年,任中国科学院副院长;1979年至1987年,任中国气象学会理事长;2006年,获2005年度国家最高科学技术奖。

叶笃正早期从事大气环流和长波动力学研究,提出长波能量频散理论;20世纪50年代,提出青藏高原在夏季是热源的见解,由此开拓了大地形热力作用研究和青藏高原气象学;提出北半球大气环流季节性突变并引发一系列研究;60年代对大气风场和气压场的适应理论做出重要贡献;70年代后期,从事地-气关系和倡导全球变化研究并在国际上占有一席之地。

20世纪70年代末至80年代,叶笃正积极组织并领导中国开始气候变化的研究。他积极参加全球变化科学组织(IGBP)的创立,并发挥了重要作用,贡献了一系列科学思想,如气候和植被过渡带的敏感性、全球变化中大气化学的作用和"有序人类活动"适应全球变化等。他通过模拟计算后指出,大范围的灌溉对气候和水文的影响时间可长达3～6个月,从而证明了人类活动对气候的影响的可能性(被称为"陆面记忆")。

叶笃正的理论研究成果对提高气象业务水平起到重要作用,有些至今仍在发挥作用,如大气长波能量频散理论在业务天气预报中俗称为"上游效应";阻塞高压形成和维持的理论,一直是业务上对持续异常天气预报的重要理论基础;青藏高原气象学理论,在中国气象业务中不仅是天气预报的重要基础之一,更是气候预报的主要基础;大气运动的风场和气压场的适应的尺度理论至今仍是天气分析和预报的主要理论基础之一。此外,他积极参与和指导建立中国气象业务系统,为中国气象局的"气象中心""气候中心"和"信息中心"的建立做出了实质性贡献。

摘自:百度百科

项目七
作物生长的小气候环境及调控

【知识目标】

(1)认知各种农业小气候的气象效应;
(2)能概述某种作物生长所需气象条件。

【技能目标】

(1)会设施小气候调控的基本方法;
(2)会小气候观测数据的采集及基本分析;
(3)会对某地种植某种作物进行气象评价。

【思政目标】

(1)培养社会主义核心价值观;
(2)形成热爱科学、实事求是、敢于创新和理论联系实际的学风;
(3)树立气候资源利用与保护意识;
(4)具有良好的沟通能力和团队协作精神。

子任务1　农业小气候

一、小气候

(一)小气候的概念

小气候是指在局部地区内,因下垫面局部特性影响而形成的与大气候不同的贴地层和土壤上层的气候。它一般只表现在个别气象要素、个别天气现象的差异上(如温度、湿度、风、降水以及雾、霜的分布等),但不影响整个天气过程。不同的下垫面,形成不同的小气候。根据下垫面类别的不同,可分为农田小气候、森林小气候和湖泊小气候等小气候。由于小气候是下垫面某些小范围的地表状况与性质不同而引起的现象,它在贴地层中表现得最为强烈,而离下垫面愈远，则愈减弱，达到某一高度上，与大气现象完全混同起来。

(二)小气候的特点

与大气候相比，小气候具有范围较小、差异大及稳定性强的特点。

1. 范围小

小气候现象的垂直尺度和水平尺度很小。一般认为，它的垂直尺度大致包括整个贴地气层，在100 m以内，或更高一些，但主要在2 m以下，这也正是人类活动和动植物生存的主要空间。水平方向的尺度可以从几毫米到几十千米或稍大一些。因此，常规气象站网的观测不能反映小气候差异。对小气候研究必须专门设置测点密度大、观测次数多、仪器精度高的小气候观测网。小气候现象一般仅局限于局部下垫面条件下，一旦下垫面条件改变，则小气候现象也会跟着发生变化。

2. 差异大

从产生小气候现象来看，由于小气候考虑的尺度很小，局部地域差异不易被大规模空气运动所混合，无论铅直方向或水平方向气象要素的差异都很大，例如：在靠近地面的贴地层内，温度在铅直方向递减率往往比上层大2～3个量级；沙漠地区贴地气层2 mm内，温差可达十几度或更大。在水平方向上从一种下垫面过渡到另一种下垫面，气象要素分布也可以出现不连续。这种巨大的差异在大气候中是没有的。

3. 稳定性强

这里是指小气候规律的相对稳定性。由于尺度小，所产生的小气候差异不易被混合，于是各种小气候现象差异就比较稳定，几乎天天如此。只要形成小气候的下垫面物理性质不变，它的小气候差异也就不变。因此，可从短期考察了解某种小气候特点。但不同季节和天气类型略有差异。

(三)农业小气候

农业小气候是指农业生物生活环境(如农田、果园、温室、畜禽舍等)和农业生产活动环境(如晒场、喷药、农产品贮运环境等)内的气候。农业小气候与农业生物和农业生产有着密切的联系，其垂直尺度一般不超过10 m，水平尺度通常为几米到几百米。农业生物和农业生产种类繁多，分别处在不同类别的农业小气候系统之中，如农田小气候、园林小气候、温室小气候、牧场小气候、畜禽舍小气候等。

二、农田小气候

(一)农田小气候的概念

农田小气候是下垫面为农作物时，由农田贴地气层(一般是指2 m内)、土壤和作物群体之间共同相互作用所形成的小气候，或者说是以农田为研究对象的小气候。农田小气候不仅受土壤性质、地形方位等自然条件的影响，还随作物的种类、品种、密度、株型、生育期的变化而改变，还受农业栽培措施影响较大。因此，农田小气候随时间和自然条件的变化而变化，受人类的各项活动的影响显著。

(二)农田小气候的一般特征

农田小气候的特征决定于农田活动面性质(植株的体型、高度、叶片形状、尺度及分布情况等)。由于作物种类繁多，随着作物生育期的变化，农田活动面性质有着明显的差异。作物种类、品种不同，它们的株高和叶片形状、尺度、分布情况也不相同。对同一种作物，不同的发育期，它的株高、叶的尺度等也在不断变化。因此，农田小气候特征将因作物种类而不同，随作物的发育期而变化。

1. 农田中的光分布

农田中的光分布，主要决定于植株的高度、密度、种植行向和植株的株形、叶层的分布、叶片的生长方式和形状等。作物层中的光，主要来源于上方。当太阳光照射到作物层，在进入作物冠层之前，首先要受到冠层顶部的反射。作物冠层的反射率不仅因作物种类不同，也因冠层叶片的多少、大小而变化。作物冠层反射率在叶面积指数不太大的情况下，随叶面积指数的增大而增大。但是，当叶面积指数增大到一定数量之后叶面积指数再增大时，反射率将维持一定程度而不再增加。

一般在作物生育初期，由于植株较小，作物上、下层间的光照差别不大，随着作物的生长，尤其是在作物封行以后，在作物生长旺期，其差别逐渐增大，到作物生育的关键时期，需要的光照随高度降低而减小的速度应比较适中。一般地，植株密度过稀，田间漏光损失大，光能利用不充分，产量不高；反之，田间荫蔽，透光不良，总产量也不高。例如，在水稻、玉米栽培中，力求叶挺；在棉花栽培中，力求“宝塔式”株型，都是为了增加作物层内的透光度，保证株间光照度有适当的比例分布，到作物生育后期，株间相对光照度的分布与初期相似，保证上部有足够的光照，不致影响作物产量。

2. 农田中的温度分布

农田中的温度分布，决定于农田辐射差额、湍流的情况和农田的蒸散，不同作物、不同生长期和栽培措施下，温度的分布是不同的。

由于作物的存在，农田中湍流热交换的强度，不仅比裸地要弱得多，而且因枝叶的参差、湍流涡旋体的大小和形状等与裸地有明显差异。只有谷类作物在分蘖以前，因茎叶幼小、稀疏，对地面的遮蔽不大，不论昼夜，农田的温度分布和变化，与裸地情况基本相同。即白昼盛行日射型的温度分布，夜间盛行辐射型的温度分布。当作物封行以后的生长盛期，茎高叶茂，情况就两样了。这时株间和株顶以上的空气交换大为降低。白昼原来在株顶以上强度较大的湍流交换，常常出现显著降低的现象，再往下降低比较缓和。在作物生育后期，茎叶枯黄脱落，太阳投入株间的光和辐射增多，此时农田的温度分布，又和生育初期相近，温度的最高和最低，又出现在地面附近了。

与旱地比较，水田的温度分布，由于紧贴水面的一薄层，白天蒸发耗热多，夜间冷却慢，所以，和旱地情况相反，白昼为辐射型的温度分布，而夜间却为日射型分布。在暖季温带地区，作物层中的温度比裸地低，而冷季则较高。至于温度日较差，农田比裸地小，密植田比稀植田小，旱地比水田大。

3. 农田中的湿度分布

农田中的湿度分布和变化，除决定于温度和农田蒸发外，主要决定于湍流水汽交换强度的变化。白昼空气湍流使水汽蒸发向上输送，而夜间使水汽流向作物层，并凝结为露或霜。

在作物生长初期，相对湿度的分布，农田和裸地没有两样，不论昼夜相对湿度都是随高度而降低的。到了作物生长盛期，白天相对湿度在茎叶密集的作用层附近最高，地表附近次之；夜间气温都比较低，株间相对湿度，在所有高度上都比较接近。至于作物生长末期，白天相对湿度，和生育中期的相近，而夜间地面温度较低，最大相对湿度又出现在地表附近。

同旱地相比较，水稻田的湿度分布比较简单，不论昼夜相对湿度在紧贴水面的一薄层内，白天由于温度随高度增加，相对湿度随高度降低，夜间则相反。

4. 农田中风的分布

农田中风速垂直分布以作物冠层顶部为界，上下有较大差异。当风从裸地流到农田时，整个气流被迫抬升，在冠层顶部由于枝叶参差不齐，阻力较大，风速较小。从顶部往上风速增大，到达某一高度后不再增加。从顶部往下，由于枝叶稠密，摩擦阻力加大，风速随深入作物层的深度下降较快，尤其从农田活动面往下降低更快，到地表附近趋近于零。

在农田边缘附近，风速水平变化也非常明显，并与植株高度和密度有关。如在正常的种植密度下，气流由麦田边吹进麦田的深度，一般可达5～7 m，最远达10 m，并随风速增大而增加。但气流速度进入株间总趋势是逐步削弱的，特别是对禾本科作物更是如此。在作物中部茎叶稠密处，风速被削弱最强烈。而在株间基部附近茎叶相对稀疏，水平气流虽然也受到削弱，只要农田外风速足够大，株间基部附近仍有一定的气流通过。在农田近地气层内，中午前后的风速最大，夜间风速最小，风向紊湍。

在作物的整个生育期，农田株间风速的分布，除随作物生长密度和高度而变化外，还同作物的栽培措施密切相关，例如采用间作、套种后，能改善农田的通风条件。

5. 农田中 CO_2 的分布

农田中 CO_2 的含量和变化，主要决定于大气中 CO_2 的含量、作物呼吸释放的 CO_2 量及作物光合作用消耗的 CO_2 量，同时还与风速和湍流交换等有关。

在植物生育盛期，白天作物因光合作用消耗大量的 CO_2，使得在作物密集的高度上 CO_2 的浓度最低，其最低出现的高度不断下降，在午后降至接近地面达到最小；在夜间不仅作物停止了对 CO_2 的消耗，还因呼吸作用释放 CO_2，使植物层中的 CO_2 浓度变大，形成了随高度降低 CO_2 浓度增大的变化规律，在日出前作物层 CO_2 浓度达到最大。

(三)农田耕作与栽培措施的小气候效应

1. 耕作措施小气候效应

常见的耕作措施有松土、镇压、垄作、培土等，各种耕作措施都是通过改善土壤耕作层的结构和水、肥、气、热等而改善农田小气候。

(1)松土　松土即铲地、耕地和翻地，即疏松土壤，其小气候效应主要表现在以下几方面：

①使土壤疏松，增加透水性和透气性，在降水时将减少地表径流，提高土壤蓄水能力，对下层土壤有保墒作用。

②使土壤导热率与热容量减小，削弱上下层间热交换，增加土壤表层温度的日较差。

③在昼夜等长的春秋季节里，同一深度无论是疏松过的还是未疏松过的各土层的日平均温度，基本上是相同的；在昼长夜短的夏季，疏松过的土壤各层日平均温度都比未疏松过的高；在昼短夜长的冬季则相反，疏松过的农田各层日平均土温都比未疏松过的低。低温季节，松土层有降温效应，下层有增温效应；在高温季节，松土层有升温效应，下层有降温效应。同时由于土壤蒸发的降低，土壤因水分蒸发而消耗的热量也相应地减少。蒸发耗热减少也是松土能提高表层土温的原因之一。表7-1是昼长夜短的季节里，耕作层与未耕地土壤温度的比较。

表 7-1　耕地与未耕地土壤温度比较　℃

深度/cm	5 时			15 时		
	耕作田	未耕作田	差值	耕作田	未耕作田	差值
0	9.6	11.6	−2.0	36.4	31.0	+15.4
5	12.4	13.8	−1.4	29.0	27.6	+1.4
10	16.4	15.4	+1.0	23.8	24.2	−0.4

④由于松土切断了土壤表层和深层的毛管联系，因而阻碍了土壤水分的上升，减弱了土壤水分的消耗，保存了土壤中的水分，提高了土壤湿度；土壤蒸发降低，对下层的土壤水分贮存有利。所谓“锄头三分雨”就是这个道理。所以松土是抗旱栽培技术中提高土壤蓄水力的重要方法。

⑤土壤疏松有利于土壤呼吸，使土壤中的 CO_2 逸出土层进入大气，大气中的 O_2 进入土层。

(2)镇压　镇压是压紧土壤的一种措施。由于镇压与松土是两种操作相反的耕作措施，因此两者的小气候效应也是相反的。镇压与未镇压农田土壤温度比较见表 7-2。

①镇压减小了土壤的透气性和透水性，使土壤中毛管直径变小数量增多，使土壤深层沿着毛管上升，加速土壤水分蒸发，使表层的土壤湿度增加。所以在需要土壤表层湿度增大时，要进行镇压。“踩格子”“压青苗”(指冬小麦)都是北方旱田地区增加土壤表层湿度(即提墒)的有效措施。

②镇压后，土壤热容量与导热率相应地增大，因而镇压的土壤表层在白天比未镇压过的温度低，而在夜间则比未镇压的高，即减小了镇压层温度日较差；深层土壤情况相反，温度日较差增大。

表 7-2　镇压与未镇压农田土壤温度比较　℃

农田类型	地表		5 cm		10 cm		20 cm		40 cm	
	最高	最低	最高	最低	最高	最低	最高	最低	最高	最低
镇压过的农田	14.6	5.4	12.2	7.8	11.1	8.9	10.6	9.4	10.7	9.3
未镇压的农田	20.0	−2.1	13.3	6.8	11.4	8.1	10.8	9.0	10.5	9.5
差值	−5.4	+7.5	−1.1	+1.0	−0.3	+0.8	−0.2	+0.4	+0.2	−0.2

(3)垄作　垄作指隆起较厚疏松土层。小气候效应与松土相似，但也有其自身的特点。

①垄作土温日较差大于平作。垄作的土壤热容量和导热率比平作小，而且垄作有较大的暴露面，土壤白天吸收太阳辐射(直接辐射和散射辐射)和夜间放射有效辐射都比平作大。白天太阳辐射能量集中在垄作表层，因此土温比平作高，夜间表层土壤辐射冷却失热后，深层土壤热量向上输送少，致使土壤温度比平作低。

②垄作除了能提高土壤温度外，还有一定的保墒能力。在降水时，雨水集聚于垄沟，渗入土壤深层。在长期无雨的情况下，垄台上虽然水分很少，但疏松的垄台却有力地阻碍了较深层中土壤水分的蒸发，因而垄作农田深层土壤湿度比平作大。而在降水丰富的地区，由于垄作沟台高低差异悬殊，有利排水防涝，降低土壤湿度。

③垄作有利于通风透光。作物封垄后，由于垄作沟的存在，有利于作物群体冠层下部的通

风，使冠层内空气易于产生湍流运动，便于 CO_2 的输送。

(4)培土　培土是往作物根部覆土的一种耕作措施。

①减少培土层下土壤温度日较差。由于覆盖在作物根部的土壤比较疏松，土壤导热率变小，白天下层土壤升温慢，夜间下层土壤降温也慢，土壤日较差变小。因此，培土是防止低温和霜冻危害的良好措施。

②培土具有保温效应。培土的保温效应决定于培土层的厚度、干湿状况和夜间地表降温程度。培的土层越厚(表 7-3)、土壤越干燥及地表温度降低得越多，保温效果越好。

③培土可减少下层土壤的水分蒸发，起到保墒作用。

表 7-3　不同培土厚度的保温效应　　℃

项目	裸地表面	培土厚度/cm			
		1.0	2.0	3.0	4.0
夜间平均温度	5.0	8.9	9.5	10.7	10.8
保温效应	0.0	3.9	4.5	5.7	5.8

2. 栽培措施小气候效应

作物的行间、行向、种植密度与方式、农田灌溉及使用化学药剂等栽培措施，也可以改善农田小气候。

(1)种植行向　种植行向不同主要影响株间通风及透光。作物的种植行向不同，株间的受光时间和辐射度都有差异，这是由于不同时期太阳方位角和照射时间是随季节和纬度而变化的。夏半年，日出、日没的太阳方位角，随纬度增高而偏北，日照时间愈长，沿东西行向照射时数，比沿南北行向显著增多；冬半年的情况恰好相反，日出、日没的太阳方位角，随纬度增高而偏南，日照时数愈短，沿南北行向照射时数，比沿东西行向要长得多。因此种植行向的辐射效应，高纬度地区比低纬度地区要显著得多。显然，高纬度地区种植秋播作物取南北行向有利，而春播作物，特别是对光照要求比较突出的取东西行有利。

为了创造植株间良好的通风透光条件，在种植行向的选择上，也要注意使行向和作物生育关键时期的盛行风向接近，从而调节农田中的 CO_2、温度和湿度。

在比较复杂的丘陵地区和山地，因为周围地形遮蔽的影响，行向的小气候效应往往受到干扰和破坏。

(2)种植密度　种植密度影响辐射平衡、湍流交换和蒸发耗热。随着种植密度的增加，株间辐照度降低，风速减小，二氧化碳供应趋少；温度在白天或暖季随密度增加而降低，在夜间或冷季则升高，日平均气温和气温日较差随密度增加而减小，故密度大的株间气温高，有保温防冻作用；密度增加，农田消耗水分就多，土壤水分减少；株间空气湿度则因农田蒸散增强、湍流交换减弱而增加，因而密植农田中绝对湿度较大，并且相对湿度也随密度的增大而增大。

透光率、气温及湿度等因植株密度的不同而产生的差异，在作物封垄以前，特别是在晴朗的天气条件下表现得最为明显，在封垄以后这些差异则逐步消失。

在植株密度相同的情况下，由于种植方式的不同，进入株间光热也有差异。一些研究指出：用宽窄行相间的种植方式或适当地增大行距缩小株距，不仅能提高株间光照度，改善光能利用状况，而且有利于温度条件的改善，是农业增产的有效措施之一。

(3)间作套种　间作套种的农田中，不同作物的株高、株型、叶型均不相同，形成高低搭配、疏密相间的群体结构，扩大了光合面积。矮秆作物生长的行间，也就是高秆作物透光的通道，光线可直射到高秆作物的中、下部。矮秆作物的叶面反射，还可增加作物群体中的漫射辐射。太阳斜射时，侧边叶片受光面积大，株行间的漏光和反射光减少，使上、下层受光均匀，减少了上“饱”下“饥”的矛盾。同时，高秆作物对矮秆作物有遮阴作用，使后者受光相对欠缺；但在中午时分光照度过强时，高秆作物的光合作用减弱，矮秆作物却可获得十分有利的光合作用条件。在高纬度地区，套种对于延长作物生长季节，提高光能和耕地利用率更具实际意义。

合理的间作套种，能增加边行效应，加强株间的湍流交换，从而改善通风条件，保证二氧化碳的供应。由于套作作物共生期比较短，因而它的边行效应比间作更为明显。

套作的上茬作物对下茬作物能起一定的保护作用。如春季麦田套种棉花时，上茬作物（麦株）可为下茬作物（棉）的幼苗挡风防寒，并减少风沙和晚霜冻的危害。

间作套种也会引起农田温度和湿度的改变。当高秆作物对矮秆作物产生显著的遮阴作用时，矮秆作物带、行中的温度偏低而湿度偏高，并会随带、行间距的缩小而加剧。

（4）灌溉　灌溉后土壤湿润，颜色变暗，地面反射率降低，地面吸收的太阳辐射能增多，土壤表面蒸发耗热剧烈。同时，土壤水分的增加，使土壤的热容量和导热率增大。结果导致温度的日较差减小，而且愈近地面日较差愈小，白昼可能出现逆温现象。但农田灌溉的温度效应，在不同季节和时间是不同的。在冷季或清晨、傍晚，由于水温高于土温，灌水后产生增温效应；在暖季或中午前后，水温比土温低，灌水起降温作用。灌溉不仅使土壤湿度增大，改善了土壤水分状况，而且由于蒸发加强和温度降低，使近地气层空气的绝对湿度和相对湿度都普遍增大。灌溉效应除受地区、季节、昼夜、天气条件影响外，还与灌溉方法、灌溉面积、灌溉量和土壤状况有很大关系。一般灌溉面积越大、土壤越疏松、土色越浅、天气条件越是持续晴朗干燥，则效应越显著。灌溉的温度效应也受灌溉水温的制约，生产上可根据需要，利用水源温度的变化来调节农田温度。

三、地形小气候

所谓地形小气候是指在同一大气候区内，由地形因素所形成的局地气候和小气候。

（一）坡地小气候

在坡地上，由于坡向和坡度的不同，受地形遮蔽情况和坡度的影响，对阳光的向背以及入射角的不同，其获得的日照时间也有所不同，各坡面上获得的太阳辐射总量也不相同，从而形成不同的坡地小气候的差别。

1. 太阳辐射

我国位于北半球，阳光终年以偏南照射为主，坡地因坡向坡度的不同所接收太阳辐射量能不同。一般地，坡度相同时，南坡太阳辐射量最多，由南向两侧递减，北坡最少；最大辐照度的出现时间，除南、北坡与水平面均出现于正午时刻（地方太阳时）外，东坡最早，东北坡东南坡次之，均出现于午前；西南坡与西北坡晚，西坡最晚，均出现于午后；夏半年，南北坡地的太阳辐射量差别较小，而冬半年则非常显著。坡向相同时，冬半年纬度越高，坡度越大的南坡，太阳辐射总量增加越多，而低纬度地区这种影响不明显。

2. 温度

由于地面热量主要来源于太阳辐射，故坡地温度分布规律与上述提到的太阳辐射分布规律基本一致。坡地方位对气温的影响，只局限于紧贴地表的极薄气层内。一年之内，最暖的方位是西南坡，但在夏季，因午后多对流性天气，最暖的方位移至东南坡，最冷的方位终年都是北坡。土壤最高温度出现的方位，一年之中各有不同：冬季土温最高是西南坡，此后即向东南坡移动，到夏季则位于东南坡，夏秋之间又逐渐移向西南坡。

3. **湿度**

小地形坡向对降水量的影响与风速有关。背风坡风速小，降水量大，而且最大降水量出现在背风坡的两侧面。坡度对土壤水分含量影响很大。坡地土壤湿度分布与温度相反，南坡温度高，蒸发量大，土壤干燥；北坡温度低，蒸发少，土壤湿度大；东坡和西坡介于南北坡之间。一般情况下，坡度愈大，土壤水分含量愈少。

空气相对湿度一般是北坡高于南坡。南北坡相对湿度差异随高度而不同，最大差异在低层，随高度的增加而差异减少。

由上可见，坡地小气候空间分布规律明显，在农业生产上，要因坡制宜地布局农作物。如把喜光喜热的植物栽培在南坡，而耐阴喜凉植物种在北坡；坡地排水排气条件好，无土壤盐渍化现象，无冷空气的积聚，可以发展某些不耐寒不耐渍的经济林木及果树。

（二）谷地小气候

谷地受周围地形遮蔽，日照时间和接受太阳辐射量都小于平地，与外界湍流交换也受到很大限制，故形成了独特的谷地小气候。

与平地相比，山谷中的山坡与谷底表面积大，白天获得太阳辐射的面积大，使贴地气层吸收到较多的热量，且由于地形闭塞，热量不易向谷外扩散，使谷中温度较高；夜间，谷中地表面积大，地面有效辐射大，坡上冷空气下沉向坡底汇集，形成“冷湖”，使谷中气温比山顶和山坡上半部低得多，往往增强逆温层。因此，谷地气温日较差较大。但在冷平流天气影响下，辐射影响就不明显，这时，山顶受冷平流直接侵袭，降温快，谷地倒成为避风区，温度反而高于山顶。

谷地盛行山谷风，使白天坡中多云雾及降水，且谷地地势低洼，受山地径流影响，土壤湿度与空气湿度都比较高。

谷地土壤水分条件好，谷中气温日较差大，利于作物有机质的积累及品质的提高，对发展农业是有利的一面，但冬季容易发生霜冻，夏天可能温度过高，且降水量易汇集，形成水涝灾害，故在农业生产上要注意趋利避害。

四、水域小气候

江、河、湖、冰川、沼泽、水库等自然水体和人工水体，统称为水域。以这些水面及其沿岸地带为活动面而形成的小气候，称为水域小气候，它的范围与水域大小和风向有关。由于水面和陆地土壤增热和冷却的特性不同，水域上的空气热状况和水汽含量与空旷的陆地也不同，从而影响着邻近陆地的小气候。

水面反射率小于陆地，在同样的太阳辐射条件下，水面实际得到的太阳辐射能量平均比陆地多10％～30％。但由于水的热容量与导热率都较大，水体储存热量能力很强，且其吸收的热量主要用于蒸发耗热，故白天或暖季水体温度升高不大；夜间或冬季气温下降时，水中的热量能释放出来，使水体温度降低也不大，形成了水体温度日年变化较为缓慢的特点。由于水域蒸发作用强，水面附近上空的空气湿度大于陆地上空的空气湿度。

水域周围冬暖夏凉、空气湿度高的小气候特点，通过空气的平流运动影响到周围地区。水域对邻近陆地的影响范围，与水域面积的大小、深度及岸边的地形特点有关。一般来说，水域的面积越大、越深，则对岸边陆地的影响越大；在其下风岸的陆地，受水域的影响比上风岸的陆地大。面积为几平方千米的湖泊或水库，岸边平坦或地形起伏不大时，可使离水域几百米甚至几千米的陆地小气候得到调节。例如，江苏的苏州和无锡一带，因处在太湖沿岸，受太湖的影响，冬季的温度、湿度比较高，因此，使原生长于浙闽一带的常见果树也能在这里安全越冬。受水域影响，邻近地区初霜推迟，终霜提前，无霜期延长，有时可延长 15～20 d。

农业小气候

[任务思考与练习]

1. 什么是小气候？简述农田小气候的一般特征。
2. 简述各种耕作措施的小气候效应。
3. 简述不同栽培措施的小气候效应。
4. 简述坡地与水域小气候的特点及其利用。

子任务 2　农业设施小气候

一、地膜覆盖小气候

地膜覆盖是塑料薄膜地面覆盖的简称。它是用很薄的塑料薄膜紧贴在地面上进行覆盖的一种栽培方式，增产效果可达 20%～50%，在世界各国广泛应用。地膜覆盖栽培可增温保墒，促进土壤微生物活动，加速有机物分解，避免土壤养分被淋溶流失，提高和保持土壤肥力。同时，依靠地膜的反光作用，能增强植株中、下部光照强度，提高光合作用，延长生育期，取得早熟、丰产、优质的栽培效果。

(一)地膜覆盖小气候效应的基本原理

塑料薄膜具有良好的透光性和气密性，太阳辐射投射到地膜上，一部分被反射，一部分被吸收，绝大部分透过地膜被土壤吸收转化为热能。地膜的保温性主要是由于：①土壤增温后，以长波方式向外辐射能量，但地膜有较强的阻止长波辐射散失的能力，从而截留膜内热量向外散失；②地膜的气密性隔断了土壤表面与大气之间的湍流热交换；③地膜的气密性强，抑制了土壤水分蒸发，减小了潜热的损失，而且在膜下凝结水形成时释放潜热。

(二)覆盖材料的种类及对农作物生长的影响

1. 覆盖材料的种类

地膜覆盖用薄膜以无色透明聚乙烯膜为主，通用厚度为 0.015～0.02 mm，超薄膜为 0.003～0.006 mm。按颜色的不同，地膜可分透明膜、黑色膜、绿色膜、银灰膜、蓝色膜、黑白双色膜和银黑双色膜等多种；按用途不同可分为除草膜、营养膜、保温膜、消毒膜、光解膜等。

2. 不同覆盖材料对农作物的影响

由于薄膜的颜色不同，对光谱的吸收和反射规律也不同，因而对作物的生长及杂草、病虫害、地温的影响也就不一样。在农业生产上根据农作物的不同要求，正确选用有色农膜能起到增产、增收、防病和改善品质的作用。

(1)无色透明膜　具有透光、保温、保湿、保肥、保药等良好性能，透光好、增温效果比其他有色膜显著，透光率和热辐射率达 90%以上，可促进农作物的光合作用和早熟，增产效果好，是地膜的主要品种，也是当前农业生产上应用最广的薄膜，但覆盖膜下易生杂草。

(2)乳白地膜　乳白地膜热辐射率为 80%～90%，接近透明地膜，透光率只有 40%，对于杂草有一定的抑制作用。它主要用于平铺、覆盖，可较好解决透明地膜覆盖草害严重的问题。

(3)黑色膜　主要特点是透光率低，透光率只有 1%～3%，热辐射只有 30%～40%，热量不易传给土壤，增温性能不及普通地膜，但保湿性能优于普通地膜。在杂草严重的地方覆盖，能使杂草发芽后得不到必要的阳光而死亡。在高温季节栽培喜凉蔬菜覆盖黑色农膜，热量不易传入，可有效防止水分蒸发，从而促进蔬菜生长。主要用于夏萝卜、白菜、菠菜、秋黄瓜、晚番茄等作物覆盖栽培。

(4)蓝色膜　又叫蓝色增光膜，主要特点是保温性能好，升温快，在弱光条件下透光率高于普通农膜，而在强光条件下又低于普通农膜。在蓝色光照下，农作物光合作用加快。早春阳畦蔬菜育苗时，选用浅蓝色农膜可大量透过蓝紫光，促进秧苗健壮，同时，它还可吸收大量的橙色光，提高膜内温度，使幼苗生长茁壮，茎粗叶大。

(5)紫色膜　主要特点是能使紫光透光率增加，有利于作物养分增加和积累。短紫光具有矮化作物、增厚叶片的作用。主要适用于冬春温室和塑料大棚的茄果类和绿叶蔬菜栽培，可增进品质，提高产量和经济效益。

(6)红色膜　该膜能透射红光，又能阻挡其他不利于作物生长的色光透过，最大限度地满足作物对红光的需求。实践表明，在红色农膜下培育的水稻秧苗生长旺盛，甜菜含糖量增加，胡萝卜直根粗大，韭菜叶宽肉厚，收获早，产量高。

(7)黄色膜　主要特点是能使黄光增加，透过红、黄、橙色光，排除青光和紫光。用黄色农膜覆盖黄瓜可促进现蕾开花，增产 50%～100%；覆盖芹菜和莴苣，可使植株生长高大，延长食用期；覆盖矮秆扁豆，植株节间增长，生长壮实；覆盖茶树，茶叶品质上乘，产量提高。

(8)绿色膜　主要特点是能使植物进行光合作用的可见光透过率减少，而绿光增加，减弱作物光合作用；增温效果较差。该膜使杂草的光合作用降低，以控制其生长。有利于防除杂草，间接提高作物产量。

(9)银灰色膜　主要特点是增温快、降温慢，保温性能强，保水、保肥好，具有除草作用。该膜反射紫外线的能力强，可有效地驱避蚜虫和白粉虱，抑制病毒病的发生。适宜夏秋季蔬菜、瓜类、烟草的覆盖栽培。

(10)银色膜　主要特点是使植物进行光合作用的可见光(橙色光)透过率减少，增温效果介于普通农膜和黑色农膜之间。银色农膜成本较高，多用于草莓、菜豆、茄子、甜菜、番茄及黄瓜类蔬菜及其他经济作物。

(11)银黑双面膜　由银灰色和黑色两种地膜复合而成，具有反光驱避蚜虫、防病、除草、保水、保肥等多种功能，由于能反射更多的紫外线，因而银黑两面膜还具有抑制蔬菜徒长的作用。覆盖时银面朝上，黑面朝下。主要用于夏秋季节蔬菜、瓜类等经济价值较高的作物防病抗热栽培。

(12)银色反光膜　又叫镜面反射膜，具有隔热反光和降地温的作用，反光率达 80%～100%，主要适用于温室蔬菜栽培，可悬挂在温室内栽培畦北侧，以改变温室的光照条件，从而提高作物产量，改进品质。

(13)黑白双色膜　由黑色和乳白色两种地膜复合而成，一般覆盖地膜只能升温，不能降温，而此膜既能升温，又能降温。这是由于白色对光可产生强烈反射，从而达到降温效果。在炎热夏季使用该膜后，10 cm 地温可下降 5～6 ℃。由于该膜能降低地温、保水、抑制杂草等，故此膜适宜夏秋季节抗热栽培。覆盖时白面朝上，黑面朝下。

(14)转光农膜　主要特点是能将日光中的紫外线转换成红橙光，提高植物光合作用强度，改善作物营养成分含量，减轻病虫害发生。适宜范围为一切经济作物。

(15)除草膜　在覆盖地面的一面粘有适量的除草剂，水汽蒸发时，除草剂从膜表面析出，溶于膜下水滴中，可使杂草幼芽一出土就被杀死。但使用时要注意不同作物的抗药性和除草效果，防止对作物产生药害。

(16)可降解地膜　此类地膜覆盖后经一段时间可自行降解消失，防止残留污染土壤。目前我国可降解地膜的研制工作已达到国际先进水平。降解地膜诱导期能稳定控制在 60 d 以上，降解后的膜片不阻碍作物根系伸长生长，不影响土壤水分运动。

(17)微孔地膜　每平方米地膜上有 2 500 个以上微孔。这些微孔夜间被地膜下表面的凝结水封闭，阻止土壤与大气的气、热交换，具保温性能；白天能吸收太阳辐射而增温，并且当膜内表面凝结的水蒸发时，微孔打开，土壤与大气间的气、热进行交换，避免了由于覆盖地膜而使根际二氧化碳郁积，抑制根呼吸，影响产量。这种地膜增温、保湿性能不及普通地膜，适用于温暖湿润地区应用。

(三)地膜覆盖的小气候效应

1. 光照

田间农作物的叶片，朝上的一面不仅受到太阳直接辐射和散射辐射影响，还受到下层叶片背面再反射和长波辐射的影响；同时叶片背面受到下层叶片和地面反射而来的短波辐射和长波辐射影响。地面覆盖地膜后，由于普通无色透明地膜的透光率可达 90%以上，可保持地面较高的透光率。同时，由于地膜下附着一层反射能力很强的水滴，再加上薄膜本身的反射作用，能够增加作物株行间的光照强度。地膜覆盖可使晴天中午作物群体中下部多得到 12%～14%的反射光，从而提高作物的光合强度，据测定番茄的光合强度可增加 13.5%～46.4%，叶绿素含量增加 5%。不同颜色地膜的反光能力差别较大，见表 7-4。

表 7-4　不同颜色地膜反光能力比较(观测高度为 10 cm)

地膜颜色	反射光照度/lx
露地	10 128
乳白	29 008
银灰	20 665
透明	16 278
绿色	7 390
黑色	7 295

2. 温度

地膜覆盖的温度效应主要表现为提高土壤温度。地膜的增温效果，因覆盖时期、覆盖方式、天气条件及地膜种类的不同而不同。

例如，北方花生苗期，土壤温度偏低，墒情较差。地膜覆盖对土壤有明显的增温效应，见表 7-5。白昼从地面到 30 cm 深处，均有增温作用，以 10 cm 土层增温最多。一天中以 14 时增温最多，而且土壤表层比下层显著。

表 7-5　花生地地膜覆盖对土温的影响　　℃

观测时间	土壤深度/cm						平均
	0	5	10	15	20	30	
8 时	3.7	1.6	3.5	3.1	2.5	2.4	2.8
14 时	4.5	8.0	9.4	5.4	3.9	2.6	5.6
20 时	2.7	3.2	4.9	5.0	3.9	2.2	3.7
平均	3.6	4.3	5.9	4.5	3.4	2.4	4.0

据广东韶关气象局李桂培 2001 年 2 月中旬至 3 月中旬对中亚热带地区地膜覆盖下 10 cm 土温研究（表 7-6），不同天气条件下，地膜覆盖的地温增温效应是不同的，晴天日平均地温增温最大，阴天增温最小。在一天中不同时次里，晴天 14 时平均增温可达 7.9 ℃，多云天气增温 3.9 ℃，而阴雨天气各个时次的增温效应差异不大。

表 7-6　不同天气条件下盖膜地温增温效应　　℃

天气	2 时	8 时	14 时	20 时	日平均
晴天	2.6	1.0	7.9	4.1	3.7
多云	2.3	1.5	3.9	3.6	2.9
阴天	2.6	3.3	2.3	2.4	2.5

从不同覆盖时期看，春季低温期，覆盖透明地膜可使 0～10 cm 地温增高 2～6 ℃，有时可达 10 ℃以上。进入夏季高温期后，如无遮阴，膜下地温可高达 50 ℃以上，但在有作物遮阴或膜表面淤积泥土后，只比露地提高 1～5 ℃，土壤潮湿时，甚至比露地低 0.5～1.0 ℃。

从不同覆盖形式看，高垄（15 cm）覆盖比平畦覆盖的 5 cm、10 cm、20 cm 深土壤增加温度 1.0 ℃、1.5 ℃、0.2 ℃；宽形高垄比窄形高垄土温高 1.6～2.6 ℃。

此外，东西延长的高垄比南北延长的增温效果好；无色透明膜比其他有色膜的增温效果好。

3. 空气湿度

不论是露地覆盖地膜还是园艺设施内覆盖地膜，都能起到降低空气湿度的作用。据北京市农业局测定，露地覆盖地膜时，5 月上旬至 7 月中旬期间，田间旬平均空气相对湿度降低 0.1%～12.1%，相对湿度最高值减少 1.7%～8.4%。另据对地膜覆盖与否的大棚内的空气相对湿度测定，覆盖地膜的比不覆盖的低 2.6%～21.7%。由于地膜覆盖可降低空气湿度，故可抑制或减轻病害的发生。

4. 土壤湿度

覆盖地膜后，地表和薄膜之间形成一个狭小空间，切断了土壤水分与空气水分的交换通道，抑制了土壤水分的蒸发；同时，蒸发的水分又可以凝结到地膜上，返还土壤。因此，覆盖地膜后，可以增加土壤湿度，提高土壤保水能力。据山西省棉花研究所杜跃生6—9月份观测，地膜覆盖平均每公顷土地日蒸发量为0.2 m^3，而不覆膜高达1.8 m^3，3个月减少蒸发量145 m^3。据测定，春天盖膜6 d后，5～20 cm土壤湿度比露地高8%～23.7%，52 d后，5 cm土壤湿度比露地高34.5%。此外，在雨季，覆盖地膜的地块地表径流量加大，能减轻涝害。

但是地膜覆盖栽培中相应也产生一些不利作物生长的气候效应。地膜覆盖时，可能由于外界的天气影响，造成膜内温度过高，引起植株膜内近地面部分的灼伤；地膜覆盖使土壤温度升高，这使得土壤养分的分解转化和植株对养分的吸收速度加快，若肥料补充得少，中、后期根际土壤有效养分浓度降低，从而引起植株在中后期生长由于营养供应不足而表现出早衰不增产，甚至有减产现象；旱沙不宜采用地膜覆盖栽培，因为旱沙地盖膜后土壤温度在中午时易产生高温，在干旱比较严重的情况下反而会造成减产。

二、塑料大棚小气候

塑料大棚是一种简易实用的保护地栽培设施，以竹木、钢筋、钢管作拱形骨架，用塑料薄膜作覆盖材料构成。一般分大中小三种规格：小棚面积15～45 m^2，棚内中高1 m以下，管理人员不能在棚内操作，只能将膜揭开在棚外操作，常见于育种；中棚面积30～60 m^2，棚内中高1.5～1.8 m，管理人员勉强可在棚内操作；大棚面积较大，可多栋连体，棚内中高2～2.5 m，管理人员可在棚内自由走动、操作。塑料大棚具有结构简单、建造和拆装方便，一次性投资较少的优点，广泛应用于农业生产。

(一)小气候效应的基本原理

塑料大棚小气候效应的原理与地膜的基本一样，具有透光、保温、保湿的小气候特点，与地膜相比不同的是：塑料大棚内存在较大空间，空气有一定的流动性；增温差；保温好；保湿差。

(二)小气候效应

1. 光和辐射

大棚内的光照强度与薄膜的透光率、太阳高度、天气状况、大棚方位及大棚结构等有关，同时大棚内的光照也存在着季节变化和光照不均现象。

最好的透明塑料薄膜透光率近于玻璃，可达90%，一般在80%以上，较差的也有70%左右。覆盖材料及其耐老化性、无滴性、防尘性等不同，使用后的透光率也有很大差异。目前生产上使用前新的透明薄膜透光率在90%左右，但使用后透光率会大大降低。据测定，因薄膜老化可使透光率降低20%～40%；因薄膜污染可降低15%～20%；因水滴附着而减少透光率20%；因太阳光的反射还可损失10%～20%。

大棚的方位不同，太阳直射光线的入射角也不同，因此透光率不同。一般东西向延长南北朝向的大棚比南北向延长东西朝向的大棚透光率要高。

光照强度在大棚内的分布也是不均匀的。水平方向上，中部光照度最好，其次是南部，温室北部较差；垂直方向上，从温室顶部向下递减。

2. 温度

由于棚内热量主要来源于太阳辐射，故影响棚内温度的因素与影响棚内的光照强度及薄膜的透光率的因素基本一样，主要与季节及天气有关。

(1)气温　据广西农业职业技术大学陈丹2006—2007年在晴天、多云天及阴天三种典型天气下，对南宁市单栋、三连栋及六连栋塑料大棚 150 cm 高度气温进行观测并统计，以三连栋数据为例(表 7-7)，可见：冬季棚内晴天日平均气温增温 3.1 ℃，阴天仅为 1.9 ℃；夏季晴天日平均气温增温 3.8 ℃，阴天仅为 1.6 ℃。外界气温升高时，棚内增温相对加大，棚内最高气温高于棚外 8.9 ℃，而冬季最低气温增温则≤2 ℃，这导致大棚内存在着高温及低温危害，需进行人工调控温度。棚内日较差冬季高于棚外 5.3 ℃，夏季高于棚外 6.7 ℃，这有利于作物有机物质的积累。

在研究中还发现，体积较小的单栋大棚在晴天及多云天夜间出现 0.1～1.1 ℃的“温度逆转”现象(棚内温度低于棚外)。究其原因，主要是薄膜的长波透过率高，棚内大量热量通过薄膜以传导、长波辐射的方式迅速向外界散失；其次，棚外贴地气层可以通过空气的铅直湍流和平流，由上层其他地方补给热量，而大棚的封闭性使棚内得不到这种热量的补给；还有，温室体积越小，前一天白天获得的太阳辐射越少，夜间温室净辐射越大时，越容易发生这种情况，相反，土壤贮热越多，保温比越大，这种现象越难出现。

表 7-7　三连栋冬夏季大棚内外气温的比较　　℃

		晴天				多云				阴天			
		日平均	最高	最低	日较差	日平均	最高	最低	日较差	日平均	最高	最低	日较差
夏季	棚内	35.0	45.8	25.7	20.1	33.8	45.1	27.3	17.8	30.1	37.4	27.1	10.3
	棚外	31.2	36.9	25.6	11.3	30.7	36.8	26.5	10.3	28.5	33.0	26.6	6.4
	增温	3.8	8.9	0.1	8.8	3.1	8.3	0.8	7.5	1.6	4.4	0.5	3.9
冬季	棚内	15.2	31.2	6.0	25.2	15.1	28.1	9.6	18.5	11.4	15.2	9.9	5.4
	棚外	12.1	22.3	4.4	18.0	12.7	19.8	7.6	12.2	9.5	11.5	8.3	3.1
	增温	3.1	8.9	1.6	7.2	2.4	8.3	2.0	6.3	1.9	3.7	1.6	2.3

(2)地温　生产中多以 10 cm 地温作为大棚内作物定植的温度指标。据资料表明，2 月中旬至 3 月上旬，棚内 10 cm 地温 8 ℃以上，能定植耐寒作物；3 月中、下旬升高到 12～14 ℃，可定植果菜类；4—5 月棚内地温达 22～24 ℃，有利于作物生长，棚内地温比气温下降缓慢，有利于作物的生长；10—11 月上旬，10 cm 地温下降到 10～21 ℃，某些秋后作物可以生长。

据广西农业职业技术大学陈丹 2006—2007 年，在晴天、多云天及阴天三种典型天气下 0 cm、5 cm、10 cm、15 cm、20 cm 各土层地温对比研究(表 7-8)，夏季晴天及多云天气，地温越往深层增温越少，阴天相反，越往深层增温越多；冬季晴天及多云天气，越往深层增温越大，阴天 5～10 cm 土层增温效果无甚差别。值得注意的是，研究中发现，晴天及多云天夜间单栋大棚出现“温度逆转”时，大棚内地温始终高于棚外露地，但在晴天温度较高的 12—16 时单栋、三连栋及六连栋三种不同结构棚内 0～10 cm 土层却出现 0.3～1.2 ℃“温度逆转”现象，究其原因主要是由于薄膜对太阳辐射的直接遮蔽作用，使棚内在有太阳直接辐射的观测时段土温升温缓慢，且土壤较为潮湿，获得热量容易向深层传导。

3. 空气湿度

一般大棚内空气的湿度显著高于露地，这是塑料薄膜大棚的重要特性。大棚内土壤水分来自人工灌溉，空气中的水分来自土壤蒸发和植物蒸腾。由于薄膜气密性好，生产又在低温季节，通风量小，所以在大棚的生产时期多形成高湿环境，在正常生产的大棚内，相对湿度的日变化与气温相反，夜间高而稳定，白天随气温的升高而剧烈下降，最低值出现在13时、14时。由于棚膜凝结水向地面滴落，造成浅层土壤湿度增高甚至泥泞，而下层潮湿度明显下降。

表7-8　三连栋冬夏季大棚内外地温的比较　℃

天气	土深/cm	夏季			冬季		
		棚外	棚内	增温	棚外	棚内	增温
晴天	0	36.6	44.3	7.7	17.7	19.8	2.1
	5	32.8	36.7	3.9	14.7	18.7	4.1
	10	32.0	35.6	3.6	13.9	18.1	4.2
	15	31.3	34.8	3.5	13.5	18.1	4.6
	20	31.1	34.4	3.3	13.3	18.5	5.2
多云	0	34.1	39.6	5.5	16	18.3	2.3
	5	31.8	35.3	3.5	14.3	17.8	3.5
	10	31.3	34.2	2.9	14	17.8	3.8
	15	30.7	33.4	2.7	13.8	17.9	4.0
	20	30.4	33.2	2.8	13.7	18	4.3
阴天	0	30.2	32.1	1.9	11.1	13.2	2.1
	5	29.5	32.0	2.5	11.3	14.5	3.2
	10	29.4	32.0	2.6	11.8	14.9	3.1
	15	29.1	31.7	2.6	12.3	15.3	3.0
	20	29.1	31.8	2.6	12.6	15.9	3.3

三、温室小气候

温室是人类控制和模拟自然气候从事植物种植的一种农业设施，内附调控光、温、水等的设施。根据不同的覆盖材料，温室可分为薄膜温室、玻璃温室、塑料板温室；根据温室内有无加温设备，可分为加温温室和不加温温室（日光温室）；根据温室智能化程度分普通温室和智能化温室。

（一）普通温室小气候

1. 小气候效应的基本原理

温室普遍应用的采光材料是玻璃和塑料薄膜。由于它们均具有对太阳短波透射率高，对地面长波辐射透射率低的特性，虽少量减少太阳辐射收入，但能大量阻挡地面向上散发的长波辐射能量支出，因此能使保护地辐射收支更倾向于收入大于支出；另外，覆盖物能阻断地面向上（昼间）的湍流热输出，使保护地增温，具有“温室效应”。温室的封闭作用及保温性使温室内地面水分蒸发量大，水汽无法向外扩散，使室内空气湿度高于室外。与地膜覆盖及塑料大棚小气候一样，温室具有透光、保温、保湿的小气候特点。

玻璃和薄膜的透光率与保温性不同：在紫外辐射区，薄膜的透光能力较好，玻璃较差；在可见光区，薄膜与玻璃的透光能力差别不大；在红外辐射区，薄膜的透光能力较好，玻璃较差。故薄膜与玻璃相比，对红、紫外线具有较高的透光率，因此增温性强，但由于夜间薄膜对长波辐射的透过率高，加上薄膜厚度只有0.1 mm左右，仅为玻璃的1/30，所以热量容易散失，因此保温性差。

2. 小气候效应

(1)光照　日光温室内透光率主要决定于温室透光面覆盖材料、透光面的倾斜角度、温室的方向及材料构架的遮阴等等因素。当太阳光线直射温室透光面时，新的干洁的塑料薄膜透光率近于玻璃，可达90%。但实际上，由于太阳光线对透光面的入射角一般为斜角，透光面覆盖材料对光的吸收、反射损失，骨架遮阴，覆盖材料的老化、尘埃污染、附着水滴等因素影响，温室内透光率大大下降，甚至低至50%以下。温室内光照不足，往往成为喜光作物生长的限制因子。

温室的方位和透光面的倾斜角度，主要影响太阳光与温室透光面交角。这个交角的大小决定了温室透光面所截获的太阳光能的多少。当交角为90°时，截获光能最多。交角越大，反射率越小。当交角为50°～90°，反射率低于9%；当交角小于50°时，反射率急剧增大。因此，构造温室时，要设计好温室的方位和透光面的倾斜角度。如果是在冬季使用，以东西向延长的为好。据计算，冬季东西向延长温室的入射光可比南北向延长的多12%。

玻璃或薄膜上的水滴对透光率的减弱作用也是很大的，这是由于水滴的漫射作用使投射其上的太阳光，大约有50%被反射回去。一般塑料薄膜上聚有水滴时，约有20%的用于同化作用的光能被反射掉。

(2)温度　日光温室完全的热量来源主要是太阳辐射，因此室内温度有明显的日变化特点，并与室外温度变化趋势相同。在密闭的日光温室内，白天室内外温差随太阳高度角的增加而加大，室内气温可比室外高2倍以上；夜间室内最低气温一般比室外高1～4 ℃；在冬天微风的晴夜，有时出现“温度逆转”现象，因此昼夜温差很大。室内温度状况随温室的保温比、通风换气状况、水分消耗量和覆盖材料的辐射特性等而变化。温度的垂直分布和水平分布不均，室内各部位之间的温差最大可达5～8 ℃。日光温室白天地表温度低于气温，温室中部地表温度比室内四周要高。

(3)湿度　温室内水气来源于蒸散，由于温室是密闭的，种植蔬菜浇水又多，故蒸散量大，室内空气湿度大。其相对湿度，低温季节高于高温季节；夜间高于白天；灌水后高于灌水前。一般湿度为70%～100%，冬春或夜间可达90%～100%。

(4)CO_2　大气中CO_2含量平均约为300 mg/m^3，但在密闭的温室内，二氧化碳交换量受限制，使其浓度具有明显的日变化：夜间CO_2浓度升高，日出后迅速下降。温室内白天CO_2浓度有时可降到50 mg/m^{3}以下。如果CO_2浓度降到100 mg/m^{3}以下，接近作物CO_2浓度补偿点，对作物生长发育不利。

(二)智能温室小气候

智能温室，又称现代温室，它是设施农业中的高级类型，拥有综合环境控制系统，利用该系统可以直接调节室内温、光、水、肥、气等诸多因素。智能温室大棚的概念主要来自物联网对农业生产的启发，智能控制系统是将信息技术运用到农业的体现。智能温室的控制一般由信号采集系统、中心计算机、控制系统三大部分组成。温室大棚智能控制系统是一种智能化管理大棚的科学系统，是将信息技术运用到农业的体现。在设计时主要是通过移动式传感信息收发设备对农作物的生长及其环境进行实时监控，精确把握农作物的生长细节，通过智能控制系统设定作物生长环境需要的各种参数如湿度、气温、微量元素等，自动地完成管理工作，无须大量的人工操作，是一种现代化农业发展的必要工具。据李先山、胡天让2021年在《物联网技术在农业温室大棚中的应用》一文中论述，温室大棚中的重要技术应用主要是采集数据、控制生产设施和智能化远程管理生产。

1. 采集数据

物联网技术最为基础的一个技术应用就是通过在温室中布置各种传感终端对作物的生长情况进行实时反馈，从而根据作物的实际生长状况对作物的生长环境参数进行调整。这些传感器采集到的数据都会通过网络进行上传和分享，使生产人员能够根据最新的数据对作物的生长进行调控，使作物的经济效益最大化。

2. 控制生产设施

通过传感器及网络对作物生长的环境数据进行采集、上传之后，服务器会对这些数据进行分析，并根据实际情况发布指令，再通过物联网关及无线传感网络将这些指令发布到各个农业设备的控制节点上。

3. 智能化远程管理生产

大棚的应用终端包括但不限于智能手机、PC端便携电脑等，这为智能化农业生产提供基础。农业生产人员可以通过这些智能终端不受时间和空间限制对大棚进行管理，并且能够通过智能终端和其他用户进行交流，大大提高了农业生产的效率。物联网技术对于当前我国农业的发展有着重要的影响，在农业生产实践中需要通过技术手段提高农业生产的效率，更新农业生产的理念。

智能温室构建

四、风障地小气候

在农田设置风障后形成的特殊农田小气候，称风障地小气候。材料有秸秆、竹子、芦苇、塑料网和化纤网等。

（一）风障地小气候效应的基本原理

在农田中竖立风障后，由于风障对气流的阻挡和破坏，以及对太阳辐射的吸收、反射和遮蔽，使风障地形成风速减弱、温度升高、蒸散减小的防风、增温与保湿小气候特征。

（二）风障地小气候特点

1. 辐射

风障对太阳辐射的反射作用，能使障内的太阳总辐射有一定的增加，天气晴朗时，风障越垂直，这种效应就越明显。但有云、清晨或傍晚，太阳散射辐射在总辐射中所占比例大时，由于风障遮蔽，到达风障保护地上的太阳辐射有所减小。

在夜间，由于风障的遮蔽作用（与地面交角小于90°），减弱障内有效辐射，使温度降低缓慢，障越高，倾角越大，则减弱有效辐射的效果越明显。

2. 温度

障内的日平均地面温度，可比障外高3.0 ℃，最高温度增加4.1 ℃，最低温度增加3.7 ℃。由于障内湍流作用减弱，有利于较大的温度梯度存在，从而使近地面层空气能保持较高的温度。据观测结果，在20 cm高度处，障内气温比障外高2.0 ℃以上，夜间高1.0 ℃以上，而在80 cm高处，内外温度基本上无差异。

3. 湿度

风障保护的农田，由于湍流交换减弱，使农田蒸散减小。一般障内蒸散可减少20%～

30%，当空气平流热输送较强时，障内外蒸散耗量差异显著增大。

在多风地带，由于风障能减小风速、提高温度、减少蒸发，因此能明显促进作物生长发育，并有利于防止倒伏，减轻风害、冷害和某些病虫害，从而使作物早熟高产。

4. 风

气流遇到风障后，部分动量被吸收消耗并被迫改变流向，挡风区域内风速减弱。在下风侧，随着距离增加，逐渐恢复原来风速。

风障的疏密程度决定着风障的阻力大小，从而决定障后的最低风速及防风距离。疏密度增至80%时，阻力大体成正比例增加，疏密度大到80%以上时，阻力几乎不变。疏密度至少应在30%以上才有明显的防风效应。风障的下风侧，近地气层中的湍流交换系数越大，风速复原得越快，防风距离也越短。根据实践，疏密度以60%～70%为最适，在减弱一定风速条件下，其有效防风范围最大。

设风障高度为H，则由障前$5H$到障后$30H$距离内，风速都有削弱，最低风速出现在风障下风侧的$3\sim5H$位置。若以风速减半为有效防风距离，则多数达下风侧$10H$左右。

风障走向与风向成直角时防风效果最大，与风障交角减小到25°～30°时影响尚不明显，交角减为11°时，防风效果减半。风障越长，防风效果越稳定。

五、遮阳网小气候

遮阳网又称遮阴网、寒冷纱，是以优质聚烯烃为原料，经加工制作而成的一种重量轻、强度高、耐老化、体积小、使用寿命长的网状农用覆盖材料。夏秋高温季节利用遮阳网覆盖进行蔬菜生产或育苗，具有遮光、降温、抗暴风雨、减轻病虫害等功能，已成为我国南方地区夏秋淡季生产克服高温的一种有效的栽培措施。

据成都信息工程大学钱妙芬和潘永1997年7月观测研究遮阳网小气候效应，遮阳网棚内遮光率55%～77%，平均为69%；遮阳网对棚内0.3 m以下气温有降低作用，而对0.30～1.50 m气温有升温作用，0.30 m以下气层平均降低0.4 ℃；0.50 m、1.00 m、1.50 m气层比棚外高0.2～0.9 ℃；遮阳网对降低土壤温度十分明显，0 cm、5 cm、10 cm降温幅度分别为：1.0～11.9 ℃，0.8～6.2 ℃，0.7～5.2 ℃，平均降温分别为5.6 ℃、3.8 ℃、3.3 ℃；1.50 m平均空气相对湿度棚内比棚外低1.7%；网内土壤湿度明显高于棚外，这是因为网内土温低于棚外，降低土壤蒸发所致，这一保湿效应有利于花卉、蔬菜的育苗、栽培。

六、设施小气候的调控方法

作物生长发育的好坏，产品产量及品质的高低，关键在于环境条件对作物生长发育的适宜程度。设施建造前虽然可考虑结构的优化设计以创造良好的环境条件，但无论设计得多好，到实际使用时，仍然不可能完全满足各种作物对小气候环境的要求，必须根据作物生长对气象条件的需要调节和控制设施小气候环境，才能保证为栽培作物生长发育创造最佳环境条件，以获得早熟、丰产、优质、高效的农产品。下面以塑料大棚及普通温室为例，介绍农业气象要素的调控方法。

（一）光照调控

1. 增加光照

设施环境由于受温室结构、覆盖材料（薄膜或玻璃）的遮挡与老化、灰尘沉积及天气等原因影响，设施内光照较露地降低20%～50%，弱光寡照影响设施作物的优质高产，需进行增加光照的光调控处理。

(1)优化设计，合理布局。选择四周无遮阴的场地建造温室大棚，并计算好棚室前后左右间距，避免相互遮光。建造日光温室前进行科学的采光设计，确定最优的方位、前屋面采光角、后屋面仰角等与采光有关的设计参数。

(2)选择适宜的建造材料。太阳光投射到骨架等不透明物体上会在地面上形成阴影。阳光不停地移动，阴影也随着移动和变化。竹木结构日光温室骨架材料的遮阴面积占覆盖面积的15%～20%，钢架无柱日光温室建材强度高，截面小，是最理想的骨架材料。设施覆盖物应选用坚固耐用并且透光性能好的覆盖材料，塑料薄膜覆盖的温室和大棚采用各种特殊用途薄膜，如防尘膜、无滴膜、长寿膜、各类色膜等；玻璃温室应选用3 mm厚的平板玻璃，其散射光、透光率高达82%，而5 mm厚的平板玻璃和6 mm厚的钢化玻璃，其散射光、透射率均为78%，并且建筑成本高。

(3)早揭晚盖覆盖物。冬季或阴雨季节，在保证植物温度的前提下，尽可能地早揭晚盖覆盖物，可以增加光照时间，并增加散射光的透光率，有利于光照。

(4)保持覆盖膜或玻璃清洁。清扫覆盖膜或玻璃室外表面，增加自然光的透光率；减少设施内水滴附着在覆盖膜或玻璃上，防止光的折射。通过设施内外的清洁，可以提高透光率15%左右。

(5)涂白或铺反光幕。设施内墙涂白，用铝板、铝箔或聚酯镀铝膜作反光幕，可增加设施内光照度，改善光照分布，提高气温。据实验，使用这种方法光照增加40%～44%，有效范围可达3 m。

(6)铺反光膜。在地面铺设聚酯镀铝膜，将太阳直射到地面的光，反射到植株下部和中部的叶片和果实上。使用银白色地膜既有利于减少地面漏光，增加植株光照，同时也可防蚜虫。

(7)改进栽培技术。适当稀植，合理安排种植行向，加强植株管理。黄瓜、番茄、西瓜、甜瓜等高秧蔬菜，采取吊蔓栽培。

2. 减弱光照

耐阴植物生产时，自然光照过强，应进行遮光处理；夏季高温时期，减弱光照的遮光处理降低地表面温度，有利于作物根系生长。减弱光照处理措施：

(1)覆盖各种遮阳设施。常用遮光覆盖物有遮阳网、黑布、竹帘等。遮阳网可使棚内光照强度显著降低，密度规格越大，遮阳效果越好，同样规格黑色比银灰色遮阳效果好。一般黑色的遮光率为42%～65%，银灰色为30%～42%。根据蔬菜种类选用规格合适的遮阳网，通常夏秋绿叶菜类栽培短期覆盖选用黑色遮阳网，秋冬蔬菜夏季育苗选用银灰色遮阳网，可避蚜虫。茄果类留种或延后栽培，最好网膜并用。

(2)玻璃面涂白。将生石灰块5 kg加少量水搅拌，过滤后加入25 kg水和250 g食盐，用喷雾器均匀地喷布在温室外的玻璃面上，可以减少部分阳光直射入温室内，但是仍有部分光线会透过涂料进入，这种方法主要应用于玻璃温室中。将玻璃面涂成白色可遮光50%～55%，降低室温3.5～5.0 ℃。当炎热的夏季结束后，大部分的涂料会从光滑的玻璃上自然脱落，也可用肥皂清洗涂料。这种方法比覆盖遮阳网效果稍差，虽然前期投入少，但是需要年年涂抹，费工费时。

(3)屋面流水。夏季高温光照过强时，还可以通过屋顶喷水的方式，吸收和反射部分光能，并且带走大量热量，减少温室内光照度，可遮光 25%。

此外，夏季，设施内栽培蔓性藤本植物，其茎蔓爬到温室架面，形成荫蔽环境，可以起到遮光、降温作用。

(二)温度调控

温度调节主要包括保温、加温、降温和变温管理四方面。

1. 保温

(1)减少散热和通风换气量。温室及塑料大棚散热有三种途径：一是经过覆盖材料的围护结构传热；二是通过缝隙漏风的换气传热；三是与土壤热交换的地中传热。三种途径的散热量分别占总散热量的 70%～80%、10%～20%和 10%以下。各种散热作用的结果，使单层不加温温室和塑料大棚的保温能力比较小。即使气密性很高的设施，其夜间气温最多也只比外界气温高 2～3 ℃。在有风的晴夜，有时还会出现室内气温反而低于外界气温的逆温现象。

减少散热和通风换气量的具体方法：①采取多层覆盖或加保温幕或二重固定覆盖(两层透明材料中间夹一层空气所组成的覆盖材料)等，以达到保温效果。覆盖材料除了塑料薄膜外，可以是稻草苫、蒲席等。②温室大棚内套小拱棚。③温室大棚内覆盖地膜。④筑墙时应防止出现缝隙，后屋面与后墙交接处要严密，前屋面发现孔洞及时堵严，进出口应设有作业间，温室门内挂棉门帘，室内用薄膜围成缓冲带，以防止开门时冷风直接吹到作物上。据研究，不同的材料保温能力不同，其中室内架设 PE 膜或无纺布的保温幕其保温能力最差，仅在 1～3 ℃之间；草帘保温能力一般在 5～6 ℃之间，如果与 1～4 层牛皮纸复合成的纸被同用，保温能力可提高 3～5 ℃；双层草帘的保温能力在 14～15 ℃之间；棉被在 7～10 ℃之间。

(2)增大辐射透过率以提高保温或增温作用。建造温室及塑料大棚温室前进行科学的采光设计，选用遮阴面积小的骨架材料和透光率高的无滴膜，或者定期清洗薄膜等增大辐射透过率，均能起保温或增温作用。

(3)设防寒沟，减少地中横向传热。采用滴灌或膜下灌溉补充水分，避免土壤表面过湿，减少温室内地表的蒸散量。冬春季节，由于温室内外的土壤温差大，土壤横向热传导较快，尤其是前底脚处土壤热量散失最快，所以遇寒流时前底脚的作物容易遭受冻害。因此，对前底脚下的土壤进行隔热处理是必要的。在前底脚外挖 50 cm 深、30 cm 宽的防寒沟，衬上旧薄膜，装入湍草、马粪、碎秸轩等导热率低的材料，培土踩实，可以有效地阻止地中横向传热。

(4)地中热交换系统贮热。在地下 40～60 cm 处铺设通风管道，并连接轴流风机。通过风机使白天较热的空气流入管道，从而让土壤层贮热；夜间再将低温空气流入管道，由贮满热能的土壤层加热后，再流入温室中，使温室中的气温升高。

2. 加温

(1)人工加温。人工加温的方法主要包括：①煤火加热，使用火墙、火炕、烟道等加热温室；②煤气加热，使用煤气点火加热器和鼓风机等；③电器加热，使用电炉、电热线(主要用于加热土壤)、红外线加热器、红外线灯管等；④热水(或热蒸汽)管道再加上散热器的加热，比较先进的方法是使用直径 30～50 cm 的软塑料筒，其上打许多 5 mm 直径的小洞，将暖风送入筒中，再顺小孔均匀吹到温室各部分。

(2)增施热性有机肥，提高土温。施用热性有机肥，如马粪、厩肥、饼肥、猪粪、牛粪、稻草、麦秸、枯草及有机垃圾等地表覆盖物，可有效提高土温。

3. **降温**

塑料大棚和日光温室冬春季大多采用自然通风的方式降温，高温季节除通风外，还可利用遮阳网、无纺布等不透明覆盖物遮光；用换气扇强制换气；悬持水帘等方式降温。塑料大棚和日光温室内的通风降温往往是和降湿联系在一起的，通风降温需遵循以下原则：

(1)逐渐加大通风量。通风时，不能一次开启全部通风口，而是先开 1/3 或 1/2，过一段时间后再开启全部风口。可将温度计挂在设施内几个不同的位置，以决定不同位置通风量大小。

(2)反复多次进行通风。高效节能日光温室冬季晴天 12 时至 14 时之间室内最高温度可以达到 32 ℃以上，此时打开通风口，由于外界气温低，温室内外温差过大，常常是通风不足半小时，气温下降至 25 ℃以下，此时应立即关闭通风口，使温室贮热增温，当室内温度再次升到 30 ℃左右，重新放风排湿。这种通风管理应重复几次，使室内气温维持在 23～25 ℃。由于反复多次的升温、放风、排湿，可有效地排除温室内的水汽，CO_2 气体得到多次补充，使室内温度维持在适宜温度的下限，并能有效地控制病害的发展和蔓延。

(3)早晨揭苫后不宜立即放风排湿。冬季外界气温低时，早晨揭苫后常看到温室内有大量雾，若此时立即打开通风口排湿，外界冷空气就会直接进入棚内，加速水汽的凝聚，使水雾更重。因此，冬季日光温室应在外界最低气温达到 0 ℃以上时通风排湿。一般开 15～20 cm 宽的小缝半小时，即可将室内的水雾排除。中午再进行多次放风排湿，应尽量将日光温室内的水汽排出，以减少叶面结露。

(4)低温季节不放底风。喜温蔬菜对底风(扫地风)非常敏感，低温季节生产原则上不放底风，以防冷害和病害的发生。

4. **变温**

作物生长发育要求一定的昼夜温差，据研究证明，夜间变温管理比恒夜温管理可提高果菜的产量和品质，还可节约能源。据此，将昼夜分为白天增进光合作用的时间段、傍晚至前半夜促进光合产物转运时间段以及后半夜抑制呼吸消耗时间带，分别确定不同时间的适宜温度目标，实行分段变温管理法。变温管理是很有必要的，但变温管理比较复杂，必须先了解各类作物的具体变温要求，处理好气温与地温、变温与光照变化的关系。目前的温室大棚多数都缺乏按照作物需要适时、适度地进行温度调节的能力。

(三)空气湿度调控

空气湿环境的调控主要有加湿和降湿两套操作过程。由于温室基本上都处于高湿环境，加湿调控应用较少，如需加湿，借助降温操作中使用的湿帘、雾化等技术，均可达到增湿效果。温室降湿可通过室内外换气、地膜覆盖、膜下灌溉、滴灌、化学吸水除湿和热交换除湿等技术达到目的。

1. **除湿**

(1)通风排湿　设施内造成高湿的原因是密闭所致，通风是设施排湿的主要措施。可通过调节风口大小、时间和位置，达到降低设施内湿度的目的，但通风量不易掌握，而且降湿不均匀。

(2)加温除湿　空气相对湿度与温度呈负相关，温度升高相对湿度可以降低。寒冷季节，温室内出现低温高湿情况，又不能通风，则可利用辅助加温设备，提高设施内的温度，降低空气相对湿度，防止叶面结露。

(3)科学灌水　低温季节(连阴天)不能通风换气时，应尽量控制灌水。灌水最好选在阴天过后的晴天，并保证灌水后有2～3 d的晴天。一天之内，要在上午灌水，利用中午高温使地温尽快升上来，灌水后要通风换气，以降低空气湿度。最好采用滴灌或膜下沟灌减少灌水量和蒸发量，降低室内空气湿度。据研究，采用滴灌技术，在7—17时通风期，空气相对湿度比膜下灌溉降低10%，停止通风后，膜下灌溉湿度达到100%，滴灌仅达到85%。

(4)地面覆盖　设施内的地面覆盖地膜、稻草等覆盖物，能防止土壤水分向室内蒸发，可以明显降低空气湿度。

2. 加湿

空气湿度或土壤湿度过低，叶片气孔关闭，影响光合作用及其产物运输，干物质积累缓慢、植株萎蔫。特别是在分苗、嫁接及定植后，需要较高的空气湿度以利缓苗。生产中可通过减少通风量、加盖小拱棚、高温时喷雾及灌水等方式来增加设施内的空气湿度和土壤湿度。

(四)CO_2的调控

1. 设施内增施CO_2的必要性

CO_2是绿色植物光合作用的主要原料，一般蔬菜作物的CO_2饱和点是1 000～1 600 mg/m^3，而自然界中CO_2的浓度约为300 mg/m^3，显然不能满足需求，但露地生产中一般不存在CO_2不足现象，原因是空气流动使作物叶片周围的CO_2不断得到补充。设施生产是在封闭或半封闭条件下进行的，CO_2的主要来源是土壤微生物分解有机质和作物的呼吸作用，CO_2得不到其他途径的补充，特别是上午随着光照强度的增加，温度升高，作物光合作用增强，CO_2浓度迅速下降，到10时左右CO_2浓度最低，造成作物的"生理饥饿"，严重地抑制了光合作用。在1920年德国首先提出"碳酸气施肥"后，国外在设施栽培的CO_2施肥就在欧美、日本等地开始推广并大规模地应用，挪威有75%、荷兰有90%以上作物生产均采用在温室施用CO_2，温室增施CO_2气肥后，番茄的产量由20世纪70年代的20 kg/m^2增加到现在的50～60 kg/m^2。陈双臣、邹志荣、贺超兴等研究增施CO_2对番茄生长发育的影响，结果表明增施CO_2使番茄株高增高18.29%，光合速率提高48.92%，叶绿素含量增加33.00%，产量增加18.69%，果实维生素C增加33.27%。

2. 设施内CO_2施肥方法

目前，设施农业增施CO_2的方法主要是有机堆肥法、气肥吊袋法、CO_2钢瓶法、化学反应法等。发达国家多采用钢瓶法直接增施CO_2，具有安全、洁净、浓度可控的特点，如荷兰、日本等国，这些国家20世纪已普遍使用该法。

(1)通风换气　在保证棚内气温和湿度的前提下，通风换气是最经济方便的方式。通风换气的时间视气温而定，一般在上午10时到下午的2时这段时间之间。但由于该法只能使CO_2浓度增加到300 mg/mL左右，达不到作物光合作用最适浓度，且易受外界气温限制，冬季不易使用，故不能完全发挥CO_2增产增收效果。

(2)增施农家有机肥　设施中CO_2的来源主要是由土壤微生物分解有机质放出CO_2、水和热量，因此，大量施用有机肥可以持续不断地为设施内释放CO_2。施用有机肥需先经棚外充分发酵(避免发酵过程产生的有害气体带入棚内)，再进一步分解放出CO_2。但该方法CO_2释放时间短(不超过2个月)，只受地温的影响，往往是苗期CO_2释放量多，结果期CO_2已释放殆尽。大量施用有机肥的方法成本低、多效、原料来源广、易获得、使用方便、农民容易接受。

(3)"吊袋式二氧化碳气肥"目前生产中普遍使用的"吊袋式二氧化碳气肥"，也称"CO_2吊包"，其工作原理是：$NH_4HCO_4+H^+\rightarrow NH_4^++H_2O+CO_2\uparrow$。根据不同厂家，吊包大小参照说明书使用，每袋二氧化碳气肥覆盖面积为 33 m^2，每亩约 20 袋，原则是叶面积指数越大吊包越密，反之宜稀。一般有效期为 30～35 d，根据蔬菜作物生长时期长短可施用 2～3 次。

(4)化学反应法　即用碳酸盐与强酸反应或硫酸盐与有机酸反应产生 CO_2。目前在生产中采用的主要有碳酸氢铵法和颗粒气肥法。

碳酸氢铵法是利用酸和碳酸盐反应产生 CO_2。将一定量的稀硫酸滴入密封塑料桶内与碳酸氢铵反应，产生的 CO_2 气体通过管道散发到保护地内。但使用硫酸时存在一定的危险性，使用磷酸成本高一些。此外，用碳铵加热分解也可获得 CO_2，但在使用中要加大吸收氨气的水量，避免溶于水的氨气又与 CO_2 形成碳铵溶液。此方法的原料来源广、成本低，但管理不当时，易产生氨气中毒。

颗粒气肥法是将 $CaCO_3$ 作基料，有机酸作调理剂，无机酸作载体，在高温高压下挤压而成直径为 10 mm 左右的扁圆形颗粒。在低温干燥条件下存放，物理性状良好，化学性能稳定，施入土壤后遇湿会缓慢释放 CO_2。使用时将固体粒肥埋置于株行间，可采用沟施，亦可采用穴施，埋深 2～5 cm，保持土壤潮湿和疏松，每亩一次施入 40～50 kg，可持续释放 CO_2 40 d 左右，CO_2 最高可达 1 000 mg/m^3 左右。

大棚二氧化碳发生器原理

(5)液态 CO_2 气肥　液态 CO_2 是用酒厂的副产品 CO_2 加压灌入钢瓶而制成，市售一般每瓶净重 35 kg，每亩土地可使用 25 d 左右。钢瓶出口压力保持在 98～118 kPa，每天放气 6～12 min。此法操作简便，浓度易控制，二氧化碳扩散均匀，经济实用，气体纯正，供气浓度高，速度快，调控方便，但成本高。目前生产上推出了利用液化 CO_2 气瓶的气肥智能调控系统，该系统采用光照、温度、CO_2 浓度传感器进行环境监测，将采集到的数据通过通信技术上传至远程控制平台，控制 CO_2 发生器的开启和关闭，从而实现对温室内 CO_2 浓度的智能调控，为作物生长提供适宜的生长环境。

(6)生物供给法　通过蔬菜生产与食用菌培养间作，菌料发酵、生长过程中可产生 CO_2 或发展种养一体的棚室蔬菜生产，利用动物产生的 CO_2 供给蔬菜生长，都是很好的生物 CO_2 供给法。

(7)有机物燃烧法　有机物燃烧法是利用专用二氧化碳发生器通过燃烧天然气、白煤油、丙烷、液化石油气等碳氢化合物产生二氧化碳的方法。二氧化碳发生器最显著的特点是：体积小、重量轻、使用方便、操作灵活，产生的 CO_2 气体纯度高、增产、增收幅度大，投入产出比一般在 1∶9 以上，棚室蔬菜瓜果使用后一般增产 40%～100%以上。当前欧美国家的设施栽培以采用燃烧天然气增施 CO_2 较普遍；而日本较多地采用燃烧白煤油增施 CO_2，一般 1 kg 白煤油完全燃烧可产生 2.5 kg CO_2。燃烧产生的热还可提高设施内的气温。

3. 设施内 CO_2 施肥技术

施用 CO_2 的最适浓度与作物种类、生育阶段、天气状况等密切相关。在光、温、水、肥等较适宜的条件下，一般叶菜类蔬菜以 600～1 000 mg/m^3 为宜，果菜类蔬菜以 1 000～1 500 mg/m^3 为宜。果菜结果期以前 CO_2 浓度以 1 000 mg/m^3 左右为宜，旺盛生长期以 1 200～1 500 mg/m^3 为宜。设施施用 CO_2 时间一般在春、秋、冬三季，叶菜类整个生长期均可施用，果菜类在结果期施用。当温度低于 15 ℃不宜施用，CO_2 施用时间一般选择晴天太阳出来后或揭开草苫 2 h 后或下午通风后，随着植株光合作用的加强，生长加快，消耗了室内大量的 CO_2，此时需要补充 CO_2，之后还应加大肥水供应。多云天可推迟半小时施用，阴天和雪天等弱光下不施用 CO_2，以防止发生

CO_2 气体中毒。开风口前半小时停止施用，否则会造成原料浪费且影响效果。

由于 CO_2 比空气重，进行 CO_2 施肥时，应将散气管悬挂于植株生长点上方。增施 CO_2 后，作物生长加快，消耗养分增多，应适当增加肥水，才能获得明显的增产效果。

施用 CO_2 时要防止设施内 CO_2 浓度长时间偏高，否则易引起植株 CO_2 中毒。在 CO_2 浓度较高的保护地内作业时，要特别注意人员的安全，因为当 CO_2 浓度达到 5%时，对人体会产生毒害作用。

(五)有害气体调控

设施中有害气体主要来自有机肥腐熟发酵过程中产生的氨气，有毒塑料薄膜、管道挥发的有毒气体，施用化肥过程挥发伴生有毒气体。常见有毒气体有氨(NH_3)、二氧化氮(NO_2)、乙烯(C_2H_4)、二氧化硫(SO_2)、氟化氢(HF)、臭氧(O_3)等。故在设施生产中，有机肥要充分腐熟后施用，并且要深施，化肥要随水冲施或埋施，并且避免使用挥发性强的氮素化肥，以防氨气和二氧化氮等有害气体危害，不要滥施农药化肥。生产中应选用无毒的蔬菜专用塑料薄膜和塑料制品，设施内不堆放陈旧塑料制品及农药、化肥、除草剂等，以防高温时挥发有毒气体。冬季加温时应选用含硫低的燃料，并且密封炉灶和烟道，严禁漏烟。监测到有毒气体时应及时通风换气。

[任务思考与练习]

1. 简述地膜覆盖的保温原理，比较不同薄膜覆盖对农作物生长的影响。
2. 简述各种设施的小气候效应，比较它们的小气候特点。
3. 什么是塑料大棚的“温度逆转”现象？这种现象一般出现在什么条件下？原因是什么？
4. 如何进行温室及塑料大棚的光、温、湿调控？
5. 如何进行设施内 CO_2 的调控？

设施小气候

子任务 3　农业小气候观测

[目的要求]

掌握农业小气候观测及资料整理分析的基本方法。

[知识原理]

1. 农业小气候观测的分类

农业小气候观测就是根据农业生产和科研所提出的要求，对农业小气候环境中的各要素进行观测。按照农业小气候系统的不同，可将农业小气候观测分为农田小气候观测、园林小气候观测、保护地小气候观测、温室小气候观测、畜禽舍小气候观测、农业地形小气候观测等。

2. 农业小气候观测的基本原则

农业小气候观测不同于大气候观测，它没有长期固定的观测场地，也没有统一的观测规范，其观测内容常根据研究对象、任务来确定。在进行农业小气候观测设计时，首先任务必须明确，要求具体，避免人力和物力的浪费；其次所获数据资料能客观反映农业小气候的特征，气象观测获取的资料必须具有代表性、准确性、比较性。代表性是指观测记录不仅要反映测点的气象状况，而且要反映测点周围一定范围内的平均气象状况；准确性是指观测记录要真实地反映实际气象状况；比较性是指不同测点在同一时间观测的同一气象要素值，或同一测点在不同时间观测的同一气象要素值能进行比较，从而能分别表示出气象要素的地区分布特征和随时间的变化特点。

在观测手段上，除了要遵循平行观测基本原则外，对农业设施小气候观测还要遵循对比观测原则。对比观测原则是指在对农业设施（如温室、大棚等）小气候进行观测时，同时要对与设施栽培区各种环境基本相同的露地种植区设点观测，以鉴定设施的小气候效应，反映出设施内外环境差异对作物生理生态特性的影响差异，为设施小气候调节及栽培管理提供科学的依据。

[方法步骤]

1. 农田小气候观测

（1）观测地段的确定　观测地段的选择要兼具代表性和比较性。只有在自然条件、农田技术措施和田间作物状况等都具有代表性的地段进行观测，才能获得具有代表意义的观测资料。在研究农田技术措施的小气候效应时，实验地和对照地除该项农田技术措施有差异外，其他条件应尽量相同，才能获得具有比较意义的观测资料。

观测地段的面积主要取决于能否反映所要了解的小气候特征与观测方便与否。观测地段与周围的地形和作物分布状况，以及相邻地段作物层特性、农田技术措施等方面的差异越大，观测地段的面积也应越大。差异较小时，观测地段的面积则可以小一些，但最小不能小于 $10\times10\ m^2$。

（2）测点的设置　在观测地段内，通常要设置多个测点。测点的多少一方面要考虑重复设测点便于取平均值；另一方面要考虑农业小气候系统内的小气候要素分布的不均匀性。根据观测任务一般分基本测点和辅助测点两种。

基本测点是农田小气候观测的主要测点，基本测点应选择在地段中最有代表性的地方。一般设置在地段的中央，因为地段的中央受周边环境影响最小，其代表性最好，而地段的边缘受周边环境影响较大，其代表性较差。在基本测点上，不但观测的项目、高度和深度比较完备，而且观测时间要求固定，观测次数要求多些。

辅助测点是为了某种目的而临时设置的测点，设置辅助测点进行观测是为了对基本测点的小气候观测资料进行补充，从而更准确地搜集某些农田小气候要素的变化特征。辅助测点的数量和设置地点根据具体需要而确定，其观测项目通常比基本测点少一些，也可以是基本测点没有的项目，但主要的观测项目、高度和深度应与基本测点一致。

（3）观测项目及常用仪器　农田小气候的观测项目取决于观测目的，常规的基本观测项目主要有田间作物的发育期、植株高度、种植密度、云况、日光状况、天气现象、活动层状态、空气温度、空气湿度、土壤温度，此外还有风、辐射强度、光照强度、土壤湿度等，根据研究任务不同，进行有针对性的观测。小气候观测项目及观测记录要求见表 7-9。可选用农业小气候观测仪、手持式农业环境监测仪或常规性气象观测仪器（图 7-1、图 3-10）。

表 7-9 小气候观测项目的仪器设置及观测记录要求

观测项目	观测高度、深度/cm	记录单位及要求
辐射	0、20、2/3 株高、作物层顶、150	J/(cm^2 · min),取两位小数
空气温、湿度	0、20、2/3 株高、作物层顶、150	温度:℃,取一位小数;相对湿度:取整数
地中温度	0、5、10、15、20、40	℃,取一位小数
风向、风速	20、2/3 株高、株高以上 1 m	风向:十六方位;风速:m/s,定时观测取整数,其他取一位小数
光照度	地面、2/3 株高、株顶上方	lx,取整数
CO_2 浓度	20、2/3 株高、作物层顶、150	mg/m^3,取整数

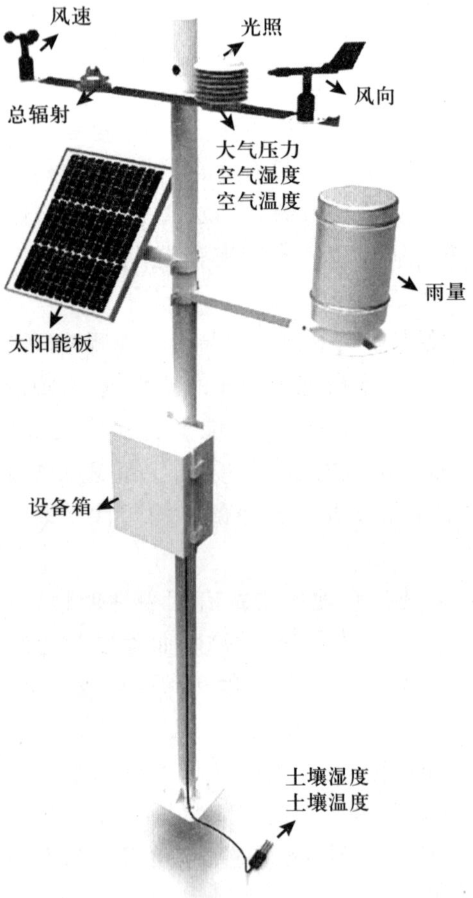

图 7-1 农业小气候观测仪

所谓日光状况是指云遮蔽日光的程度,用下列符号表示:

⊙2——太阳视面上没有云迹;

⊙1——太阳视面为薄云所遮蔽,但地面物体的影子明显;

⊙0——太阳视面为密云所遮蔽,地面物体的影子模糊不清;

Π——太阳视面完全为乌云遮蔽,不见太阳踪迹,地面物体没有影子。

(4)仪器安装 仪器安装要符合仪器的特点,以避免干扰和方便观测为原则。如光照观测仪器必须水平和避免遮阳;温度、湿度仪器要避免辐射的影响;测风仪器和气体测量仪器应安装在上风方向。在农田中,每个测点的仪器通常排列在田间作物的一个行间。如果仪器较多并且田间植株矮小或株距较大,则可以将仪器排列在两个行间;如果田间作物行间很窄,则可将三支地面温度表排成一线。仪器排列的方向主要取决于田间作物的行向。安装时在各测点的作物行间埋设一个小气候观测架,按观测高度要求装上横杆,根据观测高度、项目的不同在横杆上安装相应的仪器。地温表则安装在每个测点观测架的偏南方向 0.5 m 内。

(5)观测时间 农田小气候观测的日次数取决于观测目的。通常有两种观测方法,即长期定时观测和全天连续观测。

长期定时观测的时间要与常规地面气象观测一致,以便小气候观测资料与大气候资料进行比较。每天观测 4 次,分别在 2 时,8 时,14 时,20 时,4 次观测的数据求平均即可得日平均值。为了避免凌晨 2 时观测的困难,也可把每天观测 4 次改为 3 次,分别在 6 时,14 时,21 时,这 3 次观测数据的平均值也很接近日平均值。

为获取农田小气候要素昼夜间的详细变化资料，通常在作物生长生育的关键时期，选择典型天气（如晴天、多云天、阴天、雨天、霜冻天气等）进行全天连续观测。全天连续观测一般在20时开始，次日20时结束，每两小时观测一次。

（6）观测程序　农田小气候的观测程序要根据观测内容和观测项目自行编制。由于在一个测点上往往有较多的观测项目，所有的项目观测一遍，往往需要较长的时间，从而出现各项数据不在同一时刻的情况，失去了观测数据的时间代表性。为了消除时间误差，农田小气候观测一般采用往返观测法，即正点前，先按照观测高度从低到高的顺序观测记录各项气象数据，接着正点后再按从高到低顺序观测记录一次，要求相同高度前后两次观测的时间和正点对称，这样，可使同一项目两次观测数据的平均值正好落在正点，从而消除了时间误差。观测程序如图7-2所示。

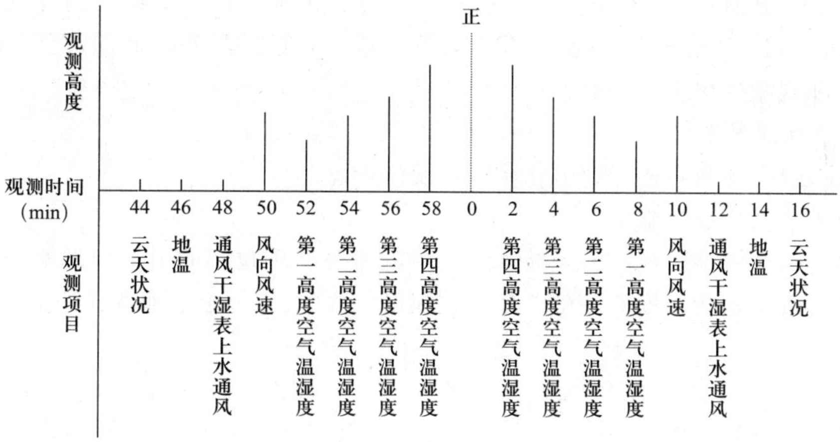

图7-2　单点观测程序示意图

（7）资料记载　资料的记载应包括测点情况和农田小气候观测资料两方面。测点情况包括地理位置、海拔高度、地形地貌、土壤、植被、作物和农业技术措施等。农田小气候观测资料的记载可根据观测项目自行设计观测记录表，设计时需注意表格中应包括所有观测项目，不留空格或空格内以横线代替，使观测记录时易发现是否有漏测。

（8）资料整理　农田小气候观测资料的整理，首先将各测点的原始观测记录进行整理，然后将不同观测地段的观测资料进行对比分析。

①基本资料的整理　一个测点的原始记录，在确定各数据没有错误的情况下，首先是将各项观测数据进行器差订正，再进行空气湿度等要素的查算，并计算出各要素的平均值。

日平均温度 $\overline{T}$ 的计算方法有以下几种：

每天进行2时，8时，14时，20时4次定时观测的，其计算公式为：$\overline{T}=1/4(T_{02}+T_{08}+T_{14}+T_{20})$

每天进行8时，14时，20时3次定时观测的，其计算公式为：$\overline{T}=1/4(2T_{08}+T_{14}+T_{20})$或$\overline{T}=1/4[1/2(T_{前日20}+T_{当天最低})+T_{08}+T_{14}+T_{20}]$

公式中，T 代表温度值，下标代表观测时刻。

对全天连续观测的资料，应绘制农田小气候要素的时间变化图和空间分布图。气象要素时间变化图，以时间为横坐标，要素值为纵坐标，可以了解气象要素随时间变化的规律；空间分布图，以要素值为横坐标，高度（或深度）为纵坐标，可以了解气象要素随高度（或深度）变化的规律。时间变化图和空间分布图既能反映气象要素的时间、空间变化特征，为各测点资料的比较和分析提供素材，又能从中检查各项记录的准确性。

②各测点资料的对比分析　为了从不同测点的农田小气候特征中寻找它们之间的差异，必须进行不同观测地段的观测资料的比较分析。例如，只有同裸地的观测资料比较，才能显示农田小气候的特征；只有同对照地的观测资料比较，才能确定农田技术措施的小气候效应；只有同其他作物的小气候进行比较，才能发现某一作物的小气候特点。

实际工作中，通常采取列表法或图示法将重点观测项目反映在具体的图表上。当平行观测资料不多或时间不连续的情况下，一般采用列表法；在资料多而且时间连续性好的情况下，应用图示法来表示小气候要素的时空变化特征。

③总结　观测资料的整理分析工作完成后，应进行书面总结。总结的内容主要是对农田小气候特征进行定性和定量描述，同时要对观测地段、测点设置、观测时间、观测项目、所用仪器、天气条件和观测过程进行一般说明。

2. 温室小气候观测

温室是由玻璃、塑料等透明覆盖物构造的设施环境。

（1）观测地段及测点的确定

观测地段：一个完整的温室就是被选定的观测地段。所观测的温室附近不应有高大的地物遮蔽，一般应远于地物高度的 5 倍。如果是在温室群中，应尽可能地选择处于上风向和遮阳较少的温室。

测点设置：300 m^2 以上的大型温室，一般设置 5 个测点。即在温室中央“十”字形排列 5 个测点；中型温室取任一对角线上的 3 个测点；小型温室设 1 个测点，测点离边缘距离≥2 m。与之对应地在裸露地设对照点，裸露对照点距温室至少是其高度的 10 倍，避免局部地形（如陡坡、洼地、丛林等）的影响，不受地物遮蔽，距离较大的水体（水库、湖泊、河、海）的最高水位线，水平距离至少 100 m 以上，并尽量选在当地最多风向的上风方。

（2）观测高度（深度）　观测的高度决定于温室内小气候要素的垂直分布状况，以及作物的有无和作物的高度。在无作物时，应设 0.2 m、0.5 m 和 1.5 m 三个高度。一般只取 0.2 m 和 1.5 m 两个高度。有作物时（系指作物高于 0.5 m，地面植被覆盖达 80%，幼苗期与株高小于 0.2 m 时按无作物设高度），原则上应包括作物活动面高度（一般为植株的 2/3 高度）、冠层顶部和距离温室、大棚顶部 0.5 m 处。一般土温观测地面及地中 5 cm、10 cm、15 cm、20 cm、40 cm。应尽可能地考虑对单因子或多因子进行对比观测，但测点的位置和测量高度试验区和对照区要一致。

（3）观测项目、仪器、时间、程序、资料整理及总结　以上各项均根据研究目的与任务而定，与农田小气候基本相同。

［实训］

1. 设计一个农田或温室小气候的观测方案。

2. 进行一次农业小气候综合观测，整理观测记录，分析农业小气候的特点；根据分析结果提出对农业生产的指导意义。

农田小气候观测

【知识拓展】

智慧农业气象服务平台　　吊袋式二氧化碳使用方法　　世界最大空气过滤器

【实践案例】

温室栽培番茄的温度调控技术

1. 番茄苗期的温度管理

在国外，为了缩短温室的空档期，追求更高的年产量，一般苗龄都是比较大的，大多数种植户都会选择由专门育苗公司提供的出现第一穗花序的番茄苗，其可以很快开花结果，尽早地进入采收期，获取更多的果实。在国内，大多数种植者会选择自己育苗。想要获得番茄的高质高产，首先必须要培育健壮的种苗。健壮的番茄种苗要符合茎干粗壮、节间短、叶片深绿、根系发达等条件。在满足苗期营养供应条件下，温度调控是培育健壮种苗的重要手段。在番茄的育苗阶段，播种、催芽的适宜温度需要控制在 26～28 ℃，出苗整齐后，温室温度需要控制在 20～23 ℃。出现 2 叶 1 心时开始间苗，然后第 1 周的温度需要调控在 19～20 ℃，从第 2 周开始到定植前温度需要控制在 15～21 ℃（图 7-3）。在催芽阶段，需要较高的温度来促进种子发芽，出苗后需要逐步降低温度培育壮苗，防止徒长。

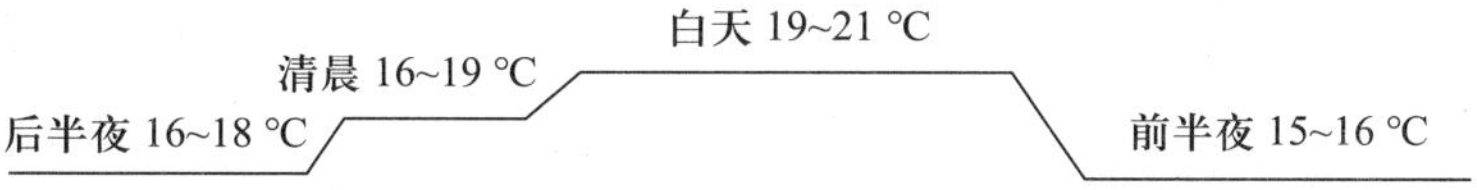

图 7-3　番茄苗期的温度管理

2. 番茄苗定植后的温度管理

正常情况下，番茄苗均是带土（或基质）移栽，基本无须缓苗。除了正常的肥水管理和病虫害防治外，最重要的是温室温度的调控。为了便于对温室环境（温度）进行控制，一般将每天分为前半夜、后半夜、清晨和白天 4 个阶段。在前半夜，温室温度需要控制在 12～19 ℃；后半夜，温室温度需要控制在 16～18 ℃；清晨，温室温度需要控制在 16～19 ℃；白天，温室温度需要控制在 19～26 ℃。对于晴好天气而言，随着光照的不断增强，温度也会随着光照相应提高，这样光合作用也会随之加强，有机物积累增多；反之，在夜晚或阴雨天气的情况下，温室温度需要适当降低，主要是降低植株的呼吸作用，以减少营养消耗（图 7-4）。

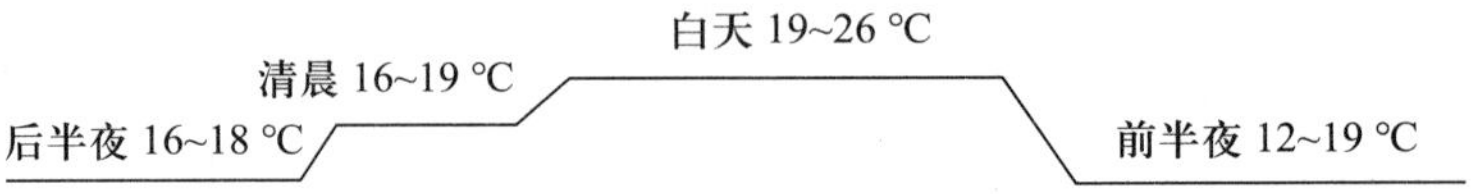

图 7-4　番茄苗定植后的温度管理

3. 温室温度的高低对植株的影响

(1)温室温度较低　温室温度较低会出现的症状:植株的节间太短,茎干较粗;生长点太强壮,新叶不平展;花穗太强壮;花粉质量较差,授粉困难(低于 12 ℃);蒸腾太少,养分吸收较少,容易缺肥;产生冷凝现象,湿度较大,容易出现病害。

(2)温室温度较高　温室温度较高会出现的症状:植株的节间太长,茎干偏细;生长点太弱,中后期植株生长乏力;花穗细长较弱,花朵数较少;花粉干燥、质量较差,授粉受影响;出现果实着色不均匀(高于 26 ℃),坐果困难(高于 30 ℃),空果率较高。

4. 通过温度变化调整植株生长平衡

番茄在光照充足的情况下,最理想的日平均温度在 19～20 ℃,不低于 14 ℃,不高于 25 ℃。通过全天候的温度记录和统计,与植株本身的生长指标进行结合,综合分析植株的生长状态,从而为培育健康植株提供依据。

(1)植株由强变弱　主要是异化作用增多,呼吸作用加强。植物的呼吸作用等于燃烧糖分释放能量,糖分的消耗是通过温度控制的,而不是需求决定的。其主要措施包括:提高白天温度、延长白天最高温度时间、日落后提高上半夜温度、延长下半夜时间,以及提高日平均温度,这些需要更多的能量消耗,加温成本会上升。

(2)植株由弱变强　主要是异化作用减少,呼吸作用减弱。其主要措施包括:降低白天温度、缩短白天最高温度时间、降低上半夜温度、缩短后半夜时间,以及降低日平均温度,这样就可能导致温室湿度较大,需要注意多通风排湿,防止病害的发生。总之,在现代化自动温室番茄栽培过程中,需要了解不同品种的生长特性,通过不断地测量植株的生长数据,掌握植物的生长状况,才能更好地通过温室环境(温度)控制来调整植株的生长平衡,从而达到高质、高产的目的,提高经济效益。

(引自:谢贞清,徐兵,李贺. 温室温度对番茄栽培的调控技术. 种子科技,2019,37(5):83)

【思政案例】

我国风云气象卫星事业 50 年成就

2020 年是我国风云气象卫星事业开展 50 周年。50 年来,我国风云气象卫星事业从零起步,发展迅速,目前已经成为世界上少数同时拥有极轨和静止气象卫星的国家和地区之一。50 年来,正是高悬天际的“天眼”,使我们的天气预报更加精准,为防范抵御气象灾害提供了有力支撑。

一、防灾减灾:精测风云、服务百姓

2020 年 10 月 11 日凌晨,位于南海南部海域的热带低压加强为 2020 年第 15 号台风“莲花”。海南省气象局发布台风预警，提示作业和过往船舶回港避风。

台风往往给沿海地区带来强风暴雨，破坏性极强。因此，准确预报显得尤为重要。

精密的卫星观测是提高气象预报预测准确率和气象灾害监测预警时效的关键。特别是在台风监测中，风云卫星发挥着无可替代的作用。

“自风云二号卫星投入运行以来至2020年8月底，西太平洋生成的566个台风、登陆我国的165个台风监测无一漏网。”国家卫生气象中心主任、风云气象卫星工程总设计师杨军说。

风云四号卫星投入运行后，我国对台风、暴雨等灾害天气监测识别时效从15 min提高到5 min，暴雨预警准确率提高到89%，24 h台风路径预报平均误差从95 km减小到71 km，达到世界先进水平。

2020年夏天，我国多地遭遇暴雨洪涝灾害，风云四号卫星对水体面积和雨带变化做出持续而精准的监测，风云三号卫星将鄱阳湖最清晰的水体变化监测图呈现在人们眼前，为天气预报和抗洪抢险决策提供数据支持。

杨军说，我国是自然灾害非常严重的国家，70%以上的自然灾害是气象原因造成的，风云卫星对我国防灾减灾的意义重大。通过测算，风云卫星投入产出比可达1∶40。

其实，风云卫星不只是用来预报天气，风云卫星数据和产品被广泛应用于海洋、农业、林业、环保、水利、交通、航空、电力等行业，产生良好的经济和社会效益。

二、自主创新：从无到有、从弱到强

1970年，我国开始独立自主研制风云卫星。50年来，我国风云气象卫星事业走出了一条从无到有、由小到大、从弱到强的奋斗之路。

奋斗之路，历尽坎坷。风云四号卫星系统总设计师董瑶海回忆说，1988年我国成功发射第一颗气象卫星。然而，风云一号A星在轨只运行了39天，风云一号B星在轨正常运行了165天，风云二号01星在测试厂房发生重大事故，风云二号A星和B星在轨正常运行时间也不长。

“当时首先必须破解卫星可靠性的问题。”他说。气象人和航天人锲而不舍攻克难关，始终坚持自力更生和自主创新，最终实现风云卫星稳定长寿命运行，牢牢掌握了关键核心技术。

我国1999年和2002年成功发射了风云一号C、D业务星，卫星在轨运行寿命达到6年5个月和10年，大大超过设计寿命。

如今，我国先后成功发射两代四型17颗风云系列气象卫星，目前7颗在轨运行。风云卫星是目前世界上在轨数量最多、种类最全的气象卫星星座。

“风云卫星群星灿烂，背后是我国成千上万科技工作者的全力付出。”杨军说，他们中有孙家栋、曾庆存、许健民等多位科学家，也有无数默默无闻的科技工作者。

无数人的汗水，使风云气象卫星实现从跟跑到并跑再到部分领域领跑的跨越。

2016年，我国成功发射风云四号A星，对中国区域可实现每5 min一次的观测覆盖，最高分辨率从1.25 km提高到500 m，在全球首次实现静止轨道大气高光谱垂直探测。

三、走出国门：全球预报、全球服务

2018年，我国第一代静止轨道气象卫星的最后一颗星——风云二号H星的定点位置由原定的东经86.5°向西漂移至东经79°赤道上空，弥补了全球气象卫星对印度洋及中亚、西亚和非洲等“一带一路”地区观测的不足。

中国气象局局长刘雅鸣说，风云气象卫星是全球综合观测系统的重要成员，被世界气象组织纳入全球业务应用气象卫星序列。凭借先进的技术水平、稳定的业务运行可靠性和高质量的数据产品，风云气象卫星与美国、欧盟的气象卫星一起，成为全球对地观测网中的主力军。

目前，我国已为115个国家和地区提供风云卫星资料和产品，来自100多个国家的1 200多名学员接受了风云卫星应用专题培训。风云卫星已在越南、菲律宾、莫桑比克等国台风灾害监测中发挥了重要作用。

据了解，为充分发挥风云卫星作为气象防灾减灾第一道防线前哨作用，到2025年，我国将继续发展第二代风云卫星星座，计划发射7颗卫星，风云卫星观测能力整体达到世界先进水平，部分领先水平。

从2025年到2035年，我国将完善第二代并同步发展第三代风云卫星综合观测体系，计划发射14颗卫星，发展星地协同智慧化观测一体化技术，建立支撑精细预报的“智慧观测”业务系统。

来源：中国气象局官网 https://www.cma.gov.cn/2011xwzx/2011xmtjj/202010/t20201012_564519.html

附录
作物与气象

水稻气象

水稻是我国最主要的粮食作物之一，我国有60%以上人口以稻米为主食，是世界上最大的稻米生产国和消费国。水稻年播种面积3 000万 hm^2，占世界的20%；产量1.85亿 t，占世界的近1/3。水稻在我国谷物产量中始终保持在总量的40%左右，占据了近半壁江山。

一、分布与气候

日平均气温大于10 ℃的天数110 d以上且大于18 ℃天数在50 d以上的地区，除海拔2 600 m以上的青藏高原及东北、西北高山地区外，南起海南岛的崖县，北至黑龙江的黑河都可种植水稻。

二、生长发育与气象条件

1. 光照

水稻为喜阳作物，对光照条件要求较高，水稻单叶饱和光强一般在30～40 klx左右，一般最高分蘖期为60 klx，孕穗期可达80 klx以上。

2. 温度

水稻为喜温作物，各发育期对温度要求见附表1，水稻不同熟性所需大于10 ℃积温和生育天数（播种—成熟）见附表2。

附表1　水稻对温度条件的要求

（中国农业百科全书编辑委员会，1989）　℃

时期	最低温度	适宜温度	最高温度
种子发芽	10～12	18～33	45
幼苗生长	12～14	20～32	40
移栽	13～15	25～30	35

续附表1

时期	最低温度	适宜温度	最高温度
分蘖	15～17	25～30	33
幼穗分化	15～17	25～32	40
花粉母细胞减数分裂	15～17	25～32	40
抽穗开花	18～20	25～32	35～37
灌浆结实	13～15	23～28	35

附表 2　水稻不同熟性所需大于 10 ℃积温和生育天数(播种—成熟)

(水稻生产与气象,中国种业互联网,2008)

稻区		品种	＞10 ℃积温	生育天数
南方地区籼稻	早稻	早熟种	2 400	110
		中熟种	2 400～2 600	110～120
		晚熟种	2 600	＞120
	中稻 (一季稻)	早熟种	＜3 000	＜130
		中熟种	3 000～3 200	130～140
		晚熟种	3 200 ℃	＞140
	晚稻	早熟种	3 000	120
		中熟种	3 100～3 300	120～130
		晚熟种	3 300	＞130
南方稻区粳稻		早熟种	2 900	120
		中熟种	3 000～3 300	120～130
		晚熟种	3 300	＞130
北方稻区一季粳稻		早熟种	＜2 500	＜130
		中熟种	2 500-3 000	130～150
		晚熟种	3 000	＞150

3. 水分

水稻全年生长季需水量一般在 700～1 200 mm,大田蒸腾系数为 250～600。当土壤湿度低于田间持水量 57%时,水稻光合作用效率开始下降;当空气相对湿度为 50%～60%时,水稻光合作用最强,抽穗开花期空气相对湿度为 70%～80%有利受精。淹灌深度以 5～10 cm 为宜,但为了除去土壤有毒的还原物质,提高土壤的通透性和根系活力,还应进行不同程度的露田和晒田,幼苗期浅水勤灌,有利扎根;分蘖期水层保持 2～3 cm,后期排水促进根系发育;拔节孕穗期是水稻需水最多时期,宜灌深水 6～10 cm;抽穗开花期可以轻脱水或保持一定水层;灌浆期田面要有浅水,乳熟后期干干湿湿,有利提高根系活力及物质调配运转。水稻返青期、减数分裂期、开花期对淹水最敏感,长期淹水会导致死苗、幼穗分化腐烂和结实率降低。

三、主要农业气象灾害

我国水稻产区的主要气象灾害,有干旱、雨涝、低温、高温和连阴雨等。

1. 干旱

干旱使水稻生育期延迟，稻株分蘖数减少，植株矮小，植株形态异常，穗长缩短，总粒数下降。水稻旱害的敏感期是：水稻抽穗前 5～11 d、抽穗期和抽穗后 11～15 d，这个时期受旱对产量影响最大。

2. 涝害

水稻营养生长期受雨涝的危害与淹水天数、淹水期间和排涝后的天气条件有关。在一般天气条件下，水稻受雨涝后，稻苗分蘖数减少，生长状况变劣，最高茎分蘖期与其他生育期相应推迟，且随淹水天数的延长，危害程度加重。

3. 低温冷害

水稻对低温的敏感期有两个，一是颖花四分体期至小孢子第一收缩期，二是开花期。水稻营养生长期的低温冷害，可分秧苗生长期与返青分蘖期两个阶段。生殖生长期，以小孢子初期和抽穗开花期最易受冷害。

4. 高温热害

水稻在孕穗期和开花期遇到高温危害，可使结实率降低；灌浆期遇高温，使千粒重下降。35 ℃以上高温是开花灌浆期的伤害指标，如开花期遇到≥35 ℃高温 1 h，可使颖花高度不育。研究认为，早籼开花结实期，35 ℃是结实率的伤害高温指标，32 ℃是千粒重的伤害高温指标。

玉米气象

我国是世界玉米生产大国，产量占全世界玉米总产量 20%以上，居世界第 2 位。玉米又名玉蜀黍、苞谷、珍珠米、棒头、大黍、玉麦等。它在粮食生产中占有重要的地位，是我国北方和西南山区及其他旱谷地区人们的主要粮食之一。

一、分布与气候

玉米气候适应性比较广泛，≥10 ℃积温在 1 900 ℃以上、夏季平均气温在 18 ℃以上的地区均可种植。从 55°N 到 40°S 之间，低纬度海拔高度达 3 636 m，都可种植玉米。

二、生长发育与气象条件

1. 光照

玉米是短日照作物，喜光，全生育期都要求强烈的光照。出苗后在 8～12 h 的日照下，发育快、开花早，生育期缩短，反之则延长。玉米光饱和点为 70～80 klx（单株），光补偿点为 1.5 klx（群体）。自然范围内，玉米群体达不到光饱和点。玉米籽粒干物质积累过程中，至少需要 30～37 klx 才能满足要求。同时，在相同太阳辐射条件下，光合速率随日长增加而增加，对产量影响较大，尤其在籽粒灌浆阶段对产量形成更为重要。作物下层增加反射光，可增加籽粒产量，切除玉米顶部遮阴的雄花可提高籽粒产量 4%～12%。

2. 温度

玉米为喜温作物，生育期间生物学最低温度为 10 ℃。种子在 6～7 ℃开始发芽，但极缓慢，并易感菌霉烂，10～12 ℃发芽正常。发芽时间与温度关系密切，10～12 ℃需 18～20 d 出苗,15～18 ℃需 8～10 d 出苗,≥20 ℃时 5～6 d 即可出苗。玉米在 18 ℃以上幼苗生长较快,30～32 ℃时最快。抽穗开花期适宜温度为 25～28 ℃,气温<18 ℃或>38 ℃不开花;当气温≥30 ℃,空气相对湿度小于 60%开花甚少;气温≥32 ℃,花粉粒 1～2 h 即丧失生活力。在籽粒灌浆、成熟时期要求日平均温度保持在 20～24 ℃,有利于有机物质合成和向果穗籽粒运转。日平均气温超过 25 ℃或<16 ℃均影响酶活动,不利于养分积累和运转;日平均气温 13 ℃左右玉米灌浆仍可很缓慢进行。全生育期平均气温在 20 ℃以下时,每降低 0.5 ℃,玉米达到成熟时生育期要延长 10～20 d。中国玉米品种对热量的要求见附表 3。

附表 3　不同熟性玉米对热量的要求

(中国农业百科全书编辑委员会,1989)　　℃

项目	早熟	中早熟	中熟	中晚熟	晚熟
生长期/d	85～95	95～105	105～120	120～130	>130
$\sum t_{\geq 10℃}$	2 000～3 000	2 300～2 500	2 500～2 800	2 800～3 000	>3 000

3. **水分**

玉米是水分利用率较高的作物,蒸腾系数为 250～350,相对需水量低于麦棉等。玉米是高秆作物,全生育期又处在高温时期,需水较多。总耗水量早熟品种为 300～400 mm,中熟品种 500～800 mm。适宜生长的年降水量为 500～1 000 mm,但生育期内至少要有 250 mm,且分布均匀。

玉米苗期较耐干旱,拔节、抽雄、开花期需水最多,后期偏少。试验证明,播种时土壤田间持水量应保持在 60%～70%,才能保持全苗;出苗至拔节,需水增加,土壤水分应控制在田间持水量的 60%,为玉米苗期促根生长创造条件;拔节至抽雄需水剧增,抽雄至灌浆需水达到高峰,从开花前 8～10 d 开始,30 d 内的耗水量约占总耗水量的一半。该期间田间水分状况对玉米开花、授粉和籽粒的形成有重要影响,要求土壤保持田间持水量的 80%左右为宜,是玉米的水分临界期;灌浆至成熟仍耗水较多,乳熟以后逐渐减少。因此,要求在乳熟以前土壤仍保持田间持水量的 80%,乳熟以后则保持 60%为宜。

三、主要农业气象灾害

1. **低温害**

玉米的冻害指标为－3～－2 ℃。霜冻主要发生在苗期和灌浆期,苗期经霜冻后叶片成红紫色生长缓慢,但回暖后可复原;严重的可使地上部完全结冰呈半透明,化冻后枯死。成熟后期遇－3 ℃低温,易使含水量高的籽粒丧失发芽力。

冷害使玉米根系活动降低,根伤流量急剧减少,同时,破坏玉米矿物质营养代谢,降低光合及物质运输能力,造成玉米减产。气温低于 20 ℃,籽粒灌浆缓慢,18 ℃灌浆显著减慢,达到 16 ℃时灌浆急剧下降。

2. **干旱**

玉米抽穗前后,若长期无雨,土壤湿度小于 10%(壤土),叶片凋萎,持续半个月就遭受“卡脖旱”,造成雄雌间隔期长,花期不遇,或雌穗抽不出来,严重时可减产达 50%以上。

3. **涝害**

玉米苗期需水少,而不耐涝。在低洼易涝地区的夏季,雨水过多或地表面积水,土壤湿度达田间持水量的 90%,夏播玉米幼苗受涝害。超过 90%,幼苗停止生长,甚至死亡。

小麦气象

小麦是禾本科小麦属的重要栽培谷物。一年生或越年生草本。小麦籽粒含有丰富的淀粉、较多的蛋白质、少量的脂肪、多种矿质元素和维生素,是世界各国的重要粮食之一。小麦按播种季节可分为冬小麦和春小麦。

一、分布与气候

小麦的气候适应性极广,除高温、潮湿和热量条件不足的地区外,自赤道高原到北极圈和南纬 66°的地区均有种植。主产区位于 30°～55°N 和 25°～40°S,年降水量在 700～2 000 mm 的地带。主要产区为欧亚大陆和北美,种植面积约占世界小麦总面积的 90%。世界小麦栽培面积中,春、冬麦比例约 1∶3。

中国小麦分布区的气候特征是自海南岛到黑龙江省的漠河,由东南沿海到新疆喀什地区,从低于海平面 124 m 的吐鲁番盆地到海拔 4 460 m 的青藏高原浪卡子地区均可栽种,主产区位于 30°N 的长江流域到 40°N 的长城以南地区,年降水量 600～9 000 mm 的温带和北亚热带气候的平原、丘陵地带,这些地区降水量多集中于 7—9 月,约占年降水量的 60%以上,在小麦生育期间雨雪稀少,除南部地区外,中部和北部地区春旱严重,需要灌溉。中国主要种植冬小麦,约占小麦种植面积的 80%以上,其余为春小麦。

二、生长发育与气象条件

1. 温度

小麦属温凉作物,生物学零度为 5 ℃。各生育时期对温度条件的要求见附表 4。

附表 4 小麦各生育时期对温度条件的需求

(中国农业百科全书编辑委员会,1989) ℃

时期	最低温度	最适温度	最高温度
萌芽	2～4	15～25	32～37
出苗	3～5	15～18	32～35
分蘖	0～3	10～17	28～30
拔节	8～10	12～16	30～32
抽穗	9～10	13～20	32～35
开花	9～11	18～24	30～32
灌浆至黄熟	10～12	18～22	32～35

(1)播种至出苗期　播种至出苗期的延续时间与日平均温度关系密切,秋播时,18～16 ℃需 6～8 d;15～11 ℃需 9～14 d;10～6 ℃需 15 d 以上,低于 5 ℃在北方麦区需延至翌年早春增温后出苗。

(2)出苗至分蘖期　出苗至分蘖期延续时间 16～13 ℃需 13～17 d;12～8 ℃需 18 d 以上。

春小麦 3～5 ℃播种，对温度要求高于冬小麦。

(3)越冬期　在北方麦区，如冬前气温下降稳定在 0 ℃时，麦苗基本停止生长，进入休眠状态。其安全越冬的临界温度，正常生长麦苗在严冬时，冬性品种分蘖节最低温度－13 ℃；强冬性品种在新疆等地－17 ℃。冬季土壤干旱或遇倒春寒天气，容易发生冻害。

(4)幼穗形成期　南方麦区冬季温度在 0～10 ℃的地区，麦苗生长缓慢。北方麦区在早春增温稳定在 3 ℃返青，8～10 ℃起身，12～16 ℃拔节，13～20 ℃抽穗。拔节至抽穗期延续 14～32 d。

(5)籽粒形成期　开花的适宜温度 18～24 ℃，10 ℃以下低温，会影响授粉，造成不结实。高于 35 ℃花粉生活力降低，也影响授粉，结实率下降。

(6)抽穗至黄熟期　适宜温度 18～22 ℃，延续时间 35～43 d，高于 24 ℃，灌浆过程加快，延续时间缩短至 25～30 d，千粒重下降。最高气温 30～35 ℃，常引起干热风危害，造成青枯早衰。青藏高原气候温凉，此期温度一般在 18～13 ℃之间，延续时间 50～70 d，千粒重比其他麦区要高。

小麦全生育期所需积温：冬小麦 1 800～2 200 ℃；春小麦 1 700～1 900 ℃。

2. 水分

小麦喜干燥气候，不适应潮湿环境，但却是需水较多的作物之一。蒸腾系数为 400～600，占总需水量的 60%～70%，其余为棵间土壤蒸发所消耗。小麦耗水量的大小随气象条件、土壤水分状况和栽培条件的不同而变化(附表 5)。

附表 5　冬小麦不同生育时期的耗水量

(中国农业百科全书编辑委员会，1989)

生育时期	日期/(日/月)	时间/d	耗水量 /(m^3/hm^2)	日耗水量 /[$m^3/(hm^2 \cdot d)$]	阶段耗水/%
播种至分蘖	15/10～10/11	25	315.0	12.6	6.0
分蘖至越冬	11/11～30/12	50	675.0	13.5	12.9
越冬至返青	31/12～10/2	40	544.5	13.7	10.4
返青至拔节	11/2～15/3	35	472.5	13.5	8.9
拔节至抽穗	16/3～22/4	37	1 890.0	51.2	35.8
抽穗至成熟	23/4～4/6	43	1 380.0	32.1	26.0
全生育期	15/10～4/6	230	5 277.0	23.0	100.0

小麦穗期对水分非常敏感，缺水对产量影响最大，是小麦需水临界期。按小麦需水规律和土壤墒情，以田间持水量为准，苗期为 60%～70%，生长盛期 70%～80%，后期 60%～80%。

3. 光照

小麦为喜光作物。对光照条件要求较高，单叶的光补偿点为 1 500～3 500 lx。光补偿点为 20 000～30 000 lx。小麦群体内的光分布与光照度和群体结构有关。其反射和透射率主要决定于冠层内叶面积指数和太阳高度角等。叶面积指数大时，反射率大，透射率小。

4. 温光反应

感温阶段　冬性品种对温度反应极敏感，在 0～3 ℃条件下经过 30 d 以上才能完成感温阶段；半冬性品种在 0～7 ℃下经 15～35 d 即可完成；春性品种 0～15 ℃或 5～20 ℃下完成。

感光阶段　迟钝型每日 8 h 光照下，经 16 d 以上能顺利通过抽穗；中间型每日在 12 h 光照条件下，经 24 d 才能通过抽穗；敏感型在 12 h 以上的光照条件下，经 30～40 d 通过抽穗。

三、小麦的农业气象灾害

1. 干热风

受干热风危害的小麦颖壳发白，有芒品种芒尖干枯或炸芒，叶片、茎秆和穗变黄，在雨后暴热的条件下，茎叶青枯，受害的麦粒干秕、种皮厚、腹沟深，千粒重一般下降 1～3 g，严重的下降 5～6 g。

2. 冻害

小麦植株受冻害后，表现为叶绿素减少，叶片黄白干枯，叶尖、叶缘出现水渍状斑块，叶组织变成褐色或深褐色，严重的导致落叶、落花和落果，主茎和大分蘖冻死，心叶干枯。

3. 干旱

春旱影响春小麦播种，播种后遇干旱出苗不齐，造成缺苗短垄；影响越冬小麦返青后的正常生长。灌浆成熟期遇干旱使麦类作物青干、早衰，千粒重下降。

4. 湿害与涝害

小麦受湿涝灾害后，常引起烂根、早衰、倒伏，籽粒发芽，结实率和千粒重降低，并且容易发生病虫害。

棉花气象

棉花是锦葵科棉属植物的种子纤维，是重要的经济作物。棉花纤维是工业和国防业原料，棉籽用于食品工业，棉花副产品用途广泛。

一、分布与气候

全世界种植棉花的地区在 32°S～47°N 之间。棉花喜热、好光、耐旱、忌渍，正常生长发育需要充足的光照、较高的温度和较长的生长期。≥15 ℃的活动积温低于 2 500 ℃或≥10 ℃的积温低于 3 100 ℃，无霜期不足 150 d，夏季最热月平均气温低于 23 ℃的地方不能种植棉花。我国是世界主要产棉国之一，棉区范围大致在北纬 18～46 ℃，东经 76～124 ℃之间，遍及全国 25 个省(市、自治区)。

二、生长发育与气象条件

1. 光照

棉花是短日照植物，但喜光，对光照敏感，具有明显的向光性。据中国科学院上海植物生理研究所测定，棉花的光补偿点为 1～2 klx，光饱和点为 70～80 klx。光照强度影响着棉花花粉活力，光照强度为 12 klx 时，花粉活力为 77.5%，光照 65 klx 时，花粉活力达到 96.2%。

不同的光波对棉花的生长发育影响不同，红橙光可以使棉花生育期缩短，棉铃增重，纤维长度增长。

中、早熟陆地棉对光照长度反应不太敏感，晚熟陆地棉对光照要求比较严格。棉花花芽分化期要有 9～12 h 日照，也要有 12 h 以上的暗周期。短日照可以促进棉花提早出现结果枝，降低果枝节位，霜前花增加，但也导致单株结铃减少，铃重减轻，纤维品质有所下降。

2. 温度

(1)萌芽的温度条件　棉籽萌芽的最低温度为 10.5 ℃，最高温度为 45 ℃，适宜温度为 20～30 ℃。华东农业科学研究所用岱棉 15 号进行试验，12 ℃时萌芽需要 11 d，13 ℃需 7d，16 ℃需 5 d，20～30 ℃仅需 2 d。棉籽发芽对低温和霜冻十分敏感，5 ℃是冷害敏感期，2.5 ℃为棉苗霜冻临界温度，当温度降到－1 ℃，持续 2～3 h，将有 37.5%的棉苗受冻出现死亡。

(2)幼苗的温度条件　棉花从出苗到长出第一片真叶，对根层地温要求较高，地温在 14.5 ℃以下，根系停止生长，在 17 ℃时，根系生长缓慢，当地温提高到 24 ℃时生长迅速，在 27 ℃地温时最适宜根系生长，但地温超过 33 ℃，高温对根系有害。完成该生育期，气温在 14 ℃时需要 20 余天，16～18 ℃时需要 10～12 d，25 ℃时需要 6 d 左右。

(3)蕾期的温度要求　棉花现蕾的最低温度为 19～20 ℃，适宜温度 25～30 ℃，温度超过 33 ℃，现蕾速度减慢。棉花现蕾快慢，与主茎生长、昼夜温差等因素有关。适宜花芽分化的温度是昼高夜低，以昼温 28～32 ℃，夜温 18～20 ℃为宜。

(4)花铃期的温度要求　在花铃期，温度过高或过低，都不利于开花结铃。这一时期适宜温度为 25～30 ℃，当白天温度超过 36.5 ℃或夜间温度在 30 ℃以上时，都会引发异常花蕾脱落，花粉发育受阻，成铃率下降。据中国农业科学院棉花研究所观测，棉铃体积增长，视铃期的前 14 d 温度而定，日平均气温在 25 ℃以上时，棉铃生长正常。温度低于 21 ℃时，生长速度明显减慢。铃期内 15 ℃以上活动积温在 1 300～1 500 ℃时，铃重皆可超过 4.8 g，可以正常吐絮；积温小于 1 000 ℃时，铃重明显减轻，有部分棉铃不能吐絮。

棉花纤维长短也与温度关系密切，在 20～30 ℃温度范围内，温度偏高，纤维相对加长。当夜间温度低于 20 ℃，纤维会减短 1～3 mm，夜温在 15 ℃以下，纤维素停止淀积，对棉花品质影响极大。

3. 水分

棉花根系发达入土较深，具有一定抗旱能力。棉花耗水比一般旱田作物高，对水分反应敏感。水分较多易形成棉株徒长；水分不足，又会引起蕾铃脱落、早衰、减产、纤维短等。棉花苗期需水较少，一般播前灌溉过及时保墒就可。蕾期水分掌握在 0～60 cm 土层内含水量达到田间持水量的 55%～60%为适宜。花铃期需水量最大，田间持水量低于 55%，就会发生干旱，导致大量蕾铃脱落，铃重减轻，此期间以达到田间持水量的 70%～80%为宜。吐絮期对水分需求逐渐减少，可根据天气情况决定是否浇水，当连续干旱 10～15 d，可适当少量浇水。

三、主要气象灾害

1. 低温

棉花从播种到出苗，低温阴雨会造成烂籽、烂芽、病苗或死苗。在幼苗期，长期低温或温度先高后低，可诱发多种病害发生，造成大量病苗和死苗。

2. 涝灾

花蕾期降雨灾害主要表现为降雨冲散花粉，授粉受精过程被破坏造成花蕾和幼铃脱落，据河北省农业气象站观测，晴天蕾铃脱落率为 20%～40%，夜间降雨脱落率为 40%～70%，上午或全天降雨 10 mm 以上，脱落率多达 80%～90%。

铃期的阴雨灾害：我国各棉区 8、9 月间气温较高，阴雨天气形成棉田高温高湿光照差，利于烂铃病菌传播，引起棉铃腐烂，减产降质。烂铃病菌适宜温度为 22～27 ℃，相对湿度为 80%以上。棉花铃期高温少雨，光照充足，烂铃率不到 5%；连阴雨 10 d 以上，烂铃率可达到 24%～46%，经济损失严重。

甘蔗气象

甘蔗是禾本科甘蔗属植物，原产于热带、亚热带地区。我国是仅次于巴西及印度的第三大甘蔗种植国。甘蔗是最有经济价值的作物之一，全世界的糖约 70%产自甘蔗，甘蔗亦是我国制糖的主要原料。

一、分布与气候

甘蔗主要分布在 33°N～30°S 之间。中国蔗区主要分布在广东、台湾、广西、福建、四川、云南、江西、贵州、湖南、浙江等省(自治区)。世界蔗区分布的温度界限是平均气温 17～18 ℃等温线，以年平均 24～25 ℃为最适宜。甘蔗是栽培在热带和亚热带的作物，其整个生长发育过程需要较高的温度和充沛的雨量，一般要求全年≥10 ℃的积温为 5 500～6 500 ℃，年日照时数 1 400 h 以上，年降雨量 1 200 mm 以上。

二、生长发育与气象条件

1. 光照

甘蔗是喜光植物。甘蔗是一种高光效的 C4 植物，光饱和点高，二氧化碳补偿点低，光呼吸率低。甘蔗对光的利用率很高，光合作用能力强，特别对强光的利用率高。在强光下，光合产物多，生长健壮，节间纤维增多。相反，若光线不足则生长细弱、易倒伏、干物质的积累少，产量低。甘蔗的光补偿点一般为 5 klx，光饱和点为 80～100 klx。除了光强外，光照的时间长短也很重要。光照时间长，甘蔗所产生的干物质就多，蔗茎伸长量大，糖分高，尤其是在适宜的高温且阳光充足的情况下。最适光照时数为每天 8 h 以上，我国大部分蔗区年平均日照只有 5～6 h/d。

2. 温度

甘蔗不同生长期对温度要求不同。

(1)萌芽期　蔗芽萌动的起点温度一般在 13 ℃左右。在起点温度以上的一定范围内，随着温度的升高萌芽速度加快，反之，萌芽速度也会减慢。萌芽最适宜的温度是 30～32 ℃，大于 32 ℃时，萌芽虽快，但幼苗的质量较差；超过 40 ℃时，萌芽反而受到抑制。当温度降至 13 ℃以下时萌芽处于休眠状态。休眠芽在－1 ℃以下，萌动芽在 0 ℃以下被冻死。

(2)幼苗期　幼苗期生长的最低温为 15 ℃，适温为 25～32 ℃。

(3)分蘖期　分蘖期需要的最低气温为 20 ℃，随温度上升分蘖加速，30 ℃分蘖最盛。秋植蔗分蘖期气温高，日照长，分蘖比春植蔗快而多。

(4)伸长期　甘蔗在 12～13 ℃时可缓慢伸长，20～25 ℃伸长逐渐加快，30 ℃时为最适温度，伸长最快；超过 34 ℃，则伸长又减缓，在 10 ℃以下时伸长停止。

(5)成熟期　低温、昼夜温差大、干燥、阳光充足能促进蔗糖形成和累积。白天 13～18 ℃，夜间 5～7 ℃，温差 10 ℃左右最理想，有利于糖分积累和促进成熟。

3. 水分

甘蔗的植株高大，叶面积指数大，根系分布浅，蒸腾作用强，耐旱较差，而且生长期长，是需水量较大的一种作物。一般每生产 1 t 甘蔗约需水 102.8 m^3，1 份蔗茎干物质需水 366～500 份。甘蔗各生育时期，因生长量叶面积系数的差异，对水分的需求也不同。甘蔗正常生长要求年降雨量 1 200 mm 以上。据广东、广西测定结果，萌芽期需水量占全期水量的 8.4%～18.1%；分蘖期占 15.4%～21.7%；伸长期占 54.3%～57.8%；成熟期占 2.4%～19.6%。甘蔗生长需水规律为萌芽期少，分蘖期逐渐增加，伸长期最多，成熟期渐少。萌芽最快及分蘖最有利的土壤水分是田间持水量 70%；伸长期是田间持水量 80%～90%。

三、主要农业气象灾害

1. 干旱

春旱影响春植甘蔗下种及蔗芽萌发，出苗以后幼苗得不到必要的水分，蔗株亦会死亡，从而造成缺苗；处于分蘖和伸长期的秋冬植甘蔗就会影响甘蔗的分蘖数和减缓伸长速度。夏旱正值甘蔗处于大伸长期，是甘蔗需水最多时期，干旱会降低甘蔗的光合作用强度，严重影响甘蔗伸长。秋旱对秋植蔗下种、萌芽分蘖、伸长均有不利的影响，而对处于成熟期的甘蔗，一般轻度秋旱却有利于甘蔗成熟和糖分累积。冬季是秋植蔗分蘖或伸长处于停顿状态时期，其抗旱能力也大为加强，加上冬季温度低，甘蔗生长缓慢，故此时干旱对秋植蔗影响不大，相反，此时的干旱能起到蹲苗作用，但对正在下种萌芽的冬植蔗影响很大，主要影响蔗根蔗芽萌发，由于土壤湿度过小，会使蔗茎干枯死亡和死茎缺苗。

2. 涝害

对苗期及留宿根的蔗田影响极大，严重的可使甘蔗生长点死亡、腐烂、蔗头死亡。据观测，受浸没顶的甘蔗，3～5 d 内受害不大，5～10 d 死亡率逐渐增大，10 d 以上死亡率高，蔗头也不能保存。

3. 霜冻

甘蔗是热带和亚热带作物，低温霜冻对其危害很大，受冻害严重的甘蔗，蔗糖分损失可达到 1～2 个百分点，同时还会出现还原糖成倍增加，以及蔗汁酸度和胶体增加的现象，使蔗汁品质降低，给加工带来困难。蔗株受霜冻危害，一切生理机能受到破坏和抑制，严重的会使蔗茎基部侧芽死亡，造成宿根蔗发株迟、少，生长差，缺蔸断垄，导致减产。甘蔗霜冻低温可分为三级。－2.0～－1.5 ℃仅叶部及茎生长点部分受害死亡；－5.0～－3.0 ℃茎生长点及大部分侧芽冻死；－6.0 ℃以下全部叶枯死，茎生长点及绝大部分侧芽冻死，绝大部分茎组织受害。

4. 台风

台风的大风造成甘蔗倒伏、折茎或吹裂叶片，影响光合作用。台风的暴雨造成甘蔗涝害。

烟草气象

烟草原产美洲中南部，是世界上传播、发展较晚而为各国人们普遍栽培的一种作物。烟草是重要的经济作物。随着人们对吸烟有害健康的普遍认识，烟草在卷烟方面的用途定会大为减弱，但烟草在开发食品和药物资源方面的诸多潜在用途将会不断地被发现、利用，其前途是远大的。烟草仍不会失掉重要经济作物的身价。

一、分布与气候

世界上烟草主要产区分布在赤道与北纬40°之间，亚洲最多，约占世界总面积的49%。我国地处热带、亚热带、北温带，烟草分布很广，东起吉林的延吉，西到新疆的伊宁，北起黑龙江的克山，南到海南岛，全国各省(区)几乎都有烟草栽培，可分为黄淮、西南、华南、华中、东北和西北六大烟区。栽培类型以烤烟为主。

二、生长发育与气象条件

1. 光照

烟草大多数品种对日照长短要求不严格。烤烟在生长期要求日光充足而不十分强烈，每天光照时间以8～10 h为宜，尤其在成熟期，日光充足是产生优质烟叶的必要条件。富于短波光线光照和煦的多云天，有利于提高烤烟品质；晒烟和白肋烟对日照条件要求不太严格；香料烟需在强烈日照条件下才有利于形成香气浓郁的小而厚的叶片；雪茄包叶烟在遮阴的条件下生长，才能形成叶薄、组织细致、富有弹性等特点。烟草的需光量，因烟叶着生部位和生育期变化而不同，一般光饱和点由下部叶片向上部叶片逐渐增加，苗期的光饱和点为10～20 klx；大田期为30～50 klx，光补偿点为0.5～1 klx；烟叶成熟时，在100 klx的强光下，群体的同化物质总量仍随光强度的增加而增加。

2. 温度

烟草喜温。在8～38 ℃范围内，烟草均能生长，以28 ℃左右为最适宜。烤烟对温度条件要求比较严格，晒、晾烟则不太严格，黄花烟则较耐冷凉，只要不因温度影响而导致延迟生长和停滞成熟即可。烟草各生育阶段对温度的要求范围见附表6。各烟区的烤烟全生育期所需大于或等于10 ℃活动积温3 500 ℃左右，其中黄淮烟区的夏烟约在4 000 ℃；东北烟区和华南烟区的冬烟所需积温较低，但东北烟区彩温床育苗，补充了部分热量的不足。在烟草生育期中，凡平均气温高的产区，其生育期较短。昼夜温差大，有利于烟草的生长发育，但对烟叶的品质来说，成熟期温差小反而有利。

附表6 烟草各生育阶段对温度的要求

(中国农业百科全书编辑委员会，1989) ℃

温度	种子发芽	苗床期	移栽期	旺长期	成熟期
最适	24～29	20～25	>18	20～28	20～25
最高	35	35	—	38	38
最低	8～10	10	12～13	—	16

3. 水分

正常烟株含水量为70%～80%，旺长期烟叶含水量最高可达90%以上，成熟期烟叶含量占80%～90%。据在温室内测定，每生产1 g烟叶，蒸腾耗水就需500 g以上。在烟草生长期内，月平均降雨量有100～130 mm，就可比较充分地满足需要。烟草需水量大而不耐涝。各生育阶段对土壤水分的要求不同：

(1)苗床期　播种至两片真叶，土壤水分保持在田间持水量的70%左右为宜，在大十字期，适当控水有利根系发育，竖叶期至成苗耗水量较大，需保持土壤湿润，在移栽前10～15 d停止供水，进行炼苗。

(2)还苗至团棵期　土壤水分保持在田间持水量的60%为宜。低于40%则生长受阻，高于80%，根系生长较差，对后期生育不利。

(3)团棵至旺长期　土壤水分保持在田间持水量的80%最适宜。此期缺水生长受到阻碍。

(4)现蕾至成熟期　土壤水分占田间持水量的60%为宜。此期水分稍少可提高烟叶品质，土壤水分过多易造成延迟成熟和烟叶品质下降。

三、主要农业气象灾害

1. 低温害

烤烟植株对低温非常敏感。4—5月冷空气南下，使长江中下游及西南烟区移栽后的烟苗，受低温阴雨为害，烟苗苍白，生长点变白，当日平均气温<18 ℃，连阴雨7 d以上，日照总时数不足8 h情况下，移栽已有8片真叶以上的烟株，常常过早地转入生殖生长期，提前现蕾开花，株矮叶少，低产质差。当气温低于10 ℃以下，烟草生长受阻。烟草在苗期能忍受短时0 ℃左右的低温，但易造成冷害，致使幼苗心叶呈现“黄瓣”。如长时间处于－3～－2 ℃的低温，则植株死亡。一般轻度的冷害所造成的幼苗“黄瓣”，经过追肥和加强管理措施，仍能恢复正常生长。此外在苗期或移栽后长期生长在低温条件下，易导致早花减产。

2. 热害

烤烟生长期内温度高于30 ℃，特别是35 ℃时干物质的消耗大于积累，热害使烟叶的质量明显降低。烟叶成熟期温度过高，即便是短期的高温，也会破坏叶绿素，影响光合作用，使呼吸作用反常增强，消耗过多的光合产物，从而使新陈代谢失调，影响烟株的生长、成熟和烟叶的品质。在烟草生长期间，当大田温度高于35 ℃时，生长虽不完全停止，但将受到抑制，同时在高温条件下烟碱含量会不成比例地增高，影响品质。烟叶成熟期高于26 ℃，则导致烟叶品质大幅度下降。

3. 干旱

东北和黄淮烟区，春旱影响烟苗正常生长和适时移栽。云贵烟区，初夏雨季来迟，干旱使烟苗移栽期推迟。长江中下游及西南烟区的伏旱，正是烟株旺长需水时期，此时晴热少雨，使烟株长势减小，叶老化，早花，叶片形成褐红斑，周围呈黄色，进而成为不规则的死斑块。严重影响烟叶产量与品质。

4. 大风和雹灾

烟草在大田生长后期株高叶茂，容易遭受风害。叶片成熟期遇10 m/s的风速就能造成危害，轻则擦破叶片，降低品质，重则烟株倒伏或叶片折断。冰雹对于烟的为害比其他大田作物都大，在个别多雹地区，冰雹往往成为种烟生产的限制因子。

茶气象

绿茶多酚能防止癌细胞跟二氢叶酸还原酶（DHFR）结合生长，可减少患结肠癌的概率。茶能解渴、清利头目、清热、明目、利尿、解毒、防睡抗眠、消食积去肥腻、醒酒、延年益寿等。茶叶已成为全球三大饮料（茶叶、咖啡和可可）中消费量大、饮用面广、深受人们欢迎的一种保健性饮料。

一、分布与气候

茶叶在我国分布广泛，其发展前景广阔。茶树品种繁多，大致可分为灌木型、小乔木型和乔木型三种类型。乔木型为较原始的茶树类型，分布在原产地或接近的自然区域（我国热带或亚热带地区），植株高大、叶片大而长；小乔木型属进化类型，分布于亚热带或热带茶区，植株较高大，叶片比乔木型短小；灌木型属进化类型，其品种最多，主要分布于亚热带茶区，我国大多数茶区均有分布。我国茶区主要分布于33°N以南。由西南往东北，茶树品种由高大的乔木逐渐演变为低矮的灌木，植株矮化，叶片渐小而厚，栅栏组织加厚，抗寒（冻）力增强，多酚类物质渐减。

我国茶树种植北界为秦岭、淮河以南一带，处于我国亚热带的北缘，种植南界到台闽粤琼桂贵滇等省，大部分属南亚热带。

二、生长发育与气象条件

1. 光照

茶树喜阴。光照对茶树的影响主要是光的强度和性质。漫射光对茶树生长最有利。茶树原是在大森林中生长的植物，在漫长的环境适应过程中形成了耐阴的特性。经过人工长期栽培，茶树对光的适应性变得更广阔了。就茶叶品质而言，在低温高湿、光照强度较弱的条件下生长的鲜叶，氨基酸含量较高，有利于制成香浓、味醇的绿茶。在光照过强的地区，需在茶园间种果树或其他经济林木，以减少直射光，增加漫射光，提高茶叶品质。

2. 温度

茶树性喜温暖，生育以年平均气温15～23 ℃为宜。当日平均气温＞10 ℃，茶芽开始萌动逐渐伸展；15～20 ℃生长旺盛；20～30 ℃生长虽快，但芽叶易衰老，过高过低的温度会使茶树正常生育受到不良影响。虽然茶树能忍耐的最高温度较高，但当日平均气温＞35 ℃，持续数天，即对茶树生长造成较大影响，使叶绿素被破坏，光合作用停止，茶叶蛋白质凝固，酶活性丧失，影响物质的积累，甚至叶片枯萎而脱落，茶叶品质受到严重影响。在没有干冻的情况下，抗冻力强的茶树品种能忍耐－17～－15 ℃的最低温度。

3. 水分

茶树是一种叶用作物，雨量和湿度直接关系到茶叶能否高产优质。茶树具有生长季节耗水多，休眠期间耗水少的特点。在其生长期间，嫩芽不断被采摘，新芽叶又不断地生长，所以对水、湿条件有特殊的要求。据分析，适宜茶树生长的年平均降水量在1 000～2 000 mm，且要求月平均降水量＞100 mm；相对湿度一般以80％～90％为宜，土壤相对含水量以70％～80％为宜。此外茶树不同的生长阶段和时期对水分的要求不同。一般在生长旺季，需要较多的雨水，如果雨水少、空气干燥，则影响茶树生育。此外，对于排水不良或地下水位过高的茶园，由于土壤通气不良，氧气缺乏，阻碍了根系的吸收和呼吸，使茶树根部受害。常言道："名山出名茶""高山出名茶"，这与名山、高山云雾多、湿度大、漫射光多有密切的关系。

三、主要农业气象灾害

茶树的主要农业气象灾害有冻害、低温寒害和干旱等。我国茶树分布广，偏北产区每年3、4月份仍偶有霜冻，对已萌动的新芽影响较大。在每年春季，当天气回暖之后，仍不时有冷空气突然南下影响，造成低温天气(倒春寒)，抑制茶树的生长发育，导致采茶期推迟、首批优质茶的产量下降。此外，在茶树生长期的任一季节，若发生大气干旱，将导致茶叶产量下降，经营效益下降。

大白菜气象

大白菜又名结球白菜，属十字花科芸薹属二年生蔬菜。大白菜营养丰富，以柔嫩的叶球、莲座叶或花茎供食用。栽培面积和消费量在中国居各类蔬菜之首。

一、分布与气候

大白菜原产于我国北方，引种南方，南北各地均有栽培。白菜属半耐寒性蔬菜，适合温和而凉爽的气候，不耐高温和寒冷。白菜所需≥10 ℃积温因品种而异，一般早熟品种积温为1 000～1 200 ℃，中熟品种为1 400～1 600 ℃，晚熟品种为1 800～2 000 ℃。露地栽培的种植季节主要是秋季，利用覆盖技术可越夏种植。

二、生长发育与气象条件

1. 光照

大白菜属长日照植物，在短日照(<10 h)条件下，植株营养生长期延长，大白菜卷叶球，叶球增大；若日照延长(≥12 h)，大白菜可抽薹、开花期提前，生育期缩短，尤其是营养生长期缩短，营养体增大受到抑制。

大白菜需要中等强度的光照，光饱和点为15～20 klx，光补偿点为0.07～0.1 klx，适宜的光照强度为12～14 klx。在大白菜生长期间，如果光照太弱，则叶片呈直立生长态势(幼苗期和莲座期)，如南方春季栽培大白菜季节，阴雨天较多，光照强度较弱；若光照强度太强，则促进外叶平展生长，不利于结球，所以在夏季栽培大白菜时，需要用遮阳网遮阴。适宜的光照强度，能加强光合作用，增加营养物质的制造，植株生长良好，产量高品质佳。

2. 温度

大白菜喜冷凉的气候，生长适宜温度12～22 ℃，一般高于25 ℃或低于10 ℃均生长不良。大白菜对温度的要求因生长期而异。大白菜属于种子春化型蔬菜，一般萌动的种子在2～5 ℃条件下，15～20 d可以通过春化；发芽期适宜温度为20～25 ℃，最低温度为8 ℃，温度过低则出苗慢而不整齐，温度过高则苗弱。幼苗期对温度的适应范围较广，适宜温度为22～25 ℃，能耐－2～－3 ℃的低温，也能耐 25～26 ℃的高温，如果气候炎热，则幼苗生长不良，特别在高温干旱的情况下，根系发育不良，也容易发生病毒病；莲座期适宜温度为 17～22 ℃，若温度偏低，则生长慢，影响叶球生长，而温度偏高，则莲座叶生长过盛，结球延迟；结球期适宜温度为 10～22 ℃，但在昼温 16～22 ℃，夜温 5～15 ℃的温差条件下，有利于养分积累，促进结球；休眠期以 0～2 ℃为最适，－2 ℃时叶球受冻，但仍可恢复；而在－8～－5 ℃的低温下，因根及根茎受冻害，则不能恢复；抽薹最适温度为 12～16 ℃，开花结角果期适宜温度 17～20 ℃，在昼间 15 ℃以下的低温不能正常开花授粉，在日间 25～30 ℃高温下可使植株迅速衰老。

3. 水分

大白菜叶多、叶大、叶面积大，叶面角质层很薄，叶片蒸腾水分量大，且大白菜是浅根性作物，根群并不发达，故大白菜生长要求有充足的水分。适宜的土壤湿度为田间最大持水量的 80%～90%，适宜空气相对湿度为 65%～80%。

大白菜的蒸腾作用随生育进程而逐渐增强，需水量也逐渐增加。发芽期和幼苗期的蒸腾作用较弱，但由于根系吸水能力弱，应保持土壤湿润；莲座期随着莲座叶数量的增加以及叶片的增大，蒸腾作用增加，需水也大大增加，应不断补充水分；结球期是大白菜需水最多的时期，应确保土壤有充足的水分供应，但到了结球后期应适当控制水分，以免诱发病害大发生，并有利于产品的贮藏和运输。

三、主要农业气象灾害

1. 低温害

大白菜能耐霜，但不耐严寒。当日极端最低气温降至－3～－2 ℃时，白菜植株细胞间隙结冰，如低温持续时间短暂，尚可恢复。当气温降至－5 ℃以下，白菜细胞间隙大量结冰，细胞内水分外渗而发生冻害，白菜组织坏死腐烂，不能恢复生长造成损失。

2. 热害

在出苗过程中，如遇天气持续干燥，土壤中缺水，中午阳光强烈，气温升高，造成地温过高且持续时间长，幼苗根茎部出现缢缩或灼伤，轻的幼苗萎蔫，重者死苗，造成出苗不全或缺苗断垅。若莲座期温度太高，生长过旺，会使包心推迟或包心不实。高温能抑制光合作用，促进呼吸作用，造成养分制造减少，消耗增加，营养失调，易染病害：病毒病在气温 25～27 ℃时，霜霉病在气温 28 ℃、相对湿度≥80%时，软腐病在气温 28～30 ℃时，极易发展蔓延。

番茄气象

番茄别名西红柿、洋柿子，茄科番茄属一年生草本植物，原产南美热带高原地区。公元 16 世纪传入欧洲作为观赏栽培，17 世纪才开始食用，17—18 世纪传入我国。

一、分布与气候

番茄是喜温性蔬菜，整个生育期要求需要≥10 ℃积温 2 000 ℃，对日照长短不敏感。番茄是全世界栽培最为普遍的果菜之一，在中国各地普遍种植。

二、生长发育与气象条件

1. 光照

番茄为喜光植物，光饱和点为 70 klx，光补偿点为 0.2 klx，栽培应保证 30 klx 以上的光照强度，才能维持其正常的生长发育。光照强度减弱时光合作用强度下降。冬春季大棚内栽培番茄，常常因光照强度弱，营养水平低，植株出现徒长现象，表现为茎叶细弱，落花落果严重，果实着色不良，且易出现果腐病，影响品质和产量。但如果光照过强，并常伴随高温干燥，会引起植株卷叶，坐果率低或果面灼伤，病毒病严重。

番茄的光周期属中间性植物，对日照长短要求不严格，不但在我国南方或北方都可以栽培，而且在温度条件合适的情况下，一年四季都可栽培，故番茄成为棚室四季栽培常见品种之一。

2. 温度

番茄是喜温蔬菜，生长发育适宜温度 20～25 ℃。番茄的不同生育时期对温度的要求不同，发芽期适温为 25～30 ℃，最低温度为 12 ℃，最高温度为 35 ℃；幼苗期适宜温度为日温 20～25 ℃，夜温 15 ℃左右；开花期适宜温度为日温 20～30 ℃，夜温 15～20 ℃，<15 ℃或≥35 ℃不利于花器官的正常发育及开花、授粉、受精，易造成落花；果实发育期适宜温度为日温 25～30 ℃，夜温 16～17 ℃，适宜地温 20～22 ℃。此外，温度的高低与番茄的红色素（番茄红素）的形成密切相关，19～24 ℃的温度有利于番茄红素的形成，果实转红快，着色好；<15 ℃或≥30 ℃则不利于番茄茄红素的形成，所以在低温和高温季节，番茄果实的着色较差。

番茄根系生长的最适地温（5～10 cm 土层）是 20～22 ℃，最低温度为 12～14 ℃，最高温度为 32 ℃。<8 ℃时根毛停止生长，<6 ℃时根停止生长，在适温范围内提高地温可以促进根系发育。露地栽培时，一般以 5cm 地温稳定在 12 ℃以上时作为当地番茄的定植适宜时期。

3. 水分

番茄植株叶片多，营养面积大，蒸腾作用强烈，蒸腾系数达 800 左右；番茄果实为浆果，结果数多，所以需水量大。但番茄植株的根系具有较强的吸水能力，属半耐旱作物，虽需水量大，但不需经常灌溉，只要求土壤湿度为田间最大持水量的 60%～80%就可。

番茄生长发育对空气湿度的要求也较严格。在天气晴朗干燥、雨水少、空气相对湿度为 45%～50%时番茄生长最好。

三、主要农业气象灾害

1. 低温害

番茄生长发育过程温度过低果实生长速度缓慢，低于 15 ℃时不能开花，或授粉受精不良，导致落花等生理性障碍发生；温度低于 10 ℃，植株停止生长；低于 5 ℃，茎叶生长停止，时间一长会引起低温危害；－2～－1 ℃时，短时间内可受冻而死亡。

2. 热害

番茄生长发育过程温度过高受精不良，坐果数减少，并容易出现高温逼熟现象或形成空洞果。番茄生长的温度高限为 33 ℃，温度达 35 ℃生理失调，叶片停止生长，花器发育受阻；短时间的 40 ℃高温也会产生生理性干扰，导致落花落果或果实发育不良，高达 45 ℃时，茎叶发生日灼现象。

3. 湿害

空气相对湿度高于65%，植株生长细弱，发育延迟，阻碍正常授粉受精，落花落果加重，坐果率低，而且在高温、高湿下病害发生严重。所以番茄在保护设施下栽培时应特别注意通风换气，防止湿度过大，导致病害发生严重。

黄瓜气象

黄瓜别名胡瓜、王瓜、青瓜，葫芦科黄瓜属，为一年生攀缘性草本植物，原产于印度北部地区。

一、分布与气候

黄瓜生长秉承了原产地气候特性，喜温喜湿。从播种到根瓜种子成熟，需要≥10 ℃的积温1 800～2 000 ℃。黄瓜适应性强，栽培方式多样，世界各地广泛栽培，是一种世界性蔬菜。我国黄瓜栽培历史悠久，栽培广泛，类型和品种十分丰富，有华南和华北两大系统。华南型黄瓜分布在我国长江以南及日本各地，华北型黄瓜分布于我国黄河流域以北及朝鲜、日本等地。

二、生长发育与气象条件

1. 光照

黄瓜喜光而又耐弱光，黄瓜的光饱和点为55 klx，光补偿点为1.5 klx，生育期间最适宜光照强度为40～60 klx，黄瓜是瓜类作物中比较耐弱光的，2.0 klx以下不利于高产，1.5 klx以下生长基本停止。在春黄瓜栽培上，经常出现因光照不足，植株同化量下降，引起生长不良及“化瓜”现象。黄瓜对日照长短的要求因生态环境不同而有差异。一般华南型品种对短日照较为敏感，而华北型品种对日照的长短要求不严格，已成为日中性植物，但8～11 h的短日照能促进雌花的分化和形成。

2. 温度

黄瓜为喜温一年生蔬菜，不耐寒冷，其生长发育需要一定的昼夜温差。植株生长发育适宜的温度范围为18～30 ℃，最适温度24 ℃，最低温度10 ℃，最高温度32 ℃。黄瓜生育期要求有一定的昼夜温差，一般情况下白天25～30 ℃，夜间13～18 ℃，昼夜温差为10～15 ℃最理想。夜间低温有利于减少植株呼吸消耗，加快同化物质的运输，抑制徒长，防止落花落果。

黄瓜发芽的最低温度为12.7 ℃，种子发芽的最适温度为25～30 ℃。18 ℃以下发芽缓慢，35 ℃以上发芽率降低，幼苗生长不良。黄瓜根系伸长的最适温度为30～32 ℃，低于8 ℃根系不能伸长；高于38 ℃根系伸长停止。根毛发生的最低温度为12～14 ℃，地温低于12 ℃，根系生理活动受阻，吸水吸肥，特别是磷的吸收受到抑制，地上部分生长不良，引起下部叶片变黄；超过32 ℃，根系呼吸消耗增加，超过38 ℃，根系停止生长，并引起腐烂和枯死。

3. 水分

黄瓜叶片大，水分蒸发量大，故黄瓜需水量大，但黄瓜根系浅，既不耐干旱也不耐涝。其适宜的土壤湿度为田间持水量的80%，适宜空气相对湿度为60%～90%，但也可以忍受95%～

100%的空气相对湿度，但湿度较大容易诱发病害。黄瓜对土壤湿度要求比较严格，水分不足，黄瓜叶片萎蔫；水分过多，根系呼吸受阻，如遇低温，容易出现沤根和猝倒病。黄瓜不同的生育期对水分要求不同，种子发芽期要求水分充足，同时要保证一定的通气性，以防烂种。幼苗期，水分不宜过多，否则容易徒长，并诱发病害发生，但也不宜过分控制，否则幼苗容易老化。开花结果期，是黄瓜对水分要求最多的时期，水分供应不足或不及时，不仅大大削弱结果能力，而且会使正在生长的果实产生畸形，失去商品价值，但水分过多会诱发病害。

三、主要农业气象灾害

1. 低温害

一般情况下，黄瓜植株在 10～12 ℃以下生理活动失调，生长缓慢或停止生育，5～10 ℃开始遭受寒害，低于 5 ℃就受冻害，－2～0 ℃就被冻死。黄瓜遇到低温，表现出多种症状，轻微者叶片组织虽未坏死但呈黄白色；低温持续时间较长，多不表现局部症状，往往不发根或花芽不分化，有的可导致弱寄生物侵染，较重的引致外叶枯死或部分真叶枯死，严重的植株呈水浸状，后干枯死亡。

2. 热害

当温度在 32 ℃以上时黄瓜呼吸量增加，净同化率下降，35 ℃以上生育不良，超过 40 ℃就引起落花、化瓜。经 45 ℃高温 3 h，叶色变淡，雄花落蕾或不能开花，花粉发芽率低下，产生畸形果。

3. 连阴雨

棚室种植黄瓜遇连阴雨(雪)天气，棚内温度低、湿度大，叶表面会形成水膜，干扰气体交换，叶片蒸腾作用大大减弱，根系吸收水分和无机盐受到阻碍，同时为病菌的蔓延创造了条件。当天气转晴后遇较强阳光照射，叶片蒸腾快速加大，根系吸收能力在短时间内不能满足叶片光合作用的需求，往往闪死瓜秧。

西瓜气象

西瓜又名夏瓜、寒瓜、青门绿玉房，葫芦科西瓜属，为一年生蔓性草本植物。西瓜果瓤脆嫩，味甜多汁，含有丰富的矿物盐和多种维生素，性凉质细，是广大消费者夏季时节解渴消暑之佳品。

一、分布与气候

西瓜喜光喜温耐热，在我国除少数寒温带地区和海拔 2 500 m 以上高寒地区外，南北各地均可广泛栽培。根据全国农业气候区划，我国西瓜栽培区可分为 3 大气候类型栽培区。①北方多旱气候栽培区。范围是甘肃以东淮河以北的全部北方地区，无霜期 110～240 d，活跃生长期(日平均气温 10 ℃以上)100～225 d，同期积温 2 000～4 500 ℃，西瓜生长适宜时间主要在 4—8 月之间。②西北干燥气候栽培区。范围是内蒙古西部、河套地区、宁夏、青海东部、河西走廊至新疆维吾尔自治区，全年无霜期 130～250 d，活跃生长期 150 d 以上，同期积温 3 000～3 500 ℃，西瓜生长适宜时间主要在 4—10 月。③南方多湿气候栽培区。指淮河以南的亚热带、热带湿润气候区，无霜期在230 d以上，活跃生长期超过200 d，同期积温超过5 000 ℃，有的地区可周年生产西瓜。

二、生长发育与气象条件

1. 光照

西瓜是喜光作物，在其生长过程中，需要充足的光照时数和光照强度。光照强度直接影响西瓜幼苗生长、开花坐果及产量品质。西瓜苗期光饱和点为80 klx，结果期要求在100 klx以上；西瓜的光补偿点为4 klx，它随外界条件而变化。

西瓜一般每天日照时数应在10～12 h，光照充足时，瓜苗生长健壮，茎蔓粗，节间短，叶肥大，雌花分化好、密度高，结果早，果实品质好。光照不足时，苗蔓细长、节间大、叶色淡、坐果少、产量低、品质差。因此，要减少西瓜和间套作物的共生期，减少遮阴。

另外，光质对瓜苗生长影响明显，红、橙光可使瓜茎蔓伸长、节间细长，蓝、紫光可抑制瓜茎蔓的伸长，使西瓜叶片色泽变深。

2. 温度

西瓜是喜温耐热作物，在生长期要求较高温度，最低温度为10 ℃，最高温度为40 ℃，适宜温度25～30 ℃。西瓜在不同生育期对温度要求不同。

(1)播种期　西瓜种子一般在16～17 ℃开始发芽，发芽适宜温度为25～30 ℃，气温在16 ℃以下或40 ℃上极少数发芽。大田播种时，5 cm地温要稳定通过15 ℃。播前浸种水温55 ℃为宜，时间10～15 min，可预防西瓜花叶病毒。若要恒温箱催芽，温度一般在28～30 ℃，火炕催芽温度为27～30 ℃，最高不超过33 ℃，最低不低于25 ℃为宜。

(2)幼苗期　幼苗期温度一般白天22 ℃左右，夜间15～17 ℃，如果气温超过25 ℃，容易形成高脚苗。西瓜根系生长的最低温度为10 ℃，形成根毛的最低温度为13～14 ℃，适宜温度为25～30 ℃，最高温度为38 ℃。西瓜幼苗缓苗后，适当提温可促进生长，白天温度27～28 ℃，夜温在18～20 ℃为宜，有利于幼苗生长、花芽分化、根系生长。

(3)开花期　西瓜的花粉发芽温度一般白天在25～28 ℃，夜间在18 ℃为宜，在此期间，最低温度偏高，发芽率就高。据观测，最低温度不能低于10 ℃，气温在12～14 ℃时发芽率为20%～30%；18～20 ℃时发芽率为68%～82%；20～22 ℃时，发芽率在84%以上。

(4)结果期　西瓜从雌花开放到果实成熟一般需要800～1 000 ℃的积温，30～40 d。结果期适宜温度为25～35 ℃，最低温度为18 ℃，当低于18 ℃时，坐果容易畸形。若在温室内栽培，结果期的适宜温度为25 ℃左右。气温在25～30 ℃的条件下，对结果、果实旺盛发育和成熟均为有利。当温度偏低时，成熟期延迟，产量降低。

3. 水分

西瓜根系发达，比较耐旱。当土壤湿度低于最大田间持水量的48%，就会发生旱象。土壤湿度保持在最大田间持水量的65%～85%为宜。西瓜果实硕大，生长旺盛，西瓜需水量很大。据测定，西瓜形成1 g干物质蒸腾耗水量达700 g，一株西瓜在整个生育期内大约耗水1 000 kg。西瓜幼苗期需水较少，土壤湿度达到最大田间持水量的50%～55%即可；伸蔓期需水量开始增加，结果期需水量最大，土壤湿度保持在最大田间持水量的75%～85%为宜；采收前3～5 d不要浇水。

三、主要气象灾害

1. 低温

春季北方地区多风，冷空气活动频繁，霜冻和低温冷害对西瓜幼苗造成危害。南方多阴雨天，地温偏低土壤过湿，易形成弱苗，引发幼苗猝倒病。

2. 涝灾

西瓜花粉在水中很容易破裂而失去授粉活力，在雌花开放期遇到降雨或连阴雨，易造成坐瓜难，产量不稳，要注意人工授粉；西瓜根系极不耐涝，水淹 2 h，根中柱附近开始发生木质化现象；水淹 1 d，根外皮和皮层木质化，植株受害，5 d 后根系部分腐烂。西瓜栽培区要注意及时排水防涝。

香蕉气象

香蕉是世界四大水果之一。据联合国粮食及农业组织公布的数据，2019 年，我国香蕉总产量为 1 166 万 t，仅次于印度；进口 194 万 t，仅次于美国，均位居世界第二，是香蕉生产与进口大国。香蕉富含钾元素，常吃香蕉对保护人的心脏和肌肉功能很有好处。香蕉还具护肤美容之功效。食用香蕉能够增加白细胞，改善免疫系统。香蕉位居 10 种对健康最有力水果的前三位。

一、分布与气候

我国香蕉栽植业以广东、广西、海南为主。香蕉原产热带地区，其生长发育要求温暖湿润的气候条件，喜热畏寒惧霜怕风，因此，纬度较高的亚热带地区和温带地区均不能作生产性种植。香蕉生长要求年平均气温 20 ℃以上，最冷月平均气温 12 ℃以上，极端最低气温 −2 ℃以上，基本无雪。

二、生长发育与气象条件

1. 光照

香蕉既耐阴也不受强光的影响，在自然状况下光照都能满足需要。根据 Brun(1961)研究，香蕉光合作用强度只在 2～10 klx 之间，随光强的增加而增加，在 10～30 klx 之间光合作用强度变化很微小；同化温度 27 ℃下光补偿点为 1.4 klx，光饱和点为 26 klx，光强超过光饱和点的 4 倍也不会出现有害现象。一般香蕉生长期间光强为全光照的 20%～25%，全阴天日数少于 40%，植株生长旺盛，果实发育良好。

2. 温度

香蕉树整个生长期都要求高温，生长温度为 15～35 ℃。香蕉生长发育比较适宜的温度条件是：年平均气温在 24 ℃以上，最适温度 24～32 ℃，≥10 ℃的积温 6 000 ℃以上，夏季最热月平均气温不超过 35 ℃，冬季最冷月平均气温不低于 15 ℃，极端最低气温不低于 4 ℃。香蕉对低温比较敏感，气温在 16 ℃左右时生长基本停止，生长的临界温度为 10 ℃左右。

3. 水分

香蕉叶大生长快，需水多，适宜香蕉生长的年雨量为1 500～2 000 mm，更重要的是分布均匀。一般认为，每月平均雨量最低要有100 mm，较为理想的月降水量为200 mm。若降雨过多造成积水，会严重影响香蕉生育，积水3 d以上则难以恢复。台湾香蕉一般27～28张叶片开始抽花蕾，当大气干旱时需对蕉园灌溉。初花至终花所需天数与旬温度及旬雨量有关。香蕉果穗重和果指重与花芽分化初期的旬降雨量成正相关关系。

三、主要农业气象灾害

1. 低温害

当气温降到7～8 ℃时叶片变干，4～5 ℃时植株各部位均出现冷害，新展叶缘出现黄褐色的冷害症状，香蕉果实成熟期抗寒能力最低，气温在5～7 ℃时蕉果受冷变黑，不能正常成熟，果实催熟后品质差，商品价格低。

当气温降到2～3 ℃时心叶受寒害，如此时伴有冷雨可造成假茎心部腐烂，表现为叶绿体破坏，叶面褐斑扩大，叶片萎蔫下垂，假茎外层叶鞘变褐，但球茎未受害，生长点正常。生产上要对已抽蕾的香蕉树在寒害出现前用蓝色塑料袋套在果柄上绑紧，使冷雨不能渗进袋内，以防果实受冷变黑、果实腐烂或干枯。冬前用塑料袋套蕉果，膜内平均温度可提高1 ℃以上，尤其晴天增温效果更显著。套袋不仅起防寒作用，并有利于蕉果的发育，使蕉果较饱满，皮色较绿，不仅增加产量，而且可提早采收。此外，在霜冻出现前夕淋水，或覆盖稻草、秸秆、薄膜等均有防寒(霜)保暖效果。

当气温降到1～2 ℃时叶片全部枯萎，细胞线粒体破坏，细胞死亡，导致假茎腐烂死亡，球茎死亡，生长点死亡，不能抽生吸芽；当清晨最低气温在－2～0 ℃时会使叶片冻死枯萎，严重时植株地上部分冻死。

2. 大风

香蕉株高叶大，根系浅生，假茎质脆，结果时穗重，遇到台风或其他大风则极易受害，轻者叶片被撕裂，蕉株倒伏，重者连根拔起，或蕉株果穗被折断，造成减产失收。华南沿海地区每年5—11月，特别是7—9月间常遭台风袭击，狂风折断香蕉茎干或连根拔起。受其影响轻者一般减产20%以上，重者在50%以上，甚至失收。

龙眼气象

龙眼富含糖、蛋白质和多种维生素等营养成分，具有壮阳益气、补益心脾、养血安神、润肤美容、延年益寿等多种功效，龙眼肉水浸液具有很强的抗癌作用。龙眼生长发育对气象条件要求较严格，生产上需针对不同气候特征采取相应的农艺措施进行调节，以实现龙眼高产优质。

一、分布与气候

龙眼原产于中国，是一种珍贵的南亚热带水果，适宜在热带和南亚热带地区生长。中国是全世界最主要的龙眼生产国，其次是泰国和越南。福建、广东、广西和四川是我国主产区，海南、云南、贵州、重庆、台湾也有栽培，浙江仅零星分布。

二、生长发育与气象条件

1. 光照

龙眼树为喜光树种，种植密度要适中，如果过度密植，枝梢徒长，中下部枝梢因缺光而停止生长甚至干枯，产量极低。高产龙眼园要求：果树行间枝条不交叉，株间枝梢可少量交叉；每年进行回缩修剪，必要时对树冠“开天窗”，培育立体结果的树型树势，保持果园透光率在20%以上。

2. 温度

在南亚热带或热带气区，龙眼生长发育与温度之间主要表现在树体正常生长发育对温度条件的要求、花芽分化对温度条件的要求、正常开花坐果对温度条件的要求。

(1)龙眼树正常生长发育对温度条件的要求　龙眼树营养生长和果实发育期需要较高的温度、湿度和充足的光照条件。据实验观察，当温度10～12 ℃，营养生长缓慢；13～18 ℃生长加快，23～26 ℃生长最旺盛。

(2)花芽分化对温度条件的要求　在广西，龙眼树1月份开始花芽分化，4—5月开花坐果。在龙眼花芽生理分化前，需要一段时间的低温干燥天气，才能顺利进行花芽分化。8～14 ℃有利花芽分化和花穗发育，15～18 ℃抽生的花序多为纯花序，19～20 ℃抽生带叶花序(俗称“冲梢”)，高于20 ℃则多数花蕾枯死脱落，形成营养枝。

(3)正常开花坐果对温度条件的要求　花序发育阶段以16～23 ℃为宜，温度过高，则雄花比率高、雌花比率低，坐果不理想，最终影响产量。花期温度的高低，将直接影响到花粉管的伸长和授粉受精。刘星辉研究认为：“红核子”龙眼花粉萌发适温为20～30 ℃。10 ℃以下不萌发，15 ℃萌发率仅4.4%，20 ℃达73.1%，25 ℃时为78.3%，30 ℃略有下降(72.3%)，35 ℃萌发率为0。

3. 水分

我国属季风气候区，干湿季分明，在多数年份，这种气候对龙眼开花坐果和果实发育有利。据分析：龙眼成花好坏，与花芽分化前几个月大气干旱状况密切相关。自10月至次年1月，连续干旱长达4个月者，次年龙眼成花特好，一般是特丰收年；若只有10—11月连续干旱，则为中产年景；如果连续干旱在一个月以下，次年龙眼多为歉收之年。这可能与花芽分化前降水少，日照充足，结果枝营养积累充足，树体休眠程度深等因素有关。

在花芽生理分化和发育时期，如大气过于干旱，则需进行灌溉促进生长点萌动和花序发育。花期理想的天气应该是每隔4～5 d有一次小阵雨或中阵雨，伴有微风，以多云天气较为理想。如花期大气干旱，花朵排蜜量大，则不利于虫媒传粉，使结实率下降，影响最终产量。

三、主要农业气象灾害

龙眼的主要气象灾害有霜冻和平流寒害。当温度降到－4～0 ℃时，龙眼树将发生不同程度的冻害。－2 ℃时枝梢叶片受冻害；＜－2.6 ℃枝梢严重受冻；当温度降到－4 ℃连续5 d，大树叶片全部冻死。Groff研究认为，龙眼树不同部位的受害温度指标不同，幼树－1.1～0.6 ℃，大树叶片－2.8～－2.2 ℃，小分枝－3.9～－3.3 ℃，大分枝(包括树干)为－4.4 ℃。龙眼树体抗平流能力较强，极少发生大树的平流寒害，但在强平流年份，可导致分化的花芽或嫩梢、花序受害，使当年成花率低而严重减产，产量低。

火龙果气象

火龙果又称红龙果、玉龙果、龙珠果、仙蜜果，肉质茎三棱状，茎节生长攀爬，可攀附在墙壁、棚架及他物生长，原产于中美洲热带沙漠地区，是典型的热带植物。果实外形亮丽，口感清甜，营养丰富，具有抗氧化等保健功效，经济价值较高。

一、分布与气候

火龙果耐 0 ℃低温和 40 ℃高温，生长的最适温度为 25～35 ℃。火龙果可适应多种土壤，但以含腐殖质多、保水保肥的中性土壤和弱酸性土壤为好。火龙果原产于巴西、墨西哥等热带中美洲地区，在亚洲，它主要分布在中国台湾和越南、泰国等地区，现广泛种植于我国台湾、广西、广东、海南、福建等热带、亚热带地区。

二、生长发育与气象条件

1. 光照

火龙果为喜光植物，最适宜的光照强度在 8 klx 以上，良好的光照有利于火龙果的生长和果实品质的提高。而其作为附生类型的仙人掌，对阴生环境也有很强的适应性，但光照低于 2 500 lx 对营养积累有明显的影响。另外，对于比较老熟的枝条，集中高强度日光照射，如果时间太长，积累的温度得不到散发，可能会导致该部分日光灼伤。因此，在日光过于强烈的地区种植火龙果，建议可适度遮阴栽培，在以色列有试验表明遮阴度不超过 50%有利于火龙果的生长。

2. 温度

火龙果原产于热带地区，喜高温，怕霜冻。从幼苗生长到开花结果各时期均要求光线充足、温暖湿润。其全生育期要求年平均气温≥21 ℃，最冷月平均气温≥12 ℃，最热月平均气温≥27 ℃，≥10 ℃活动积温在 7 500 ℃以上。当最低平均温度≤5.6 ℃时，枝条生长速度极慢，植株完全处于停止生长或休眠状态；当气温低至 0 ℃时，枝条被冻伤；当平均温度≥10 ℃时，枝条随着温度的升高而加快生长；平均温度为 21.4～33.6 ℃，枝条生长迅速，当最高平均温度≥39.2 ℃时，由于温度过高，光照过强，植株生长缓慢，甚至停止生长。过高的气温会抑制花芽的形成，导致不会开花结果；5 ℃以下低温即可出现冻害，幼芽、嫩枝、甚至部分成熟枝也冻死冻伤。经济栽培应在 20 ℃以上地区种植，过北的地区栽培不但易出现寒害（冻害），也影响到果实品质。打破休眠的温度分别需要 12 ℃和 35 ℃的气温。

3. 水分

火龙果一般被认为是耐旱的作物，但这只是指耐旱机理。水分仍是其快速健康生长的必需条件，充分适量的供水在其理论与实践上并无矛盾。实践证明，火龙果植株每 3 d 应有 0.5 kg 水分摄入，过于干旱会诱发植株休眠而停止生长，同时空气湿度过大也会诱发红蜘蛛和一些生理病害。

三、主要气象灾害

1. 低温冻害

火龙果耐寒性较差，不耐霜冻，在 4～8 ℃时会有冻伤。在某些地区，虽然冬季的平均温度高于 10 ℃，但最低温度低于 5 ℃，在 5 ℃以下的低温可能导致冻害，幼芽、嫩枝、甚至部分成熟枝都可能被冻死或冻伤并出现霉斑。所以当冬季温度低于 0 ℃的地区采用简易大棚种植。

2. 干旱

火龙果虽然属耐旱的作物，但过于干旱也会诱发植株休眠而停止生长。

3. 洪涝

火龙果耐旱不耐涝，一般土壤相对含水量达到 70%～80%就能正常生长，耐涝性较差，如根部长期积水，就会造成烂根导致减产或死亡，在阴雨连绵天气应及时排水，以免感染病菌造成茎肉腐烂。同时空气湿度过大也会诱发红蜘蛛和一些生理病害。

4. 大风、台风

大风会摧毁棚架，使火龙果断枝严重，台风造成的危害更严重，台风除了大风，还会带来强降水，易形成涝灾根系被淹。在年台风概率接近 5 次和以上的地区，火龙果种植非常困难。据广西区水果总站公布的数据，2008 年第十四号强台风“黑格比”造成全区火龙果绝收面积 33.3 hm^2。

桃气象

桃树是喜光喜温耐旱的温带果树，原产于我国西北地区，至今有 3 000 多年栽培历史，目前有 800 余个品种。桃树适应性强，易栽培，果实风味优美，营养丰富，是人们喜爱的主要果品之一。

一、分布与气候

桃树主要分布在 25°～45°N 之间，有南北种群之分。南方种群和北方种群年平均气温分别以 12～17 ℃和 8～14 ℃为宜。桃树冬季休眠需要 7.2 ℃以下的低温 50～1 250 h，多数品种需要 750 h 以上，400 h 以下者为短低温品种。如果不能满足品种对低温的要求，来年春季萌芽、开花均受到不同程度影响，严重影响产量，南方暖冬对桃树花芽分化不利。

二、生长发育与气象条件

1. 光照

桃树喜光不耐荫，它的总光合量或净光合量随着叶龄、季节、天气条件而变化。自然条件下桃树光合作用的光饱和点为 64 klx，光补偿点为 4 klx。在桃树开花期，光饱和点 30～40 klx，有利于花粉发育，提高坐果率。此外，光照强度对果径的增长、果实着色、果实中可溶性固体物含量也有不同程度的影响。

日照长度对桃树新梢生长、叶片大小、花芽分化、果实发育等也有明显的影响，短日照有利于桃树花芽分化，但抑制新梢和果实生长，果实成熟期推迟。

2. 温度

(1)耐寒能力 桃树的耐寒能力较弱,不同生育期受冻害的临界温度不同。在休眠期,根系最强能耐−11～−10 ℃,花芽能耐−18 ℃低温,花蕾期则变为−6.6～−1.7 ℃,开花期为−2～−1 ℃,幼果期为−1.1 ℃。

(2)根系生长的适宜温度 据观测,桃树根系在地温达到4～5 ℃时开始生长,地温在5 ℃以上时生长出白色的新根,在7.2 ℃时新根吸收营养物质向枝干叶片输送,新根生长适宜温度为17～20 ℃。在我国桃树主产区根系有两次生长高峰,5—6月是根系生长最旺季节,其次是9—10月份。7—8月间,表层地温超过30 ℃,根系生长缓慢。

(3)萌芽、开花与春季温度 春季气温的高低与桃树萌芽、开花早晚有着密切关系,日平均气温在6 ℃以上时,桃树开始萌芽,温度过低或变幅大时,萌芽延迟。开花期适宜温度为20～28 ℃,气温高且稳定,开花速度较快,气温低则开花速度缓慢,26 ℃是花期最适宜温度。

(4)花期温度与授粉坐果 桃树开花后,当温度适宜时花粉在柱头上发芽受精,花期日平均气温在7.9～10 ℃之间的结实率为51.4%;日平均气温在10.1～12.7 ℃时坐果率为64.1%,日平均气温在13.0～18.9 ℃时坐果率为90.8%。花粉发芽的适宜温度为18～28 ℃,30 ℃以上的高温对花粉发芽起抑制作用,不利于开花坐果。

(5)果实生长与温度 桃树果实的生长与温度的关系随着生长阶段而变化。在果实迅速生长期气温高果实生长快。在硬核期,自然温度高比较稳定,对气温的影响反应不太敏感。在成熟前10～20 d,天气变化的影响特别明显,月平均气温在20～25 ℃之间产量最高,品质佳,气温过高或过低或日照不足时,产量和品质都会下降。

桃在成熟期气温低时糖低酸高,甜味比变差。气温在22～25 ℃时果汁的含糖量最高,当气温升高到30 ℃时,桃的甜味比也会降低。气温22 ℃是桃果实的最适宜温度。

此外,气温也影响到桃果实的着色,温度在15～25 ℃之间桃果实都能正常着色,其中在22 ℃时着色最好,当气温超过35 ℃时,高温妨碍果实着色。

3. 水分

桃树耐旱性强,在许多果树中属于需水量最低的一种,一般受干旱影响小。据日本农业气象专家小林章研究,土壤含水量为17%时桃树凋萎,土壤含水量为10%时桃树的枝叶停止生长,当土壤含水量在20%～40%之间时桃树生长良好。当土壤中水分较多时,桃树的光合作用、新梢生长和果实发育表现良好。当出现连阴雨,土壤过湿会抑制桃树生长,地面积水两昼夜以上,就会造成桃树落叶落果或死亡。在我国南方桃园要注意排涝。

三、主要气象灾害

1. 冻害

桃树耐寒力较弱,冻害是桃树栽培上最普遍性的气象灾害。冻害有枝条冻害、主干冻裂、根系冻害和花芽冻害等。

2. 风害

桃树枝条柔软,树冠开张,抗风力弱,要防范7—8月份的阵性大风天气导致大量落果、落叶、折枝的风害。

此外,日烧、越冬抽条也是常见的气象灾害。

梨气象

梨属于蔷薇科梨属，落叶果树，约有35种，野生分布于欧洲、亚洲及非洲，分类上分为东方梨及西洋梨两大类。东方梨原产中国的约14种，19世纪以来，中国梨引种到欧美及日本各地栽培。通常作为果树栽培的主要有秋子梨、白梨、沙梨、西洋梨等四个种。褐梨、川梨、新疆梨在少数地区有栽培种，其他种则作砧木用。

一、分布与气候

梨是世界主要果树之一，各大洲均有分布，亚洲、欧洲产量最多。梨是我国重要的传统果品，其栽培历史悠久，达3 000年以上。东方梨的绝大多数种原产中国。白梨、沙梨、秋子梨、西洋梨等是我国人民所喜爱的主要梨果。梨树具有适应性强、分布广、抗旱、耐涝、耐土壤瘠薄、抗盐碱能力强等特点，全国各地均有栽培。我国梨总产占世界梨总产的18.7%，为世界各国之冠。河北、山东、辽宁是中国梨的主要产区。全国梨品种共达2 000多个，在林果栽培中其产量高、品质好、易管理、寿命长，是群众喜爱栽培的主要果树。

二、生长发育与气象条件

梨不同种类对环境条件要求不同形成各自的生态分布区。

1. 温度

梨树喜温，生育期间需要较高温度，休眠期则需一定低温。梨树适宜的年平均温度：秋子梨为4～12 ℃，白梨及西洋梨为7～15 ℃，沙梨为13～21 ℃。当土温达0.5 ℃以上时，根系开始活动，6～7 ℃时生长新根；超过30 ℃或低于0 ℃时即停止生长。当气温达5 ℃以上，梨芽开始萌动，气温达10 ℃以上即能开花，14 ℃以上开花加速。花芽分化和果实发育最适温度为20 ℃左右，光合作用的最适温度范围较宽，在30 ℃时光合作用下降甚微。果实成熟过程中，昼夜温差大，有利于品质的提高。

梨的不同种类，不同器官的耐寒力不同，原产中国东北部的秋子梨极耐寒，野生种可耐－52 ℃低温，栽培种可耐－35～－30 ℃；白梨类可耐－25～－23 ℃；沙梨及西洋梨类可耐－2 ℃的低温。但不同品种之间亦有差异，如浙江农业大学培育的黄花、杭青等品种及身不知梨、早酥、锦丰梨、苹果梨等品种，在甘肃河西地区表现较强的抗寒能力(冬季低温达－30～－25 ℃)。

梨树一年中生长发育与气温变化的密切关系表现出十分规律的物候期。据观察，早春兰州日均气温稳定通过0 ℃时，就能观察到巴梨和冬果梨花芽的补充分化；日均气温达到5 ℃，花芽萌动；梨树开花要求10 ℃以上的日均气温；枝叶旺盛生长要求大于15 ℃以上日均气温；日均气温稳定通过20 ℃以上后，巴梨和冬果梨开始花芽的形态分化；22～23 ℃达到分化盛期；9月中旬随气温的下降，14～18 ℃可出现雌蕊的分化；0～3 ℃梨叶变色脱落。

2. 水分

水分是梨树各器官的重要组成成分。枝梢含水量占50%～70%，幼芽占60%～80%，果实含水量占85%以上。秋子梨、白梨、西洋梨类耐湿性差，沙梨类耐湿性强。在沙壤土中当土壤水分含量在15%～20%较适于根系生长，降至12%则根系生长受抑制；土壤湿度过大，根系生长不良。在多雨高湿的气候条件下发育的果实，果皮气孔角质层易破裂，一般果点增大，果皮变粗糙，还易出现果锈。

梨树喜水耐湿，需水量较多，蒸腾作用也强，其蒸腾系数在284～401之间。梨树不同种和品种由于起源不同，对水分的需求各异。一般西洋梨、新疆梨、秋子梨等较耐干旱，沙梨喜湿，需水量较高，而白梨居中。如沙梨品种菊水形成1 g干物质的需水量为468 mL，而抗旱的西洋梨仅为284～354 mL。此外，不同品种间也有较大差异。如白梨系统中的冬果梨比较抗旱，而鸭梨则需水量较大。土壤水分过多，会抑制根系正常的呼吸及吸收功能，在嫌气条件下，土壤中有毒物质如硫化氢、甲烷等积累对根系产生毒害，从而造成烂根、树势衰弱、落花、落果、落叶以至枝干枯死等症状。沙梨在低氧的水中9 d即发生凋萎，在高氧的水中可坚持11 d，在流动的水中维持20 d以上。

3. **光照**

梨树为喜光果树，对光照要求较高，一般年需日照时数在1 600～1 700 h之间；梨叶光补偿点约为1.1 klx，光饱和点约为54 klx。梨树冠内的光照条件，以晴天中午树盘内投影中，光斑部分占10%～15%，且分布均匀较为适宜。

光照对果实品质影响十分明显。梨树通风透光好，会使枝叶健壮，坐果率高，果大，含糖量高，维生素C含量增加，酸度下降，品质好。而且着色品种花青素等物质也要在充足光下才能形成。但过强光照则会造成叶片和果实的日烧症。

4. **风**

微风与和风可促进空气的交流，有利于树冠内外温度、湿度、光照和二氧化碳等气体成分的调节；可以增强光合和蒸腾作用；有利于花粉传播，促进授粉受精，提高坐果等。但随着风速增大，风势加强，超过作物忍耐程度就会造成风害。

三、主要农业气象灾害

1. **霜冻**

早霜冻会造成果实、叶片和枝条的冻害；晚霜冻主要造成花器受冻，落花落果，影响产量。根据甘肃各地有关晚霜冻害的资料可以看出：梨花器从早春花芽萌动到开花，其抗霜冻能力愈来愈弱。花期中以雌蕊最不抗冻，常先受冻害。幼果期耐低温能力较开花时为强，在－2.5 ℃持续4 h才表现出受冻症状。此外，梨的腋花芽较顶花芽抗冻能力强。霜冻的发生及程度与品种、树势、地形等有关。

2. **枝条抽干**

冻旱抽条是指梨幼树在越冬期受低温和干旱两种因素的作用下而发生的枝条抽干死亡。在西北黄土高原和蒙新高原的部分地区较常发生。此外，在冬春季由于太阳的辐射作用，会使树干向阳面（多在西南面）温度升高，而夜间又迅速降温结冻，这样冻融交替，常使皮层组织受害而发生“日灼”。特别是在树的根颈部位最易发生。所以，生产上需以涂白等保护措施加以防护。

3. **风沙害**

主要风害在于加速土壤和枝水分蒸发，造成干旱失水；早春大风加重幼树抽条；大风损伤树体，撕裂枝叶，花器损伤和落果等，较大的沙尘暴往往会吹干或覆盖花器，影响授粉受精，造成落花落果。

4. **冰雹**

是北方主要气象灾害之一，特别在山区常受其害。6～8 月份出现较多。由于冰雹来势猛，强度大，并伴有大风，常造成轻者打伤枝叶、果实，重则树体损伤，当年无收、次年无花，树势衰弱，腐烂病发生等。

5. **大气污染**

近些年来大气污染对果树的影响，已逐渐被人们所重视。梨树接触各种大气污染物后，随着污染物种类，含量及时间长短等而分别表现出叶片局部坏死，黄化脱落，花器损伤，落花落果，减产等症状。

苹果气象

世界约有苹果属植物 35 种，原产中国的 23 种。其中最重要的栽培种是苹果，原产欧洲、中亚和新疆中部一带。其次为沙果，在中国已有悠久的栽培历史。苹果种类和品种很多，作为经济栽培种和品种，主要有绵苹果（中国苹果）和近代引入的西洋苹果。中国是苹果的原产中心之一，栽培历史很久，至少在 2 000 年以上。中国苹果产量虽居世界之首，但目前在世界苹果市场上占有率仍较低，今后在大力推广优新品种的同时，仍应强化栽培管理，提高集约化、专业化生产程度，提高果品质量，加强贮藏、包装、调运等中间环节，开拓国际国内市场。

一、分布与气候

世界上苹果的栽培分布于最冷月份平均气温为－10～10 ℃，年均温 8～12 ℃，夏季 6—8 月均温 19～23 ℃，年相对最低气温＞－27 ℃，年降水量 560～750 mm，年日照时数 2 200～2 400 h，地理纬度 35°～50°N，海拔 200～1 300 m 的地区。主要产于欧洲、北美和亚洲的温带。在北半球的低纬度亚热带和热带的高海拔处，以及南半球的阿根廷、新西兰、南非等地也有栽培。苹果是中国主栽落叶果树树种，在中国东北、华北、西北、西南、华中、华东等地区均有栽培，但主要以山东、辽宁、河北、河南、山西、陕西、甘肃东南部栽培为最多。

二、生长发育与气象条件

1. **温度**

苹果原产夏季空气干燥，冬季气温冷凉的地区。温度是限制苹果栽培的主要因子，年平均温度在 7.5～14 ℃的地区，都可栽培苹果，温度过高或过低都不利于苹果生长。冬季温度高则不能满足冬季休眠期所需低温，一般要求冬季最冷月平均气温在－10～10 ℃。苹果抗寒性较强，休眠季可抗－30 ℃以下低温，但依品种、树体充实程度、休眠深浅及温度变化速度等而不同。春季萌动时对低温敏感，我国北方地区栽培苹果易受早春倒春寒或晚霜危害。

春季昼夜平均气温 3 ℃以上时地上部开始活动，8 ℃左右开始生长，15 ℃以上生长最活跃。整个生长季（4—10 月）平均气温在 12～18 ℃，夏季（6—8 月）平均气温在 18～24 ℃，最适合苹果生长。生长季热量不足则花芽分化不好，果实小而酸，不可溶性固形物含量增加，色泽差，不耐贮藏。夏季温度过高，如平均温度在 26 ℃以上则花芽分化不良，秋季温度白天高夜间低，昼夜温差大时有利于果实品质的提高，秋季温度过高易发生采前落果。成熟的果实可耐

－6～－4 ℃的低温，温度过低易发生冻伤引起腐烂。

2. **湿度**

土壤含水量为最大持水量的70％～80％，最适苹果生长。苹果较为抗旱，要求夏季较为干燥的气候，生长季降水量达540 mm即可满足苹果生长与结果所需。花期多雨，影响授粉和坐果；夏秋多雨，会造成枝叶徒长，病虫滋生，果实产量和质量下降。

3. **光照**

苹果属喜光性树种，红色品种要求年日照时数1 500 h以上，或成熟期月日照量不低于150 h。要充分发挥叶片的同化机能，需要1.5 klx的日光强度。苹果光合作用的光补偿点为0.6～1 klx，光饱和点为35～50 klx，在此范围内光照强度增加，光合作用增强。日照不足时则枝叶徒长，叶大而薄，枝纤弱，贮藏营养不足，花芽分化不良，抗病虫力差，果实品质差，根系生长也受到影响。但光线过强也不利于光合作用而且常引起高温伤害，造成果实日烧现象。紫外线对果实花青苷的合成有促进作用。

三、主要农业气象灾害

1. **冻害**

苹果树虽能忍耐－30 ℃的低温，但在－20 ℃条件下持续15～20 d也会冻死。最常见的冻害是秋末冬初寒潮来临得早，果树尚未进入休眠，缺乏越冬锻炼，以及早春天暖以后的回寒，果树已解除休眠，本身抗寒能力已大大下降。采用覆草、包草、埋土、涂白等措施都能不同程度地防止冻害。

2. **霜害**

大部分苹果产区都有霜害威胁。春季随气温上升果树解除休眠，抗寒力迅速降低，萌动的苹果芽在－8 ℃条件下6 h即死亡，中心花和雌雄蕊在－4.5 ℃时受冻，幼果期－2.5～－1.7 ℃便受冻害。

3. **生理干旱(抽条)**

生理干旱俗称抽条，多发生在新植幼树和幼龄果园以及成龄果园的1年生枝。

在冬季严寒多风的地区，由于土壤冻结不能吸收水分，而树的蒸腾作用照样进行，当供水脱节时就会出现抽条现象。有些地区虽不十分严寒，但春季气温高，多干燥风，树的蒸腾作用加强，而地温较低，根系的吸收功能差，水分供应不上，地上部蒸腾消耗的水得不到补充，造成枝条抽条。

4. **大风灾害**

大风不仅直接损害果实，且随之降温，降低叶片机能，开花期损害花器，阻碍昆虫活动，影响授粉受精，冬季寒风可助长树体的冻害。强风可引起落果，损叶、折枝，树冠偏斜等。花期干热风影响坐果、采前大风摇落果实常有发生；生长季7级以上大风刮落树叶，损伤幼果也能导致减产。

参考文献

[1]中国农业百科全书编辑委员会．中国农业百科全书·农业气象卷[M]．北京：中国农业出版社，1989，1996.

[2]陈丹．农业气象[M]．北京：气象出版社，2008.

[3]包云轩．气象学[M]．北京：中国农业出版社，2015.

[4]谌晓芳．农业气象学实训教程[M]．武汉：武汉大学出版社，2016.

[5]王衍安．植物与植物生理[M]．北京：高等教育出版社，2015.

[6]姜世中．气象与气候学[M]．2 版．北京：科学出版社，2021.

[7]阎凌云．农业气象[M]．北京：中国农业出版社，2019.

[8]王世华，崔日鲜，张艳慧．农业气象[M]．北京：化学工业出版社，2020.

[9]奚广生．农业气象学[M]．北京：高等教育出版社，2005.

[10]姜会飞，段若溪．农业气象学[M]．3 版．北京：气象出版社，2018.

[11]李东林，李强，杨庆怡．农业气象观测与实验[M]．北京：气象出版社，2014.

[12]大气科学辞典编委会．大气科学辞典[M]．北京：气象出版社，1994.

[13]许昌燊．农业气象指标大全[M]．北京：气象出版社，2004.

[14]丁一汇．中国气候[M]．北京：科学出版社，2021.

[15]中国农业百科全书编辑委员会．中国农业百科全书．果树卷[M]．北京：中国农业出版社，1993.

[16]姚学祥．天气预报技术与方法[M]．北京：气象出版社，2011.

[17]陈尚谟，等．果树气象学[M]．北京：气象出版社，2004.

[18]成兆金，赵煜飞，庄立伟，等．农业气象观测实用手册[M]．北京：气象出版社，2018.

[19]李振陆．植物生产环境[M]．北京：中国农业出版社，2015.

[20]王景红．果树服务气象[M]．北京：气象出版社，2010.

[21]何春生．热带作物气象学[M]．北京：中国农业出版社，2006.

[22]中国气象局．地面气象观测规范[M]．北京：气象出版社，2003.

[23]吴章文．旅游气象学[M]．北京：气象出版社，2002.

[24]王文秀，郭汝凤，陈世发，等．1951—2016 年登陆我国华南地区台风的时空分布特征分析[J]．防护林科技，2018(06)：16-18.

[25]李雅旻,张继业,张轶婷,等. LED 补光灯在设施园艺中的应用[J]. 农业工程技术,2018,38(7):10-16.

[26]徐立功,韩太利,孙继峰,等. 北方早熟菜薹高效生产技术[J]. 园艺与种苗,2021,41(3):75-76.

[27]陈丹,范万新,韦思智,等. 不同时长 LED 灯补光对火龙果生长的影响[J]. 气象研究与应用,2021,42(3):44-49.

[28]陈丹,潘建安,马振军,等. 火龙果四种不同光质 LED 灯补光效果试验[J]. 广西农学报,2020,35(5):38-42.

[29]陈丹,范万新,梁萍,等. 夏季不同结构塑料大棚的小气候特征[J]. 西北农林科技大学学报(自然科学版),2008(11):183-190.

[30]陈丹,范万新,梁萍,等. 桂南地区不同结构春季塑料大棚小气候光温特征分析[J]. 农业现代化研究,2007(3):377-380.

[31]陈丹,范万新,梁运波,等. 桂南地区冬季不同结构塑料大棚小气候特征对比分析[J]. 湖北农业科学,2009,48(3):732-737.

[32]刘启文,张永奇,靳玉荣,等. 大田蔬菜的节水栽培技术[J]. 内蒙古农业科技,2001(1):40-42.

[33]黄昌兴,周国良,郑磊,等. 登陆我国台风的时空分布特征及其影响[J]. 水文,2014,34(6):81-85.

[34]徐淑萍. 二氧化碳保护地施肥技术[J]. 农民致富之友,2014(15):39.

[35]赵永华. 发展富碳农业 促进农业碳中和[J]. 北方经济,2021(3):15-18.

[36]广州市德一丰生物科技有限公司. 反季节种植的保护神——“稷丰”牌土壤增温剂[J]. 农村实用技术,2007(01):27.

[37]甘蔗水分管理与灌溉[N]. 云南科技报,2004-07-01(002).

[38]王迪轩. 高温烈日谨防蔬菜日灼病[N]. 湖南科技报,2021-07-27(002).

[39]徐格格. 光环境调控对植物生长发育的影响[J]. 生物技术世界,2015(12):214.

[40]王建平,王纪章,周静,等. 光照对农林植物生长影响及人工补光技术研究进展[J]. 南京林业大学学报(自然科学版),2020,44(1):215-222.

[41]张学生,吕根有,宋志敏. 辣椒日灼病的发生与综合防治[J]. 农业科技通讯,2018(5):275-276.

[42]姜会飞,农业气象学[M]. 3 版. 北京:气象出版社,2018.

[43]禾本. 美国:防苹果日灼有新招[J]. 中国果业信息,2021,38(8):38.

[44]崔和刚. 农业节水增产农艺技术措施分析[J]. 现代农业研究,2021,27(2):133-134.

[45]裴梓淇. 农业气象的现状和发展的重要性浅谈[J]. 中国高新区,2018(9):210.

[46]张红,褚希,李玉华,等. 农业气象服务智慧化发展探讨[J]. 农业与技术,2021,41(23):170-173.

[47]张兵. 农业设施的保温技术及应用效果[J]. 中国农业信息,2016(12):122-123.

[48]李化龙,陈端生,尚小宁. 农业设施环境中光、热、湿、CO_2 浓度等要素调控及应用技术研究进展[J]. 农业工程技术(温室园艺),2006(4):9-11.

[49]姚闯,张林雁,任守华. 棚室 CO_2 气肥机作用机理与应用研究[J]. 科技创新与应用,

2021(1):182-184.

[50]周广文,程杨．葡萄避雨栽培中的土肥水管理技术[J]. 科学种养,2009(7):20.

[51]沈华．葡萄怎样防日灼[N]. 农业科技报,2021-07-08(005).

[52]郭佳,张宝林,高聚林,等．气候变化对中国农业气候资源及农业生产影响的研究进展[J]. 北方农业学报,2019,47(1):105-113.

[53]张春燕．浅谈设施栽培下 CO_2 施肥技术与增产效果[J]. 农民致富之友,2019(12):144.

[54]牛曼丽,李新旭,李红岑,等．日光温室 CO_2 气肥智能调控系统设计与研究[J]. 农业工程技术,2020,40(19):53-57.

[55]王彦伟,李伟．设施栽培中 CO_2 施肥技术[J]. 现代园艺,2015(8):46.

[56]李浩．蔬菜保护地 CO_2 施肥技术[J]. 河南农业,2015(21):20.

[57]赵春,曾媛,周雪全,等．水稻苗床增温剂及配套制剂在水稻生产中应用[J]. 现代化农业,2018(3):54-55.

[58]张立秋,梁智慧,周雪全．水稻苗床增温剂在水稻上的应用试验[J]. 现代化农业,2020(5):40-41.

[59]蔡春芳．探讨农业节水增产农艺技术[J]. 农业开发与装备,2021(9):104-105.

[60]贺超兴,赵春雷,李继缔．温室蔬菜 CO_2 施肥技术研究进展[J]. 蔬菜,2017(7):27-33.

[61]谢贞清,徐兵,李贺．温室温度对番茄栽培的调控技术[J]. 种子科技,2019,37(5):83.

[62]白敏．我国近年来主要农业气象灾害的监测预警与评估技术的相关研究[J]. 农家参谋,2019(13):154.

[63]李先山,胡天让．物联网技术在农业温室大棚中的应用[J]. 现代农机,2021(2):35-36.

[64]刘文科,杨其长．现代农业照明现状与发展展望[J]. 照明工程学报,2014,25(3):1-3.

[65]谢小荣．现代温室大棚智能设计控制系统[J]. 广西农业机械化,2020(6):69,73.

[66]董春玲．园林植物水分胁迫诊断与调控技术[J]. 农技服务,2013,30(8):861,864.

[67]杨小华,吴静,陈广侠,等．增施 CO_2 对马铃薯三膜覆盖栽培块茎产量和干物重的影响[J]. 山东农业科学,2019,51(5):98-101.

[68]程星,秦海英,韩相林．植物春化作用及其研究进展[J]. 农业科技通讯,2014(2):127-128.

[69]绿洲．植物生长补光灯[J]. 农村百事通,2012(15):24.

[70]何林,李亨,陈红豆．智能 LED 植物补光灯设计[J]. 天津职业技术师范大学学报,2018,28(3):31-35.

[71]徐少华．浅谈设施蔬菜二氧化碳(CO_2)施肥技术[J]. 农业开发与装备,2019(8):200,204.

[72]余欢,张劲,郭荣荣,等．避雨栽培模式下气象因子对一年两收冬季葡萄白粉病发生的影响[J]. 西南农业学报,2021,34(09):1840-1846.

[73]王玉联．大棚樱桃高产高效栽培技术[J]. 南方农业,2021,15(26):14-15.

[74]柏萍．调控空气相对湿度对温室甜瓜和番茄生长、水分状态及产量的影响[D]．杨凌：西北农林科技大学，2021.

[75]张明智．膜下微喷灌对温室番茄节水增产影响机理的探究[D]．西安：西安理工大学，2021.

[76]李文俊．农业节水灌溉技术措施[J]．农家参谋，2021(3)：183-184.

[77]王森．浅谈农业水利灌溉工程中的节水措施[J]．南方农机，2022，53(1)：166-168.

[78]黄海生，孙奇，覃念，等．广西南亚热带地区连栋塑料大棚草莓高效优质栽培技术[J]．长江蔬菜，2016(11)：23-25.

[79]张春喜．海南香蕉优质高产栽培管理技术[J]．特种经济动植物，2021，24(8)：60-61.

[80]马春花，朱小江．黄瓜霜霉病减施农药防控技术[J]．河南农业，2021(23)：20-21.

[81]刘巧英，王景盛，石志忠．日光温室湿度特点与调控技术[J]．农业技术与装备，2014(13)：85-86.

[82]马毅．蔬菜设施园艺的环境条件与综合调控分析[J]．南方农机，2021，52(15)：64-65.

[83]田满洲，张唐娟，张俊峰，等．武汉渍水农田排涝方式、排涝设备选择及标准化探索[C]//第十八届中国标准化论坛论文集，2021：741-746.

[84]刘洪涛，王长青，杨克红．商丘市农田除涝存在问题分析及对策[J]．河南水利与南水北调，2015(15)：18-19.

[85]任士光．浅析灌区农田成涝的原因及排涝措施[J]．民营科技，2014(4)：253.

[86]马建涛，柴守玺，程宏波，等．农田秸秆覆盖技术及其应用研究进展[J/OL]．生态学杂志，2022(02)：1-7.

[87]金文进．不同覆盖方式对果园土壤养分的影响[J]．乡村科技，2021，12(19)：55-57.

[88]吴杨，贾志宽，边少锋，等．不同方式周年覆盖对黄土高原玉米农田土壤水热的调控效应[J]．中国农业科学，2018，51(15)：52-65.

[89]陈强，Yuriy S Kravchenko，陈渊，等．少免耕土壤结构与导水能力的季节变化及其水保效果[J]．土壤学报，2014，51(1)：11-21.

[90]牛兰兰，张超，李小芳，等．新时期广西水土保持生态保护与建设探讨[J]．水利技术监督，2022(1)：70-72.

[91]杨俊强，申仲妹，陈红玉，等．旱地果园孔穴式肥水调控技术应用[J]．中国果树，2021(11)：75-78.

[92]李丽．关于当前农田排涝中的若干问题的思考[J]．民营科技，2014(1)：245.

[93]王金玲．农业设施中湿度、二氧化碳及温度的调控[J]．养殖技术顾问，2011(6)：267.

[94]王彩霞．设施内空气湿度调控新技术[J]．安徽农业科学，2003(6)：1091.

[95]胡艳清，孙号茗，田树良．园艺设施内的湿度调控研究[J]．农业科技与装备，2012(9)：35-37.

[96]闫杰，罗庆熙，陈碧华．园艺设施内湿度环境的调控[J]．长江蔬菜，2004(9)：36-39.

[97]陆红霞，张善学，郑服丛，等．氨基寡糖素浸种对番茄幼苗抗寒性的影响[J]．湖北植保，2016(2)：34-35，37.

[98]韩浩章,王晓立,江宇飞.外源水杨酸对番茄开花期抗寒性的影响[J].北方园艺,2009(12):69-71.

[99]雷振锋,郑海峰,沈国强,等.垄距和天气对玉米灌浆期开顶式气室(OTCs)增温效果的影响[J].土壤与作物,2018,7(1):79-88.

[100]张淮,孙君艳.不同地膜覆盖增温效果研究[J].中国农业信息,2016(20):127-128.

[101]武喆,左婷,张光星.不同加温方式对温室胡萝卜加代繁殖的增温效果初探[J].河南农业科学,2010(5):80-82.

[102]姚德宏,朱以明,吴继林,等.春季大棚栽培切花月季增温效果的研究初报[J].浙江农业科学,2005(3):186-187.

[103]孙信成,张忠武,黄琳,等.大棚降温技术研究进展及展望[J].南方农业,2021,15(31):42-47.